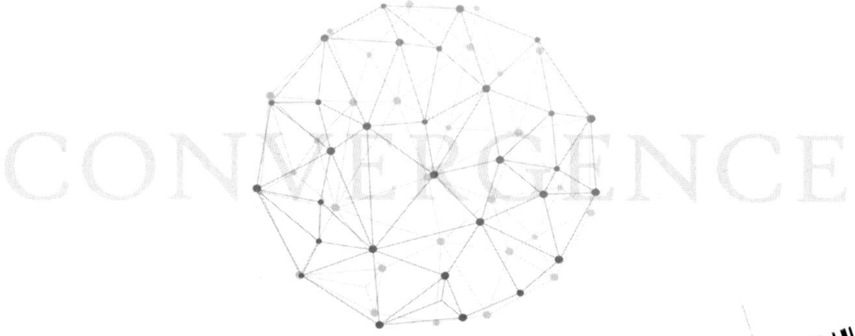

融合科学理论与实践

CONVERGENCE SCIENCE THEORY AND PRACTICE

中国科学院《融合科学理论与实践》研究组 著

科学出版社
北 京

内 容 简 介

本书旨在针对近些年国内外兴起的融合科学新范式，开展系统的理论分析和实践研究，并提出未来展望。融合科学新范式为人类解决当前面临的能源、环境、人口、健康、信息、安全等重大问题，提供基于多学科深度融合和创新价值链衔接贯通的解决思路。本书理论部分介绍融合科学新范式的背景和意义，进而从概念和内涵、内在机理、动力机制及发展条件构建融合科学新范式的理论体系；实践部分从资助机制、组织管理、人才机制、评价与奖励机制几个方面介绍国内外推动融合科学的典型实践；最后梳理主要国家和地区推动融合科学的战略框架，描绘融合科学的未来愿景，并提出中国发展融合科学应遵循的基本原则和可参考的政策工具集。

本书适用于科技政策及科技管理领域的研究人员及学生，也可供科技管理部门的管理人员参考。

图书在版编目（CIP）数据

融合科学理论与实践 / 中国科学院《融合科学理论与实践》研究组著．—北京：科学出版社，2021.5

ISBN 978-7-03-066444-0

Ⅰ．①融…　Ⅱ．①中…　Ⅲ．①科学研究　Ⅳ．① G3

中国版本图书馆 CIP 数据核字 (2020) 第 201034 号

责任编辑：李　敏 / 责任校对：郭瑞芝
责任印制：肖　兴/ 封面设计：无极书装

科学出版社 出版
北京东黄城根北街16号
邮政编码：100717
http：//www.sciencep.com

中国科学院印刷厂 印刷
科学出版社发行　各地新华书店经销
*
2021年5月第　一　版　开本：710 × 1000　1/16
2021年5月第一次印刷　印张：16 1/4
字数：300 000

定价：168.00元
（如有印装质量问题，我社负责调换）

中国科学院《融合科学理论与实践》研究组

组　长　李晓轩

成　员（按姓氏汉语拼音排序）

陈大明　陈　捷　陈　伟　董　瑜　甘　泉

郭楷模　蒋　芳　马廷灿　阮梅花　王　跃

肖小溪　杨　光　杨艳萍　赵宴强

执笔人　肖小溪　陈　捷

前　言

科技作为人类认识和改造世界的利剑，被用于向资源匮乏、能源短缺、环境污染、健康威胁等重大挑战宣战。然而，在应对解决当今重大经济社会问题方面，传统科研范式下分科而治、线性演进的道路已然有些不合时宜。半个多世纪以来，人们在不停地探求重大经济社会问题的破解之法，试图通过整合众多知识领域的思想、方法和技术，汇集政产学研用多主体力量，促成科学发现和创新之间的耦合联结，以帮助人类命运共同体摆脱困境、走向光明。

“融合科学”（convergence science，或译为“会聚科学”）就是在这样的需求背景下应运而生的，是一种基于多学科融合来解决重大经济社会问题的科研新范式。从本质上来看，“融合科学”并不是一个新的概念，而是与20世纪中叶兴起的各类学科交叉研究，以及我国学者钱学森提出的“复杂巨系统方法论”等一脉相承。在新的时代，由于解决人类可持续发展面临的重大问题的紧迫需求，融合科学获得了新的发展良机。例如，生命科学、物质科学和工程学的“融合”，带来生物医药领域的第三次重大变革，其深远影响不亚于此前的“分子生物学”和“基因组学”革命；在信息通信领域，技术融合和产业融合特征明显，半导体、计算机、通信技术彼此交叠，大数据、人工智能、移动互联网、云计算融合发展，直接催生了数字经济领域众多新兴产业，也为融合科学的发展提供了可能。

由此，进入21世纪以来，国际上对“融合科学”广泛关注。其中，美国最先发起推动“融合科学”的倡议，采用了组建专门机构、设立专项奖励、开辟专门资助渠道等措施，逐步推动科研生态系统朝向融合科学做出适应性变革。2014年，美国国家科学院下设的国家研究理事会发布的题为《融合：推动生命科学、物质科学、工程学等跨学科整合》的报告，相对系统地阐述了“融合科学”的理念以及美国政府和科技界在推动融合科学方面的思考和实践。2020年，美国国家科学院发布题为《无止境的前沿：科学的未来75年》

的报告，更是将“融合研究”列为保持美国在全球科技领导力的五项关键措施之首。英国、日本、韩国、欧盟等国家和地区也在不同程度地推动融合科学的发展，制定实施具有导向性的战略框架和政策措施。

2016 年，在中国科学院发展规划局时任局长汪克强博士的支持下，联合中国科学院下属的科技战略咨询研究院和北京、武汉、上海三地的文献情报中心成立了由李晓轩研究员牵头的“融合科学理论与实践”研究组，在国内较早启动了“融合科学”的战略研究，并连续 5 年给予研究组资金支持。其间，肖小溪博士获得了国家自然科学基金委员会青年基金项目资助，肖小溪博士和陈捷博士分别获得中国科学院科技战略咨询研究院青年基金项目资助。研究组在国内较早发表了有关“融合科学”的系列学术文章。其中，由李晓轩研究员作为组稿人于 2020 年 1 月发表在《中国科学院院刊》的有关“融合科学与开放数据”专题系列文章，形成了较大影响。

本书以这些研究成果为基础，系统阐述融合科学的理论和实践，并对未来前景进行展望。其中，第 1 章介绍融合科学新范式的背景和意义；第 2 章至第 5 章分别从概念和内涵、内在机理、动力机制及发展条件构建融合科学新范式的理论体系；第 6 章至第 9 章分别从资助机制、组织管理、人才机制、评价与奖励机制几个方面介绍国内外推动融合科学的典型实践；第 10 章梳理主要国家和地区推动融合科学的战略框架，描绘融合科学的未来愿景，并提出中国发展融合科学应遵循的基本原则和可供参考的政策工具集。本书的主要特点：一是 2014 年美国国家研究理事会《融合：推动生命科学、物质科学、工程学等跨学科整合》的报告发布以来，国际上有关“融合科学”的理念和实践已有较大发展，本书梳理和汇集这些新的发展成果，尝试提出较为丰富的“融合科学”理论体系。二是吸纳近年来我国“融合科学”的实践，包括来自中国科学院、国家自然科学基金委员会、科学技术部以及部分高校（如北京大学、浙江大学）的实践。三是首次基于资助机制、组织管理、人才机制、评价与奖励等科技管理的几个要素，对国内外实践进行较为系统的归纳。

在近 5 年的研究中，许多机构和个人对研究组给予了大力支持。中国科学院发展规划局将“融合科学”作为未来科技发展重要趋势予以持续支持，国家自然科学基金委员会和中国科学院科技战略咨询研究院分别提供了青年基金资助，浙江大学提供了有关案例。中国科学院汪克强秘书长，发展规划局谢鹏云局长、陶宗宝副局长和科技战略咨询研究院潘教峰院长等领导给予了研究组宝贵的支持。此外，还有许多领域科学家、管理专家和科技政策研究者给予了研究组很多指导和建议，特别是张先恩、黄晨光、石兵、胡春胜、肖炘、刘细文、于建荣、张智雄、熊燕、江洪波、刘文斌、龚旭、徐芳、樊春良、阿儒涵、杨立英、赵亚娟、洪学海、尹高磊等专家和学者参与了部分研究工作，李志刚、李欣欣、宋大伟、赵路、肖立业、王颖等专家参与了后期研讨，在此一并表示感谢。

关于融合科学的研究还有待继续深入，本书也一定存在不足之处，敬请各位专家和学者提出宝贵意见。

中国科学院《融合科学理论与实践》研究组

2021 年 1 月

目　录

第1章　融合理念的兴起

环境污染、能源短缺、疾病高发等重大问题与挑战，迫使人类不断反思现有科学技术的路径和范式。在现有以学科分化为主要特征的科学技术体系的基础上，各学科之间的碰撞和交融成为推动人类文明向前发展的新力量。本章首先描述了当前人类文明可持续发展所面临的困境，表明新的科学范式亟待发展；进而概述近现代科学体系中的学科演变，揭示各学科或分支之间的横向融合为人类突破传统的科学范式带来机遇；最后对 20 世纪 60 年代以来在信息与通信技术（information and communications technology，ICT）、纳米、生物医学等领域形成的各类融合理念进行系统梳理。

1.1　人类面临的困境

纵观人类文明的发展历史，从渔猎文明（原始社会）、农业文明（农业社会）、工业文明（工业社会）到当前的生态文明（后工业社会），人类认识自然和改造自然的能力不断提升，其核心在于人类孜孜以求地探索获取知识的新方法和解决问题的新思维。

特别是 16 世纪以来，近现代科学技术的诞生和发展极大地提高了人类探索知识和解决问题的效率与效益，成为人类现代化的发动机。18 世纪，英国人发明了飞梭、珍妮机等纺织机械工具，拉开了近代第一次工业革命的序幕。之后，蒸汽机的改良和推广标志着以蒸汽动力为核心的技术体系正式取代手工劳动，机械化进程极大地提高了人类活动的效率并拓宽了人类活动的范围。19 世纪中期到 20 世纪上半叶，经典科学的各个门类相继发展成熟，第二次工业革命以逐步建立起来的自然科学体系为基础，并受到规模化工业生产需要的牵引，凸显了科学、技术和产业之间的互动关系，一批掌握先进科学技术并有能力迅速将科学技术成果进行商业化的国家率先发展起来。时至今日，全球科技创新带来新一轮科技革命和产业变革，新一代信息技术、生物技术、新能源技术、新材料技术、智能制造技术等领域的迅猛发展，为人类改造自然、改造世界提供了更有力的工具，也正深刻改变着当今世界的战略格局和人类思维方式。

不可否认，科学技术是人类探索新知识和解决重大问题的最有效手段之一。但是，现有路径和范式下的科学技术仍然无法解决人类在能源、环境、健康、信息、安全、空间、海洋等多个领域面临的许多重大问题。例如，随着世界经济的飞速发展，人口数量激增，世界各国对能源的需求与日俱增，但全球化石能源储量有限，可再生能源等新型能源尚不足以成为支柱能源。再如，一些国家经济发展带来严重的环境污染，生态系统遭受破坏的问题十分严重，传统的粗放型发展方式带来较大范围的雾霾、水污染、土壤重金属超标等环境问题。此外，人类健康依旧面临巨大挑战，攻克癌症、心脑血管疾病和糖尿病等“杀手”仍然遥不可及，超级细菌和高致命病毒的出现使得人类的防治手段收效甚微。为应对上述重大挑战，人类不断反思现有科学技术的路径和范式，以便更好地通过科学技术创新来解决问题。

1.2 近现代的学科演变

近现代科学的发展，总体上呈现出以学科分化为主体的发展概貌。在世界古代文明中，哲学思考、自然知识与社会知识笼统地交织在一起，亚里士多德为代表的古代先贤们的著作构筑了一个包含哲学、天文学、物理学、政治学、逻辑学、美学等多个方面的广泛知识体系。15 世纪下半叶开始，由于实验科学的产生和发展，自然科学逐渐从哲学中分离出来形成独立的学科，学科分化开始萌芽。19 世纪到 20 世纪中叶，自然科学三大发现（细胞学说、能量守恒定律、生物进化论）的产生，使得各门相互独立的自然科学体系基本形成，并与社会科学、人文科学形成了明确的界限。至此可认为，科学逐渐分化形成自然科学、技术科学、社会科学与人文科学四大部类，每一部类又逐渐分化为各门学科，仅自然科学的门数就达两千多门（陈振明，1999）。

这种分门别类的学科体系的建立，主要源自人类认识的局限性以及出于实践便利性的考虑。正如著名物理学家马克斯·普朗克（Max Planck）有关科学整体性的精辟论述所言："科学是内在的整体。它被分解为单独的部门不是取决于物质的本质，而是取决于人类认识的局限性。实际上存在着由物理到化学、通过生物学和人类学到社会科学的连续链条，这是任何一处都打不断的链条"（黎鸣，1981）。与此同时，学科的分化与现代科学的发展也可视为一种互为因果的关系。一方面，学科的分化过程，实际上是人们对自然界的某一领域或某一方面进行深入的专门研究并形成关于该领域或该方面的精细化的专业知识，进而在原有学科的知识体系中分化形成相对独立的一类新知识。另一方面，学科的分化为专业知识的深入和推进提供了便利性。学科界限的划分有助于专门人才的培养和专业性研究工作的开展，由此推动着现代科学的前沿不断发展。在这个互为因果的双向过程中，研究对象的细分以及仪器设备的精密化是主要的两种外在表现。以物理学为例，诸如声、光、热、电磁等自然物理现象自现代科学诞生初期就成为科学研究主要关注的对象。19 世纪以来，关于这些不同自然现象的物理学解释越来越深入、越来越专业，因而物理学逐渐分化成专门研究某一类自然现象的物理规律的若干个分支——声学、光学、热学和电磁学等。与此同时，电子显微镜、扫描隧道显微镜、原子力显微镜等先进仪器的出现使得原子、分子等不同层次的物质结构不断被揭露，原有物理学又在物理层次上分化为高能物理、原子核物理、原子与分子物理、凝聚态物理、地球物理、天体物理等分支（陈统渭，1987）。

当然，近现代科学技术的发展和演变也不可忽视另一种推动力量——各学科各分支之间的相互渗透、交叉和融合。特别是随着研究问题的日益复杂，当代科学技术的突破往往发生于学科交叉的前沿领域，如脑科学、基因工程、材料科学等。正是由于各学科各分支之间的接触和碰撞，许多新的跨学科领域诞生，开辟了一个又一个全新的研究序列。以生物信息学（bioinformatics 或者 information biology）为例。20 世纪 90 年代以来，人们对 DNA 序列数据进行收集、评价、汇编之后，再将其作为研究资料反馈给全世界的研究者，为在生物学领域引入计算机技术提供了一个很好的契机。计算机的利用，使得 DNA 序列数据的收集、反馈和解析能力大大加强。进一步，随着 DNA 序列数据的急剧增加，如何研究并开发对生物学研究有意义的计算机软件及技术（包括模型、软件、数据库和网络技术等）不仅唤起了生物学而且唤起了数学、物理学和信息科学等领域研究者的浓厚兴趣。由此，引发了这些不同学科之间的交叉融合，并最终使生物信息学作为一门新的学科逐渐独立出来，使得破译隐藏在DNA序列的遗传密码并深刻认识代谢、发育、分化、进化等规律成为可能（馆野义男，1997）。

总之，15～16世纪以来近现代科学技术的发展和演变总体上呈现出学科不断分化的趋势。现有科技创新的路径和范式主要建立在这种分门别类的学科体系之上。同时，各学科各分支之间的交叉融合现象也日趋凸显。这种跨越学科边界的交叉融合一方面在现代科学体系中催生了新的研究主题，另一方面建立起各学科各分支之间的横向联络，将现代科学体系“黏合”为一个结构复杂的整体，这就为人类突破传统的学科分化路径和范式带来了希望。

1.3 各类融合理念的提出

传统的单一学科范式无法有效解决能源、环境、健康、信息、安全、空间、海洋等领域的诸多重大问题。半个多世纪以来，人们逐渐打破了传统的学科分化路径和范式，形成了重大问题导向下多学科交叉融合的解决思路。以美国为例，早在第二次世界大战期间，美国“曼哈顿计划”应用多门学科、聚集多类人才并最终取得成功；20世纪70年代以来，多学科（multidisciplinary）、学科交叉（interdisciplinary）和跨学科（transdisciplinary）研究快速发展（Klein，2008）；20世纪末在智能制造领域最早提出发展“使能技术”（enabling technology）（TEAM，1995）。其他国家也先后出现了多种与此高度相关的理念和实践，如欧洲国家高度重视推动科研和创新产生重大的经济社会影响（economic and social impact），倡导科学研究“解决重大社会挑战”（address societal challenges）、“响应公众需要”（response to public needs），开展“负责任的科研与创新”（responsible research and innovation）和“使命导向的科研与创新”（mission-oriented research and innovation）等；日本产业技术综合研究所（National Institute of Advanced Industrial Science and Technology，AIST）自2001年起倡导覆盖全价值链（full research）的科研模式（AIST，2012）；中国基于“两弹一星”工程经验总结形成“开放的复杂巨系统及其方法论”和“大成智慧工程和大成智慧学”理论（中国航天系统科学与工程研究院，2016）。这些相关理念和实践为各类融合（convergence，又译为“会聚”）理念的形成和发展奠定了重要基础。现对兴起于不同年代和不同领域的各类融合理念进行综述。

1.3.1　起源于信息与通信技术领域的融合观

早在20世纪60年代，内森•罗森堡（N. Rosenberg）通过对机械设备产业长达70年的技术演变分析，首次提出“技术融合”（technology convergence）的概念。进入20世纪八九十年代，由于机器人、计算机、信息与通信等技术开始对多个产业的企业产品和战略产生巨大影响，不同技术领域的知识扩散与产业间的融合成为研究热点。研究者使用“技术融合”（technology convergence）、“技术熔合”（technology fusion）、“技术兼并”（technology merging）、“技术杂交”（technology hybridization）等来阐述信息与通信技术领域与其他多个行业之间的技术融合和产业融合（industry convergence）现象（Curran，2013）。此后，从信息与通信技术领域出发探讨技术融合和产业融合的研究延续至今，成为融合研究中重要的一个分支。

简而言之，从信息与通信技术领域兴起的融合观主要是以技术融合和产业融合来阐释信息化浪潮以来信息与通信技术领域内部以及与其他领域之间的融合现象，并认为技术融合和产业融合可由科学、技术和市场需求共同来驱动，使至少两个原来不同的学科、技术、市场或产业之间的边界变得模糊。其中，数字时代技术融合的典型案例诸如通过半导体、计算机、通信和其他相关的电子技术融合形成交叉重叠的数字技术。产业融合的典型案例诸如手机制造业和软件制造业最初都被认为是不太相关的产业，但近年来两者融合发展，带来手机软件行业的崛起（Yoffie，1996；Curran et al.，2009；Hacklin et al.，2009；李姝影和方曙，2017）。

当前，开展信息与通信技术领域技术融合和产业融合的代表性学者有弗雷德里克•哈克林（F. Hacklin）和克莱夫•史蒂文•库兰（C. S. Curran）等。库兰等开展了大量关于产业融合的研究，并仔细辨别了“融合”（convergence）和“熔合”（fusion）的区别，认为两者在结果上有所不同。具体来看，“技术融合”（technology convergence）是指通过两个或多个技术的会聚和融合，形成一个新的技术方向；而“技术熔合”（technology fusion）则仅仅是两个或多个技术之间形成一种替代或者互补的关系。同样，“产业融合”（industry convergence）通过两个或多个产业的会聚和融合，形成一个新的产业；而“产业熔合”（industry fusion）则仅仅是两个或多个产业通过替代或互补兼并形成一个产业（Curran and Leker，2011）。哈克林等则进一步从科学、技术、市场 / 应用和产业等不同层面阐述了“技术融合”的内涵（Hacklin，2010）。具体来看，科学层面的融合更多地被描述成“学科融合”，是学科之间的交叉、协同与融合，本质上是知识在不同学科之间的溢出，呈现出协同演化的趋势，从而使学科边界变得模糊；技术层面的融合是指不同领域的技术之间的交互，使技术边界变得模糊，并形成基础性的、共性的技术，代表从知识会聚向潜在技术创新的过渡；市场 / 应用层面的融合代表着从技术会聚到新价值创造的转变过程，所创造的新价值将超过技术的原有价值；产业层面的融合是指两个以上产业之间的界限逐渐模糊并发生交融，推动企业通过新兴产业融合建立新的竞争格局（Hacklin et al.，2009）。

1.3.2 起源于纳米领域的融合观

20 世纪末到 21 世纪初期，美国纳米科技领域兴起了一种基于纳米尺度的融合观。美国国家科学基金会（National Science Foundation，NSF）是这种纳米尺度融合观的大力倡导者，尤其是该基金会纳米技术领域高级官员，同时也是时任美国国家科学技术委员会（National Science and Technology Council，NSTC）下设的纳米尺度科学、工程和技术分委会（Subcommittee on Nanoscale Science，Engineering and Technology）主席的米哈伊尔 • 迈克 • 罗科（M. C. Roco）博士为代表的一批官员，在推动纳米尺度融合观方面发挥了重要作用。具体来看，罗科博士等倡导的纳米尺度融合观经历了三个阶段的发展过程。需要说明的是，尽管罗科博士多次强调其观点纯属个人见解，但由于其在美国国家科学基金会和国家科学技术委员会中的职位，罗科博士有关纳米尺度上的融合观对美国联邦政府支持的纳米技术相关研究产生了巨大影响。

第一阶段（1996 ～ 2000 年）：“国家纳米技术计划”（National Nanotechnology Initiative，NNI）中的学科交叉与融合。罗科博士以及美国国家科学基金会最初的融合观体现在美国“国家纳米技术计划”之中，核心是通过纳米尺度上科学与工程的融合来推动纳米科技发展。具体来看，1996 ～ 1998 年，随着纳米科学和纳米技术迅速成为学术界的前沿领域与研究热点，美国国家科学基金会牵头联邦其他科技部门共同组成跨部门小组，定期研讨美国国家层面纳米技术的发展构想和资助计划，并促成 2000 年美国联邦政府正式启动“国家纳米技术计划”。

第二阶段（2001 ～ 2009 年）：NBIC 会聚技术。21 世纪初期，罗科博士以及美国国家科学基金会的融合观进一步从原本局限于“国家纳米技术计划”拓展到更宽的“会聚技术”范畴，其中“NBIC 会聚技术”是其核心。2001 年 12 月，美国商务部、国家科学基金会和国家科学技术委员会下设的纳米尺度科学、工程和技术分委会在华盛顿哥伦比亚特区共同举办了一次主题为“提升人类技能的会聚技术”的圆桌会议，参会人员包括顶尖科学家和政府科技部门官员。此次研讨会首次明确提出“NBIC 会聚技术”的概念，即通过纳米技术（nanotechnology）、生物技术（biotechnology）（包括生物医学和基因工程）、信息技术（information technology）和认知科学（cognitive science）这四大前沿领域中两两之间或者多个之间的会聚，来改善人类生命质量，提升和扩展人的技能（Roco and Bainbridge，2002）。随后，欧盟地区以及加拿大、韩国、日本等多个国家也积极响应了美国提出的“NBIC 会聚技术”理念（裴钢等，2007）。

进一步，在“NBIC 会聚技术”的基础上，“会聚技术”作为大一统的、大科学的、以人为本的科技发展理念，逐渐在全球引发高度关注。该理念以纳米科技为起点，通过开展纳米技术与生物技术、信息技术、认知科学、社会科学、创意技术等其他领域的技术会聚，实现提升人类技能、推动人类进化的目的。从美国联邦政府发布的政策文件来看，尽管不同科技部门在使用“会聚技术”这一概念时，纳入会聚技术的种类有所不同，但是纳米技术、生物技术和信息技术均是三大核心技术领域。例如，2003 年美国联邦政府预算报告中，将纳米技术、信息技术、现代生物、现代社会科学的会聚视为经济长期发展的关键，代表美国联邦政府对“会聚技术”的认可。2003 年末美国硅谷之心——圣何塞市的政府五年规划中指出，信息技术、生物技术、纳米技术和设计、媒体等创意技术的融合，是圣何塞未来的发展方向之一。再如，2004 年，欧盟地区将“会聚技术”阐释为一个由能够互相促进并向一个目标进行探究的“能动性”技术与知识构成的系统，并认为“会聚技术”并不是局限于四个技术领域，社会科学和人类学的加入将更有利于人类的发展（Nordmann，2004；上海科技情报研究所信息咨询与研究中心，2004）。

第三阶段（2010 年以来）：知识、技术和社会的融合（convergence of knowledge，technology and society，CKTS）。2010 年以来，罗科博士以及美国国家科学基金会的融合观进一步从以知识和技术会聚为核心的“NBIC 会聚技术”发展成为知识、技术和社会的融合（Roco et al.，2013）。相比“NBIC 会聚技术”，这种融合观认为，在知识经济时代，为了推动经济社会的发展，人类要将科技界内部的融合（主要是纳米尺度上知识和技术层面的融合）扩展到人类尺度、地球尺度和社会尺度上知识、技术和社会的融合。这种大尺度上的融合将人类、机器、社会和自然资源等会聚起来，有利于解决人类面临的重大经济社会挑战，同时为人类带来可持续发展所不可或缺的新技能、新技术、新产业、新产品和新解决方案等。

可见，知识、技术和社会的融合既将社会作为重要的融合要素，又将社会作为融合的应用场景。这意味着应当在全社会范围内倡导融合价值观和理念，强调融合的社会价值，并推动全社会形成有利于知识、技术和社会融合的文化。2016 年，罗科博士等汇编了《科学与技术融合手册》，系统总结了过去 15 年来纳米领域兴起的融合理念，指出“融合”不是简单地成立一批解决重大问题的跨学科团队，而是要在人类未来发展中会聚所有领域的科学和技术，并开展社会角度的分析，如社会伦理分析、预期的及非预期的社会影响分析、科学技术与人类文化的整合方式研究等，这不仅对于人类发展新的技术十分有益，而且对于推动纯科学（pure science）也至关重要（Bainbridge and Roco，2016a）。

1.3.3 兴起于生物医学领域的融合观

近年来，美国生命科学、医学、生物技术等相关领域（以下统称为“生物医学领域”）的顶尖科学家和机构也在大力倡导“融合”（convergence）理念和范式。其中，在以美国诺贝尔生理学或医学奖获得者、麻省理工学院（Massachusetts Institute of Technology，MIT）教授、美国科学促进会

（American Association for the Advancement of Science，AAAS）原主席菲利普·艾伦·夏普（P. A. Sharp）为首的一批科学家的努力下，麻省理工学院成为全美乃至全球生物医学领域“融合”新范式的发源地和战略高地。

2008 年 9 月至 2009 年 7 月，夏普教授受美国国家科学院（National Academy of Sciences，NAS）任命，担任名为“21 世纪的新生物学：确保美国领导正在来临的生物学革命”的委员会的联合主席，带领 16 位来自生物学、工程学和计算科学等领域的专家，就美国生物学研究的现状和态势等进行研判，并就未来美国生物学研究的发展提出建议。2009 年，该委员会发布题为《21 世纪新的生物学》的报告，以人脑和机器的互动为案例，阐述了 21 世纪的生物学将在融合不同学科领域的基础上被塑造成一种整合的科学（integrated science）的观点（National Research Council，2009）。

2011 年，在夏普教授等牵头下，美国麻省理工学院发布题为《第三次革命：生命科学、物理学和工程学的融合》的报告并指出：“融合”是生物医学领域解决重大、复杂问题的一种新的研究方法（converging approach），通过该方法将原本被各学科分离和割裂的方法、技术、流程和设备整合成一个统一整体，以此推动新的科学和技术进步；生命科学、物理学和工程学的“融合”代表着生物医学领域的第三次重大变革，是一种新的科研模式（a new research model）；“融合”变革是一种范式转移（paradigm shift）。但是，这里所说的范式转移并不等同于库恩的范式理论中学科内部的范式转移，而是意味着对人类应当如何开展科学研究进行整体性反思，以便我们能够更好地综合利用不同学科领域的知识；“融合”新范式所产生的影响将突破生命科学的范畴，推动健康、能源、食品、气候和水资源等诸多行业取得重大进步（MIT，2011）。

同年，夏普教授等在《科学》杂志发表《促进生物医学科学中的融合》一文（Sharp and Langer，2011）并指出，生物医学研究面临的下一个重大挑战是解决人体内部高度复杂的、综合的生物系统中的重大问题。瞄准这些重大问题的解决，过去主要依赖于学科交叉研究，由生物学家借鉴和使用工程、计算等其他领域的理论、方法与工具。但是，未来的研究模式要进行改变，不能只是借鉴其他领域的技能，而是要将不同领域的专业知识进行整合，形成新的研究框架，这种不同领域的“融合”代表了生物医学研究的第三次重大变革。该文还指出，为推动“融合”，需要在学生培养和科研资助方面采取相应的改革措施。

2014 年 2 月，时任美国科学促进会主席的夏普教授在该协会年会上做了题为《迎接全球挑战：通过融合实现发现和创新》的主席演讲（presidential address），并基于此次报告在 2014 年 2 月和 12 月的《科学》杂志分别发表了有关“融合”的文章。他的此次演讲和后续文章重点阐述了“融合”对于推动创新的重要意义：当前人类面临很多新的全球性重大挑战，需要不同种族、不同文化和不同经历的人们携手努力；在解决这些重大挑战中，科学共同体毫无疑问需要发挥特殊的作用；过去，科学发现和创新之间缺乏贯通，未来，通过将物理学、数学、工程学和社会科学与生命科学进行整合，有望将科学发现和创新进行连接，从而推动重大问题的解决（Sharp，2014；Sharp and Leshner，2014）。

2016 年，在夏普教授等牵头下，麻省理工学院发布题为《融合：健康的未来》的报告，该报告被认为是在 2011 年麻省理工学院融合报告基础上的进一步升华。首先该报告重申了融合变革（convergence revolution）对于提升全人类生活质量的重要意义，融合变革有助于创造出更多的就业岗位，加速产品的市场化，改善农业、国防、环境和能源生产，提高美国的 GDP。其次该报告在梳理健康领域具体可以采用的四种“融合战略”的基础上，对于如何在国家层面上推动健康领域的融合提出了如下建议：国立卫生研究院（National Institutes of Health，NIH）将至少 20% 的预算专门用于支持健康领域的融合研究；增加国家科学基金会、能源部及国防部高级研究计划署（Defense Advanced Research Projects Agency，DARPA）等机构的研究支出，使其能在支持融合研究方面继续发挥重要作用；联邦层面成立一个跨部门的融合工作组，由该组负责制定国家层面的融合战略，同时负责组织外部学界和产业界人士成立外部咨询委员会，研判未来健康领域的融合研究前沿（MIT，2016）。

总而言之，生物医学领域的顶尖学者和机构率先鲜明地提出，“融合”不仅仅是一种新方法，更是一种新范式和一场新革命，并大力呼吁国家层面制定相应的发展战略，通过“融合”连接科学发现和创新、促进经济社会发展。

1.3.4 美国科学院联合体的融合观

在纳米领域（美国国家科学基金会牵头）和生物医学领域（美国麻省理工学院牵头）融合理念与实践的基础上，近年来，美国科学院联合体（National Academies of Sciences, Engineering, and Medicine）[①]先后发布多份有关“融合”的专题报告，将“融合”拓展到整个科技界，提出了对全美乃至全球科技界产生重要影响的融合观。

2014 年，美国国家科学院下设的国家研究理事会（National Research Council，NRC）发布题为《融合：推动生命科学、物质科学、工程学等跨学科整合》[②]的报告，将发起于生物医学领域有关“融合”新范式的讨论推向了整个科技界。该报告给出了美国科技界迄今为止有关“融合”最为直接的定义（National Research Council，2014）：“融合”是一种跨越学科边界以解决重大问题的（研究）路径，该路径整合了生命与健康科学、物理学、数学、计算科学、工程学以及更多种类的学科，形成一个全面的、综合的研究框架，来解决那些存在于多个领域交界面上的科学挑战和社会挑战；通过融通这些不同学科领域的专业知识和技能并建立起合作网络，“融合”将推动从基础科学研究到转化型应用等（整个价值链上）的创新。

2017 年，美国国家医学院（National Academy of Medicine，NAM）在未来五年战略规划（2018 ～ 2023 年）中，将“培养跨学科的领导力，塑造未来健康与医药”作为三大目标[③]之一，并将“通过跨越学科边界、提升融合及与其他部门合作来培养未来的科研能力”作为实现该目标的首要战略（National Academy of Medicine，2017）。2018 年，美国科学院联合体召

①美国科学院联合体（National Academies of Sciences，Engineering，and Medicine）由美国国家科学院（National Academy of Sciences）、国家工程院（National Academy of Engineering）和国家医学院（National Academy of Medicine）共同组成。

② 2015 年，科学出版社出版了其翻译本《会聚观：推动跨学科融合——生命科学与物质科学和工程学等学科的跨界》。

③除将“培养跨学科的领导力，塑造未来健康与医药”作为三大目标之一外，其他两大目标分别是：“基于全面的、权威的科学证据辨别关键科学问题，通过直接领导或引导相关行动对国内及全球范围内的科学、医药、政策和健康公平产生影响”；“推动国家医学院院士成员的多样性，通过吸收正在崭露头角的领导者和学者，推动国家医学院的领导力以及解决新挑战的能力建设”。

集60位来自学术界、非营利研究机构、联邦部门、私人基金会和产业界的人士，开展了有关推动科研中的融合文化的高层研讨会。美国国家科学院院长、国家工程院院长和国家医学院院长都到会致辞并做会议总结。2019年，美国科学院联合体基于上述研讨成果发布题为《推动科研中的融合文化》的政策报告，指出："融合"是一种文化的改变，也是一种生态的改变；对于一个科研组织而言，应培育有利于"融合"文化/生态的关键要素，如领导、员工、组织架构、衡量成功的标准、科研资助方式等；未来进一步推动"融合"文化/生态，可以从梳理典型案例、搭建网络和社区、设计资助方案、明确价值判断标准等方面着手（National Academies of Sciences，Engineering，and Medicine，2019）。

2020年12月，美国科学院联合体发布题为《无止境的前沿：科学的未来75年》的报告，建言美国未来的科技政策（National Academies of Sciences，Engineering，and Medicine，2020）。该报告是为纪念万尼瓦尔·布什（Vannevar Bush）的《科学：无止境的前沿》发表75周年，美国科学院联合体于2020年2月26日召开的科技政策专题研讨会的研讨成果。该报告指出，为应对全球科研竞争态势日益激烈对美国科技领导力带来的挑战，美国应采取推动融合科学、重视科学交流与传播、发挥民间资助科学研究的优势、巩固政府和大学的合作关系、继续重视基础研究等五大举措。

总而言之，美国科学院联合体作为美国科技界的总体代表，既强调要塑造有利于"融合"的文化和生态，也将融合科学上升为美国未来科技政策纲领性建议中的重要内容，体现了融合科学对于美国未来继续占领全球科技制高点而言至关重要的价值。

1.4 小结

科学技术为人类改造世界提供了工具和手段，新知识和新技术的发展在为人类改造世界提供工具的同时也改变了人类的思维方式。当今人类社会发展依然面临着诸多困境，融合理念为解决重大问题提供了机遇。

1）近现代科学的发展总体呈现出以学科分化为主的纵深发展和各学科各分支之间的横向融合。早期囿于认知的局限性及出于便利性考虑，人们分领域分学科进行深入的探索，逐渐形成了精细化专业化的学科知识。事实上，学科的划分也加深了人们对各个学科领域的认识。然而，面对日益复杂的研究问题，人们意识到单一学科往往力有不逮，需要不同学科知识共同参与。不同学科或分支之间的碰撞往往开辟了全新的研究领域，为跨学科交叉融合提供了可能，也为突破传统分学科式的科学研究提供了崭新的思路。

2）融合理念的提出是近现代科学技术发展和人类认知不断深入的反映。典型的融合实践可追溯至第二次世界大战时期美国的“曼哈顿计划”，得益于多学科跨部门的合作，该计划取得了巨大的成功。随着跨学科研究的快速发展，20 世纪 90 年代开始，美国、欧洲、中国等纷纷提出重大经济社会问题导向下的融合理念。融合理念的渊源大体可归为三个分支：一是起源于信息与通信技术领域，主要探讨技术融合与产业融合对信息与通信技术领域内部及其与其他领域之间关系的影响；二是起源于纳米领域，美国先后提出“国家纳米技术计划”“NBIC 会聚技术”以及“知识、技术和社会的融合”，其核心在于会聚所有领域的科学和技术，推动知识、技术和社会的融合，提升人类解决问题的技能，并强调融合的社会价值；三是兴起于生物医学领域，阐述了“融合”作为一种新的研究范式对解决复杂重大问题和推动创新的重大意义，这种新范式不仅整合了不同知识形成新的框架，而且要求科研资助、评价奖励、人才培养、科研文化等多方面的变革，希望带来全新的科研生态。近些年，美国科学院联合体将上述领域尤其是纳米领域和生物医学领域的融合观拓展到整个科技界，倡议科技界塑造融合文化和生态，并将融合科学与国家竞争力紧密连接，体现了对融合科学的高度重视。

第2章　融合科学的概念和内涵

在当前国内外针对“融合”的多种内涵阐述的基础上，本章首先从强调“融合”作为一种科学研究新方法、新文化、新机制和新生态的角度出发，提出“融合科学”的基本定义；然后从研究目标、研究性质、研究方式和数据基础四个方面，阐述融合科学新范式相比传统科学范式而言的关键特征：融合科学以解决人类生存及发展中的重大问题为研究目标，具有愿景驱动的长链条研究属性，在研究方式上主要依赖于学科和价值链两个维度的深入融合，其基础数据具有全学科、全流程和全景式特点。

2.1　基本定义

当前，国际上对“融合”的内涵阐述有多种（详见 1.3 节），其渊源和侧重点各有不同。本书从推动“融合”理念真正落地的角度，重点强调“融合”作为一种科学研究的新方法、新文化、新机制和新生态的内涵，将融合科学新范式（以下简称为“融合科学范式”）定义为：融合科学是一种以解决重大问题为最终目标的科学研究新范式，该范式通过整合多个学科领域的知识、技能和工具，贯通全链条上的各类权益主体，形成一个综合性的问题解决框架，最终实现科学成果转化为创新产品或服务。在形成问题解决框架的过程中，多种要素的耦合是其基本内涵，融合科学既贯穿创新价值链全谱带，又以多种学科的交叉和延展为基础，涉及政产学研用等多类权益主体，通过各类要素的耦合进一步催生出新的知识增长点乃至重要的融合领域。

需要说明的是，在最早提出和大力推动“融合”的美国，科技界有时将“融合”定义为“科学”，如美国麻省理工学院 2016 年报告（MIT，2016）、美国科学促进会 2014 年报告（AAAS，2014）中均使用“融合科学”一词，而有时又将“融合”定义为“科研”（research），如美国科学院联合体和美国国家科学基金会在报告与文件中多使用“融合科研”（convergence research）一词。本书主张采用“融合科学”而非“融合科研”来界定这种新的科学研究范式，其基本理由是“融合科学”采用“‘科学’是知识与活动相统一”的观点（什托夫，1981；朱贵平，1983），并遵从“科学”的广义定义（科学是一切对自然、社会和人类思维进行理解与注释并形成一套完整的知识体系的活动），有利于强调“融合”有可能发生在多种不同类型的科学研究活动中，这些活动既包括自然科学研究，也包括人文社会科学研究；既包括为增加知识总量而开展的研究活动，也包括运用知识去创造新的应用而伴随的系统性创造活动；既包括基础研究，也包括应用研究和试验发展。

进一步，可从以下四个方面将上述定义转化为融合科学范式的特征，以更好地帮助我们识别融合科学。

1）瞄准愿景目标相对清晰的重大问题。融合科学以解决人类生存及发展中面临的重大问题为研究目标，而不是以一般意义上的科学进步为目标。这些重大问题一般要求具有相对清晰的愿景目标，如针对某种疾病的新药、治理空气污染、解决交通拥堵、开发新型能源等，融合科学范式旨在围绕这些重大问题的解决开展前沿研究并最终形成解决方案。这同时也意味着融合科学更强调科研的组织和有序，比传统学科发展更依赖于优势布局。从这一点来看，融合科学与第二次世界大战及冷战时期以军事使命（如核弹）或者太空使命（如登月）为目标的“使命导向的科研”（mission-oriented research）具有相似性。相比后者，融合科学的目标导向主要是围绕与人类命运休戚相关的重大经济社会问题，这些问题在冷战结束后成为摆在各国政府科技议程上的重要目标。

2）覆盖从基础研究到问题解决的长链条。在传统科学范式中，科研活动往往以知识发现或技术发明为最终目标。然而，融合科学并不止步于新知识的发现和新技术、新工艺与新设备的研发，而是在重大经济社会问题的目标引导下，进一步沿着创新价值链向后延展，跨越基础研究与实际问题解决之间的鸿沟，直到形成真正能够产业化的样机、原型或解决方案，为最终实现市场上的创新提供保障。例如，围绕空气污染这一重大问题，融合科学要形成解决空气污染的实际方案，而不是止步于空气污染形成机理或者单项修复技术。换言之，融合科学在解决重大问题的导向下，连接了知识发现、技术发明和市场产品，以创新地解决实际问题为主线，有助于在传统学术界和产业界之间主动发挥重要的桥梁作用，以更有效地跨越技术发明与产品市场化之间的“死亡之谷”。

3）依赖于多种学科之间的深度交叉融合。融合科学在研究手段上依赖于多种学科的深度交叉和融合，但并不是简单地把不同学科的研究人员聚集在一起，而是从重大问题开始凝练伊始，就将不同知识背景的研究人员有意识地聚集在一起，共同寻找解决特定问题或挑战的研究方案，并且将学科交叉融合贯穿于解决问题或挑战的全过程。例如，空间科学领域通过建设空间飞行器，以支撑不同学科在该飞行器上开展深度交叉融合，如果各学科在这个平台上仍然各自为政，则没有实现从传统科学范式到融合科学范式的转变。此外，在各学科相互渗透的过程中，不同的知识、理论、方法、数据频繁地相互交织和影响，直到形成新的研究框架和新的科学语言。可见，相比已有的各类学科交叉研究（多学科研究、跨学科研究、交叉学科等），融合科学的目标导向更明确。

4）多主体合作并且紧密联系。融合科学依赖于多类利益相关主体之间的分工合作，且这种分工合作体现在资助、执行、评估等不同环节。例如，从资助环节来看，公私部门之间由于经费来源和属性的不同，在经费投入量和抗风险能力等方面都有不同特点。融合科学往往需要公私部门在资助方面开展合作并覆盖整个创新价值链，如针对抗癌新药的研发，政府部门主要资助有关抗癌机理、分子化合物筛选等基础研究，但这并非终点，后续有关临床试验和市场研发的资助则主要由私有部门来承担，由此为抗癌新药的上市提供资金保障。与此相似，在科研执行环节和科研评估环节，公私部门之间必须有明晰的衔接互动关系，特别是作为需求方的企业、公众代表等必须参与辨别科研成效。仅有公有部门或仅有私有部门资助和执行的科研工作，不符合融合科学的特征。

2.2 研究目标：解决人类生存及发展中的重大问题

科学研究尽管具有高度的不确定性和复杂性，但是科学研究仍被认为是一种有意识的自觉活动，如英国科学社会学家约翰·齐曼（John Ziman）指出，“科学研究总是在某种有意识的计划下进行，即使是最具有探索性的研究也不例外”（齐曼，2008）。当然，这种有意识的自觉活动有时是为了探索自然奥秘、获取真理和知识，而有时则是为了解决实际生产或生活中的应用问题。早期，经济合作与发展组织（Organization for Economic Cooperation and Development，OECD）在《为调查研究与发展活动所推荐的标准规范》（即《弗拉斯卡蒂手册》）为代表的著作中简单地将“是否有应用目标”作为划分“纯科学”与“后学院科学”，或者划分“基础研究”“应用研究”和“试验发展”的标准。进入20世纪后期，人们逐步意识到基础研究与应用研究之间并非总是界限分明。“定向基础研究”（经济合作与发展组织，2000）、“巴斯德象限”（司托克斯，1999）、“科学研究的第二种模式”（Gibbons，1997）、“企业化科学”（Etzkowitz，1998）等相关概念的提出，都是强调基础研究与应用目标之间的相容性。

随着国家对科研活动投入日益增加，以及人类面临的生存和发展问题越来越复杂，科学研究在推动社会进步和经济发展中的重要性进一步凸显。这就意味着，为了解决人类生存和发展当中面临的重大问题与挑战，科研和创新这两个原本相互区别的阶段需要进行有效连接。传统模式下尽管基础研究已经不再排斥应用目标，但是科研和创新之间仍然缺乏有效的衔接。前者一般由学界来完成，主要负责基本规律的发现和技术的发明，而后者依赖于产业界来开发具体的产品并形成市场（熊彼特，1990），两者之间无论在组织上、人员上还是在文化认同上都存在鸿沟。即便是科研这一端，美国战略科学家万尼瓦尔·布什的“线性模型”也被认为与现实不符，基础研究、技术开发和试验发展这三个部分并非自然连通，基础研究成果并不会自然转化为解决问题的产品或服务（Vonortas，2000）。这就使得解决重大问题所需的“理论研究→技术开发→原型设计→中试生产→产品上市”全链条难以贯通。换言之，碎片化的科研和创新活动无法在解决人类面临重大问题上有效发挥作用。

与此截然不同的是，融合科学范式被认为是搭建了科研和创新之间的桥梁（Sharp，2014）。融合科学发端于微观层面的知识、技术创新，产生各类新规律、原理、方法、工具等；进而通过中观层面各类科研组织创新，将不同的知识和技术进行会聚与管理；最终通过经济社会中的产品和服务创新等应用于社会，使人类面临的重大问题得到解决（图2-1）。在这个全链条的过程中，政策、文化等要素形成宏观创新环境。目前，借助于融合科学范式，研究人员在生物医学、新能源等领域的若干主题上已经有效推动了科研和创新之间的连接，为最终解决重大问题形成了基于融合视角的研究设计。

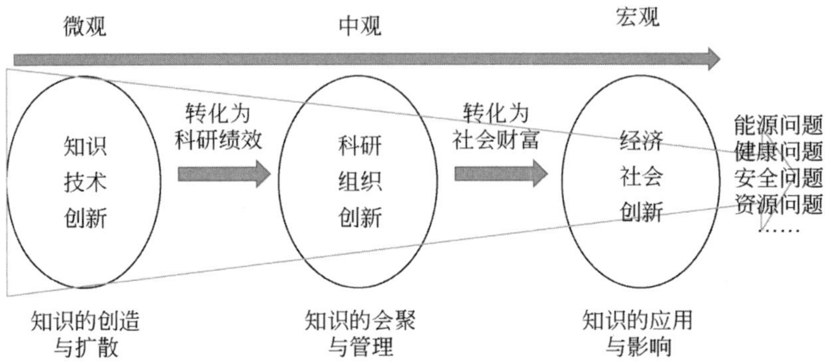

图2-1　融合科学范式以解决重大问题为目标

以生物医学领域为例，融合科学范式应用于生物医学相关领域，主要以解决人类面临的重大健康问题为研究目标。当前倡导融合科学范式的一批顶尖科学家（如美国麻省理工学院诺贝尔生理学或医学奖获得者夏普教授）也主要集中在生物医学相关学科。这些顶尖科学家提出，生物医学在研究范式上经历了三次重大变革，目前已经进入融合科学的新范式阶段，需要融合计算机科学、工程学、物理学、化学甚至是统计学、社会学等，共同解决生物医学研究中的重大问题。

例如，创伤性脑损伤（traumatic brain injury，TBI）是一个适合采用融合科学范式来解决的生物医学重大问题。从更广义的范畴来看，研究创伤性脑损伤是为了更好地治疗再灌注损伤，即当血液回流到缺血或者缺氧一段时间的人体组织时，对该组织造成的损伤。作为美国 45 岁以下患者的头号致死和致残因素，创伤性脑损伤被研究共同体和社会公众认定为重大问题和挑战之一。创伤性脑损伤的诊疗技术的创新需要理论界、临床界和工程界人士的合作。由于创伤性脑损伤发生之后的 72 小时是治疗的关键期，一种可能的思路是通过手机驱动的加速器来实时监测患者的瞳孔和身体运动，由此可及时判断是否需要医疗干预。实现这个想法需要将实时监测的数据和心理学及其他行为科学的常模数据进行比照，因此，研究设计中需要依赖于其他学科来检测创伤性脑损伤患者。这个案例中创伤性脑损伤的新诊疗技术的开发建立在一个重大问题导向的融合科学框架基础上，研究设计以问题解决为关注焦点，以“什么是解决这个问题的最好方法”为主线（AAAS，2014）。

2011 年，美国麻省理工学院在提出融合科学范式的报告中还列举了该学院近些年在生物医学领域开展融合科学的更多案例。这些案例包括利用计算生物学（计算机科学、物理学、分子和遗传生物学的融合）揭示人体获得性免疫的分子机能，为研发艾滋病疫苗提供了关键性理论基础；通过融合物理学、光学、电子学和生理学而开发的光学相干断层成像技术（optical coherence tomography，OCT），为检测视网膜病变等眼科疾病提供了关键性诊疗工具；利用纳米技术（材料科学、工程学、化学和生物学的融合）制造出的纳米粒子，实现了癌症治疗中靶向化疗的关键一步；通过药物化学和生物信息学的交叉融合研究形成的细菌感应器（bacterial-sensor）药物投放技术，有助于实现肿瘤组织的鉴别和靶向治疗；利用物理学、工程学和生物学共同研发的肿瘤细胞转移监测芯片，为实施监控癌症发展进程、及早针对肿瘤细胞转移开展治疗提供了可能；等等（MIT，2011）。这些研究都以生物医学领域的重大问题为目标，是融合科学范式的典型案例。

除了生物医学，融合科学范式在解决能源、食品、环境、资源、安全等其他领域的重大问题中也发挥越来越重要的作用。例如，生物质能研究中的一个瓶颈问题是：绝大部分生物质能的原料是植物，依赖于光合作用将太阳能转化为化学能，但光合作用是一个低效的能源转换过程，这就使得为了获取足够的植物原料需要投入大量的土地、水和肥料。近些年，美国能源部高级研究计划署（Advanced Research Projects Agence-Energy，ARPA-E）开始以融合科学的方式，资助学术界和产业界共同解决这个瓶颈问题，并取得了重大进展。在 ARPA-E 的资助下，来自可再生化学公司（OPX 生物技术公司）的微生物和化学研发人员，以及来自大学（北卡罗来纳州立大学）的合成生物学研究人员，合作研发出一套诱导微生物直接从电能或化学物质（氢或氨）中进行能量转换的技术，减少了生物质能研究中对于资源的依赖性，有效提高了生物质能的生产效率（National Research Council，2014）。该研究被纳入美国国家研究理事会 2014 年关于融合科学的报告，作为融合科学典型案例之一。

知识框：生物医学研究范式的三次革命

生物医学在20世纪中期之前，以对自然的观察、比较和描述（描述生物学）以及对遗传规律、神经生理活动等生命现象的实验性分析（实验生物学）为两个主要分支。20世纪中期以来，随着研究工具和手段的不断发展，生物医学研究引领了科研活动从学科分化、学科交叉到学科融合的发展趋势。剖析20世纪50年代以来生物医学研究经历的三次重大范式转变，如下图所示，可以窥视生物医学研究逐渐融合多种学科研究工具、手段和方法的发展趋势。

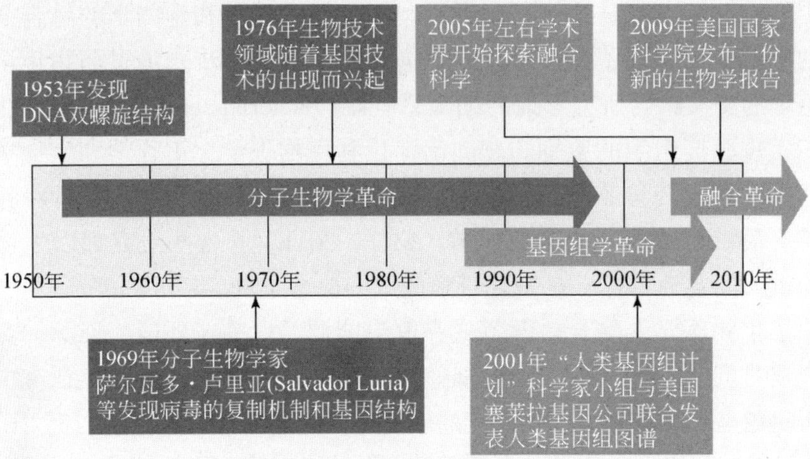

图　生物医学研究范式的三次革命

资料来源：MIT. 2011. The third revolution：the convergence of the life sciences，physical sciences and engineering（White Paper）.Washington DC：MIT office.

生物医学研究的第一次革命：分子和细胞生物学。进入50年代，一些物理、数学和化学学科的技术与方法开始应用于当时的实验生物学研究，极大地加快了生物医学研究的进程。20世纪40年代以前，实验生物学主要借助电子显微镜技术在一些大分子层面开展研究。以破解DNA双螺旋结构的研究为例，X射线衍射方法、数学计算方法、同位素测定方法等都发挥了至关重要的作用，由此开启了分子和细胞生物学的时代。可见，这个时期物理、数学和化学等学科中的技术与方法已经应用于生物医学研究。

生物医学研究的第二次革命：基因组学。随着科学家对DNA的研究逐步深入，人们开始探讨对有机体的整个基因序列进行研究的可能性，这涉及一系列更为复杂、更为系统的科学问题，而不再是仅仅针对分子或者细胞层面的研究。基因组学就是在这样的需求下诞生并发展起来的。基因组学的复杂性使得更多的学科（如数学、物理、化学、计算机、材料学等）逐渐介入，并且学科交叉的特征越来越明显，形成了以生物信息学为代表的新兴交叉学科。这个阶段的生物医学研究以多学科之间的双向互动为显著特色。例如，生物信息学需要借助数学算法、计算机和软件技术、网络数据库技术等，对大量的生物信息进行收集、整理、存储、检索、分析和研究，而生物信息学的发展又为数学、计算机、软件技术和网络数据库技术等的发展创造了新的机遇与方向。基因组学的发展使得科学家能够确认许多疾病的致病基因，并且也逐渐开始基于个体独特的基因结构和疾病类型来开发新的药物与诊疗手段。

生物医学研究的第三次革命：融合科学范式的兴起。21世纪以来，从改善人类健康水平、提升人体机能的角度，以纳米技术、生物医学、信息技术和认知科学的协同与融合为特征的“NBIC会聚技术”快速发展。近十年来，认识到人类当前面临的能源、环境、健康等重大问题仍然无法通过单一学科研究甚至传统的学科交叉研究来解决，以美国麻省理工学院诺贝尔生理学或医学奖获得者夏普教授为首的一批生物医学领域的顶尖科学家倡议，人类开展的所有科学研究（不仅仅是生物医学研究）都需要更深层次地将化学、物理、计算机、材料、工程甚至社会科学融合起来，从而为解决人类面临的重大问题提供新的路径和机遇。融合科学范式将在重大问题的牵引下，融合所有相关学科的工具、方法、概念和工艺等，既在生物医学诸如成像、生物材料、纳米技术、生物信息、细胞工程等方面取得重大进展，也在农业、能源、环境等领域深刻改变着人类生存和发展的轨迹。

资料来源：

[1] Sharp P A，Langer R. 2011. Promoting convergence in biomedical science. Science，333（6042）：527.

[2] Sharp P A & Leshner A I. 2014. Meeting global challenges. Science, 343(6171) :579.

[3] National Academies of Sciences, Engineering, and Medicine. 2019. Fostering the Culture of Convergence in Research: Proceedings of a Workshop. Washington, DC：The National Academies Press.

[4] MIT. 2016. Convergence: The Future of Health. http://www.convergencerevolution.net/2016-report/[2020-3-14].

[5] 张宁，罗长坤 . 2005. 当前生物医学发展的几个主要特征及其对医学科研管理的影响 . 中华医学科研管理杂志，1：14-16.

[6] 李建会 . 2003. 学科交叉与分子生物学的革命和发展——纪念 DNA 双螺旋模型建立 50 周年 . 自然辩证法研究，12：77-82.

[7] 林侠 . 2003. 从基因、遗传密码到基因组学和生物信息学 . 医学与哲学，7：10-13.

[8] 罗长坤 . 2014. 当前生物医学发展特征及其对科技创新方式的启示 . 医学与哲学（A），35（1）：1-4.

2.3 研究性质：愿景驱动的长链条研究

融合科学思潮的发起人之一 —— 美国科学促进会原主席、诺贝尔生理学或医学奖获得者、麻省理工学院教授夏普对于融合科学的研究性质及范畴进行了说明：融合科学能够在发现发明和创新之间发挥桥梁作用，通过会聚不同学科和技术起到推动创新的作用（Sharp，2014）。这表明，融合科学所覆盖的研究范畴突破了经典的科研藩篱。传统上，科研活动往往以知识发现或技术发明为最终目标。例如，司托克斯在巴斯德象限理论（司托克斯，1999）中提出，科学研究的动因有两种，即求知驱动和应用驱动。这两个维度上的组合形成四个象限，即象限Ⅰ（纯基础研究，代表人物为玻尔）、象限Ⅱ（应用引发的基础研究，代表人物为巴斯德）、象限Ⅲ（技能训练与经验整理，代表人物为皮特森）和象限Ⅳ（纯应用研究，代表人物为爱迪生）（图 2-2）。传统科学范式往往覆盖以象限Ⅰ、象限Ⅱ和象限Ⅳ的科研活动为主的范围，以发现新知识或者发明新技术为终点。

研究起因		以实用为目的：否	以实用为目的：是
以求知为目的	是	Ⅰ 纯基础研究 （玻尔象限）	Ⅱ 应用引发的基础研究 （巴斯德象限）
	否	Ⅲ 技能训练与经验整理 （皮特森象限）	Ⅳ 纯应用研究 （爱迪生象限）

图2-2　司托克斯的巴斯德象限理论

资料来源：司托克斯. 1999. 基础科学与技术创新. 周春彦，谷春立，译. 北京：科学出版社：62-63.

相比传统科学范式，融合科学范式是在解决重大经济社会问题的目标引导下，对知识发现和技术发明的进一步延展。

一方面，融合科学范式下，知识发现不仅仅局限于司托克斯提出的玻尔象限和巴斯德象限，还包含愿景驱动的基础研究（vision-inspired basic research）。顾名思义，愿景驱动的基础研究也是以新知识的发现为目标，但是这种基础研究是瞄准应用前景的基础研究，与玻尔所从事的纯基础研究截然不同。同时，相比巴斯德象限中的应用引发基础研究，愿景驱动的基础研究瞄准的是未来的而非眼前的应用目标（图 2-3），而且这种愿景式的目标

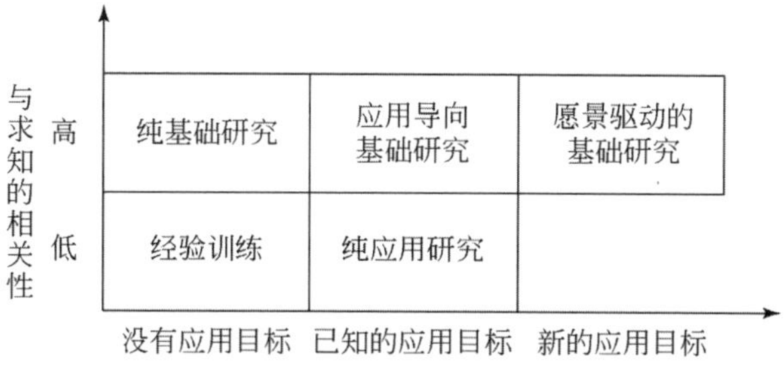

图2-3　愿景驱动的基础研究

资料来源：Roco M C，Bainbridge W S，Tonn B，et al. 2013. Convergence of Knowledge，Technology and Society：Beyond Convergence of Nano-Bio-Info-Cognitive Technologies. London：Springer International Publishing.

往往相对宏大。这表明，这类基础研究带来的是突破性的而非渐进式的技术变革；同时，这类基础研究成果在未来的应用场景更为丰富，从而带来大范围、多场景的重大技术变革，有望掀起新一轮的技术革命。这种愿景驱动的基础研究在融合科学范式中是常见的。换言之，融合科学是以解决经济社会中的重大应用问题为目标，这种目标往往是愿景式的（如粮食安全问题、环境污染问题、癌症治疗、新能源开发等），需要跨越相对较长的一段时期，达到一定的知识和技术储备，才可取得重大的技术突破（Roco et al.，2013）。

另一方面，融合科学既不是止步于发明发现，也不是直接制成产品，而是以知识发现和技术发明为起点，以经过一定测试、具有实际功能的试验样机或方案为终点。从这个范围来看，融合科学与 DARPA 资助的研究范围具有极大的相似性。DARPA 的机构定位是“跨越鸿沟，创意驱动”（bridge the gap，powered by ideas），与融合科学的定位也十分相近。由于互联网、个人计算机、激光、微软视窗等重大关键技术在 DARPA 的诞生，DARPA 模式自 20 世纪 80 年代以来在全球倍受推崇（Bonvillian，2015；Fuchs，2009）。美国国家科学院等机构关于融合科学的报告中，将 DARPA 以及美国能源部效仿其成立的 ARPA-E 都视为融合科学的典型案例。借鉴 2008 年时任 DARPA 署长的安东尼 • 特瑟（Anthony J. Tether）博士向美国众议院汇报时所展示的 DARPA 资助研发活动与美国军方（用户）、美国学术界所开展的研发活动的关系图 [图 2-4(a)]，可以从“资助规模”“与市场 / 用户需求的距离”两个维度对融合科学的研究范围进行大致描绘

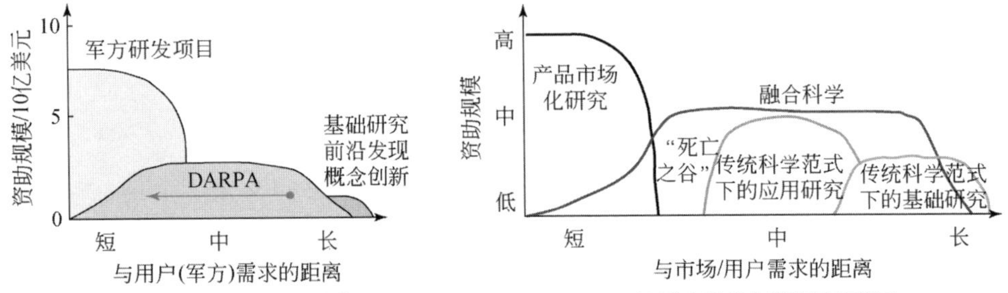

(a) DARPA资助的研发活动范围　　(b) 融合科学的研发活动范围

图2-4　DARPA资助与融合科学的研发活动范围

资料来源：Dr. Anthony J. Tether, DARPA Director, Defense Advanced Research Projects Agency. https://www.nitrd.gov/Pitac/meetings/2004/20040413/20040413_darpa.pdf.

[图 2-4（b）]。

具体来看，融合科学覆盖从概念提出到试验样机形成的整个过程。一方面，融合科学的研究范围覆盖传统科学范式下的基础研究和应用研究，并进一步在解决重大问题的导向下，连接知识发现、技术发明和市场产品，以形成具有实际功能的试验样机或解决方案为终点，有助于跨越传统科学范式下技术发明与产品市场化之间的“死亡之谷”。另一方面，融合科学以重大经济社会问题为目标导向，在传统学科发展的基础上进一步筛选和组织优势力量，并搭建平台设施开展多种学科的交叉融合研究，因而与传统科学范式相比需要的资金强度有一定幅度的增加。需要明确的是，融合科学并不覆盖产品的生产和市场化研究，如何将融合科学形成的试验样机或解决方案进一步落实为规模化、市场化的产品或服务，还需要产业界的力量来完成。可见，融合科学在传统学术界和产业界之间发挥重要的桥梁作用。

知识框：“死亡之谷”

“死亡之谷”最早由美国国会原议员维恩•埃勒斯（Vern Ehlers）提出，描述的是一项研究中的发明被转变成市场上的产品时所面临的各种挑战。市场经济条件下，人们根据已掌握的信息来进行决策并进行相应的资源配置。在现实生活中，存在三个方面的断层，资源配置往往不能达到好的效果，使得从理论研究到产品应用的鸿沟难以跨越。

这三个断层分别是目标断层、信息断层、资金断层。首先从目标断层角度来看，研究人员的目标是证明其发明的可行性和创新性并且完成发明，而企业家的目标是寻求风险低、收益高的市场产品并且创造企业利润。其次从信息断层角度来看，研究人员知晓项目技术的创新性，而企业家对新产品投放市场存在的风险敏感，双方在对产品、市场的了解程度等方面非常不同。如果这两个群体不能有效沟通，不能相互信任，就无法跨越发明与创新之间的鸿沟。此外，导致“死亡之谷”的另一重要原因是融资问题。产品上市的重要资本主要有三方面：物质资本（已有物质资源）、智力资本（已有知识和技能）、社会资本（社会网络关系）。

单纯的金融支持并不能够成功跨越“死亡之谷”，产品是否成功需要市场的认可。跨越“死亡之谷”需要经历几个关键阶段，即“研究与发展”的技术培育、技术转移、新产品成型（原型机）、产品性能达到市场要求、取得商业成功（低成本、高品质）。

受自由主义思想影响，政府一般不会用国民税金来支持有关产品创新的科研活动。但是，为了促使科研成果跨越“死亡之谷”，一些国家采取了积极的政策引导。例如，21 世纪初，美国为了实现科技成果的商品化和产业化，围绕研发资金的投入问题开展机制创新；日本政府部门通过在外汇配额、进口许可证、税收优惠、银行融资、专项资助、价格补贴、政府采购等方面进行行政指导，对企业的研发活动进行扶持。

资料来源：

[1] 田华，田中 . 2012. 美国国防高级研究计划局如何跨越“死亡之谷”？科学学研究，30（11）：1627-1633.

[2] Butler D. 2008. Crossing the valley of death：A chasm has opened up between biomedical researchers and the patients who need their discoveries. Nature，453（7197）：840-843.

[3] 克拉克 B. 2001. 研究生教育的科学研究基础 . 王承绪，译 . 杭州：浙江教育出版社 .

[4] Peterson J. 2011-6-23. An Elephant Hunter Explains Inflection Point Investing. http：// www.Altenergystocks.com/archives/2011/06/an_elephant_hunter_explains_inflection_point_investing_1.html[2018-06-14].

[5] 周程，张杰军 . 2010. 跨越创新过程中的“死亡之谷”——科技成果产业化问题刍议 . 科学学与科学技术管理，31（3）：50-55.

2.4 研究方式：学科维度和价值链维度上的深度融合

融合科学的研究方式区别于单一学科研究以及传统的多学科交叉研究，主要体现在“横”“纵”两个维度上（图 2-5）：其一是以多种学科的交叉和延展为基础，在重大问题的导向下囊括多种学科的理论、方法和数据，形成新的研究框架和研究语言，这是融合科学的研究方式在横向维度上的特点；其二是吸收政产学研用等多个权益主体并进行合理的分工与协作，以重大问题的解决为共同目标，将创新价值链全谱带上的各类科研活动进行衔接和贯通，这是融合科学的研究方式在纵向维度上的特点。

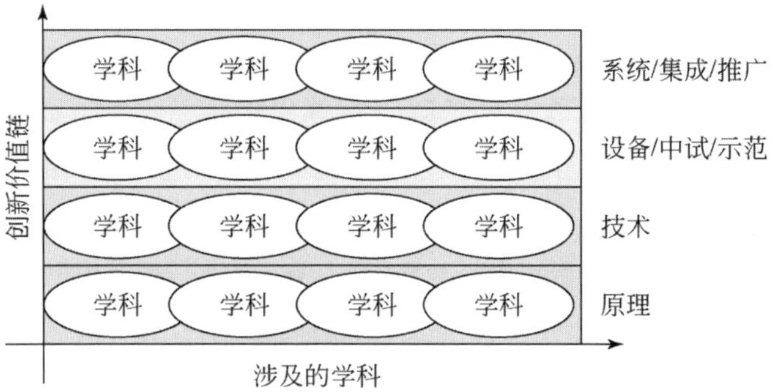

图2-5　融合科学在研究方式上的特点

2.4.1　跨学科的深度交叉融合

融合科学是重大问题导向下的跨学科深度交叉融合。融合科学并不只是利用其他学科的工具或者方法，而是通过多种学科在方法、工具、范式和理念等方面进行深层次的相互借鉴与应用，形成融合性的新研究框架，以此来推动科学发现和创新，并催生新的融合科学。从这个意义来看，融合科学相比以往的多学科（multidisciplinary）、交叉学科（cross-disciplinary）、学科交叉（interdisciplinary）和跨学科（transdisciplinary）研究而言，多种学科融合或会聚的程度更深（National Research Council，2014）、纳入融合的学科范围更广，不仅包括基础学科，还包括工程学科和社会学科等（Sharp and Langer，2011）。

对此，美国国家科学基金会明确提出，与融合科学最为接近的多学科交叉活动是跨学科研究（NSF，2017a），在融合科学范式形成之前，后者是学科之间交叉整合的最高形式（Jensenius，2012）。换言之，融合科学范式是建立在跨学科研究基础上的更高层次的学科交叉整合。一方面，从学科交叉融合的动机和范畴来看，融合科学范式下，不同知识背景的研究人员有意识地聚集在一起，共同寻找解决特定问题或挑战的研究方案。在2014年美国科学促进会召开的融合科学专题研讨会上，时任美国国立卫生研究院国家生物医学成像和生物工程研究所（National Institute of Biomedical Imaging and Bioengineering，NIBIB）副所长贝琳达•塞托（Belinda Seto）博士指出，融合科学并不是简单地把不同学科的研究人员聚集在一起，而是从提出研究问题伊始，就以多学科深度交叉融合为基础，并且贯穿解决问题或挑战的全过程（AAAS，2014）。另一方面，从学科交叉融合的过程和产物来看，不同的知识、理论、方法、数据，以及不同的研究共同体和科学语言都越来越频繁地相互碰撞与影响，直到形成共同的新研究框架和新科学语言（图2-6）。这些共同的新研究框架和新科学语言反过来进一步推动相关学科之间持续性的交叉和融合，甚至催生新的融合科学领域，从而为解决特定问题或挑战开创出新的研究愿景（NSF，2016a）。在已经出现多种多学科交叉活动的基础上，提倡融合科学范式也是为了改变以往多学科交叉仅仅停留在个人层面、非正式层面的局面，使学科融合或会聚更加制度化和常规化（Bainbridge and Roco，2016b）。

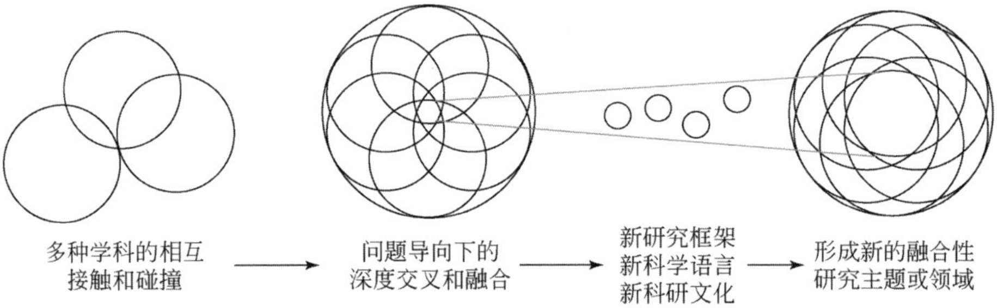

图2-6　融合科学范式中的学科交叉融合

知识框：多学科、学科交叉、交叉学科和跨学科

现有科技政策、科技管理、科学学等相关研究中对于多种学科之间的交叉现象有多种描述，如多学科研究、学科交叉研究、交叉学科研究和跨学科研究等（下图）。这些不同的多学科交叉现象在时间上和空间上并没有绝对的界限，对于科学研究而言都是重要的多学科研究途径，不能以孰优孰劣进行简单判断。但是，这些多学科交叉现象在学科交叉融合的程度和范围上有所不同。

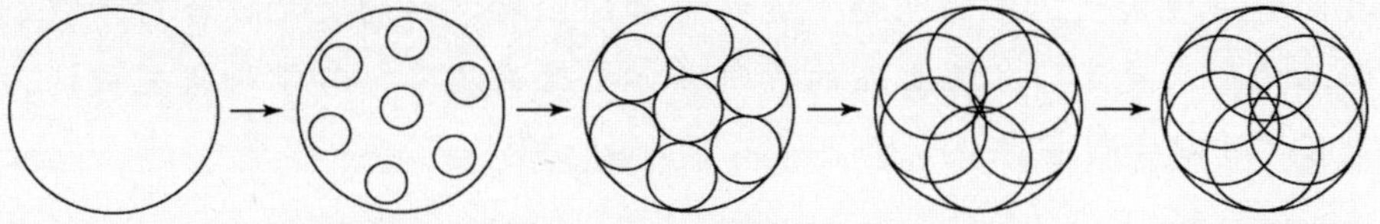

图　单一学科⟶多学科⟶学科交叉⟶交叉学科⟶跨学科

资料来源：Herr D J C. 2016. The Need for Convergence and Emergence in Twenty-first Century Nano-STEAM+Educational Ecosystems//Winkelmann K，Bhushan B. Global Perspectives of Nanoscience and Engineering Education. Springer：83-115.

多学科研究关注同一个问题或主题的两个或多个学科置于并列的位置，为研究提供更宽泛的知识、方法和信息视野，但是涉及的每个学科仍然保持相对独立的状态，以各自的知识结构为基础。尽管不同学科背景的人员可能会围绕这个共同的问题或主题形成一个小组以便交流，但是小组中各学科人员遵循自己的理论框架和方法开展研究，相关成果也发表在各自学科的刊物上。

学科交叉研究相比多学科研究而言，围绕同一个问题或主题的多个学科之间有了更多的交流与沟通，不同学科之间的人员会相互借用一些概念或思路，但是并没有针对该问题或主题形成一个新的研究框架。各学科人员仍在各自理论框架下开展研究。

交叉学科研究以一个复杂的问题或主题为核心，将两个或多个学科的信息、数据、方法、工具、概念和理论进行整合。既可以是在某学科中整合其他学科的工具和方法，也可以是在多个学科的基础上形成一个新的概念框架或理论解释。交叉学科的关键是整合，而不是所涉及学科的简单叠加。交叉学科研究多数是以团队的形式开展，在团队合作的过程中有效的项目管理和沟通交流是机制保障。

跨学科研究以解决复杂的问题或挑战为目标，通过构建综合性的研究框架来实现对多个学科的深度交叉和融合，并在解决问题的过程中产生新的认知或者新的研究方向。20 世纪末期，跨学科研究在问题导向的研究中具有了更多的内涵，通过跨越学术界、公有部门和私有部门的边界，共同解决现实生活中的问题。这种跨部门、跨学科的交叉融合对于机制保障的要求更高。相比上述的各种多学科交叉现象，跨学科研究被认为更接近于融合科学。

资料来源：

[1] National Research Council. 2014. Convergence Facilitating Transdisciplinary Integration of Life Sciences，Physical Sciences，Engineering，and Beyond. Washington，DC：The National Academies Press.

[2] Herr D J C. 2016. The Need for Convergence and Emergence in Twenty-first Century Nano-STEAM+Educational Ecosystems//Winkelmann K，Bhushan B. Global Perspectives of Nanoscience and Engineering Education. Springer：83-115.

[3] Klein J T. 2010. A taxonomy of interdisciplinarity//Frodeman R，Klein J T，Mitcham C. Oxford Handbook of Interdisciplinarity. Oxford：Oxford University Press：15-30.

[4] Wagner C S，Roessner J D，Bobb K，et al. 2011. Approaches to understanding and measuring interdisciplinary scientific research（IDR）：A review of the literature. Journal of Informetrics，165（1）：14-26.

以纳米科技相关研究为例。纳米科技及其分支是目前作为融合科学典型案例被广泛研究的对象。纳米科技由化学、物理、工程以及诸多其他学科的交叉融合形成，尤其是生物和材料科学中关于纳米尺度上的分子与晶体的研究、计算机科学中接近于纳米尺度的集成电路最小元器件的研究、作为各种研究和设计基础的数学学科等，是纳入交叉融合的主要学科方向。其中，工程学科（主要是机械工程、化工、生物工程和电子工程）不仅在纳米技术工具开发和纳米尺度的材料、设备和系统制造中发挥核心作用，同时在协调和融合纳米技术研究涉及的其他学科中具有重要作用（Bainbridge and Roco，2016a）。

从 2010 ～ 2015 年全球纳米科技相关研究的热点主题（图 2-7）可以看到，

纳米科技相关研究的热点主要集中在锂离子电池、太阳能电池、石墨烯及其复合材料的制备和应用、纳米器件、纳米安全（纳米材料的毒性和安全性研究）、纳米生物医学（纳米材料在生物医学领域应用，如纳米诊疗、纳米药物输送等）。这些热点大多与提高人类健康水平、解决当前全球性的能源和环境危机等息息相关。针对这些问题的研究多数采用以多学科交叉融合为特点的融合科学范式，如纳米科技与生命科学结合越来越紧密，形成独立的纳米生物群组，纳米科技和合成与应用化学的交叉融合也逐渐深入，使纳米能源方向的研究更加聚焦。

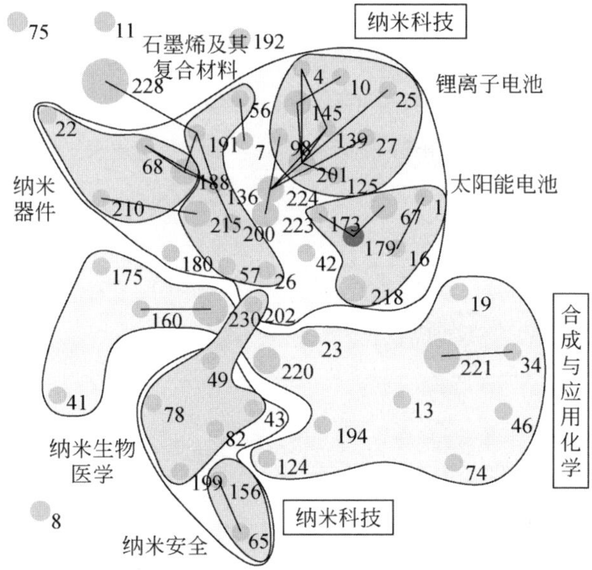

图2-7　纳米科技相关研究的热点主题

图中数字是研究主题的编号，因该图为节选，故数字不连续

资料来源：王小梅，韩涛，李国鹏，等. 2017. 科学结构图谱2017. 北京：科学出版社.

再如，作物科学的相关研究当前也进入多学科交叉融合的新阶段，尤其是生化研究方法、生物物理学、分析化学、应用化学、环境科学、进化生物学、微生物学、高分子材料科学、化学工程、数学与计算生物学、统计与概率学等不同学科已经融入作物科学的各个研究主题之中（图 2-8）。以植物抗逆

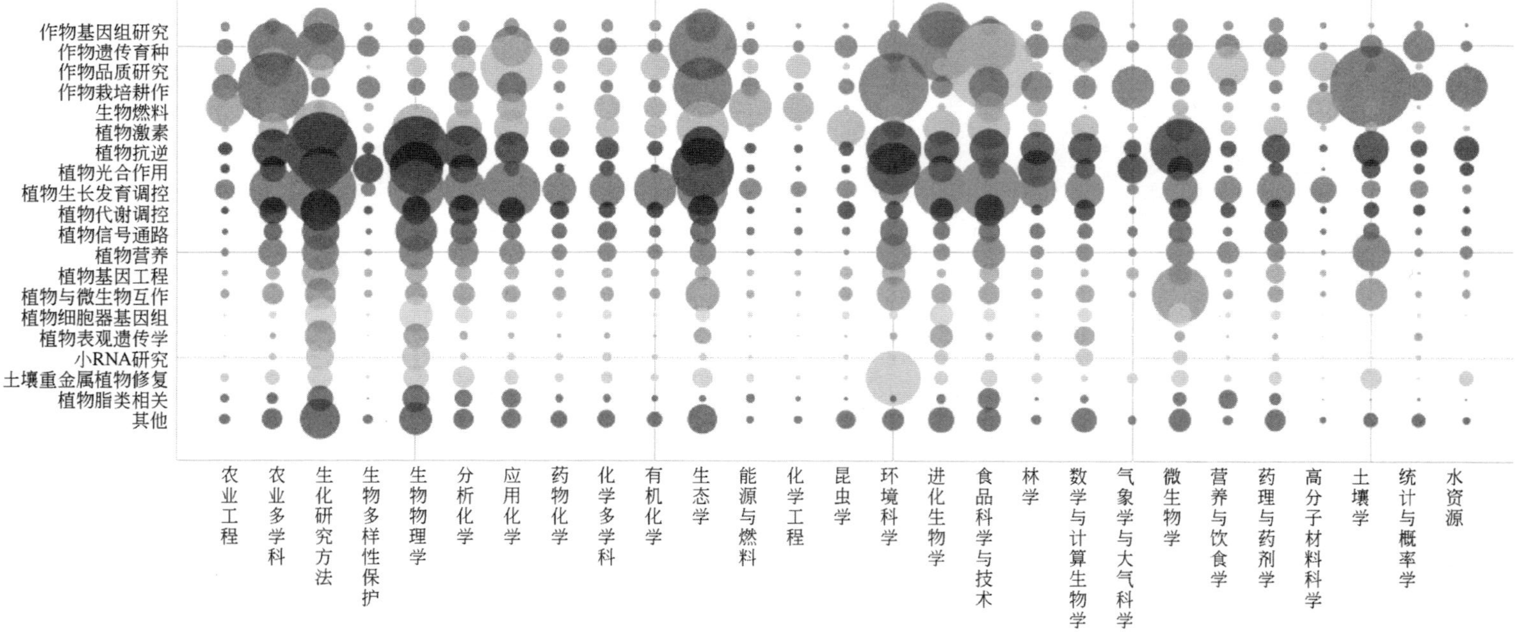

图2-8　作物科学主要研究主题的学科融合分析

资料来源：董瑜，杨艳萍. 2017. 中国科学院农业领域融合科学态势分析报告（内部资料）.

问题为例。植物抗逆是指植物具备对抗外部不良因素的能力，如抗旱、抗盐碱、抗涝、抗风、抗冻、抗病虫害等。植物抗逆的遗传机理是生物科学研究中的一个复杂问题，对解决当前困扰人类生存和发展的诸多问题（如粮食安全、生态环境治理等）具有重大意义。美国国家科学院院士、著名生物学家朱健康认为，“不论是抗旱还是抗盐碱，（这些问题）比人们想象中复杂得多。（植物抗逆）问题的复杂性不亚于癌症研究”（王静和朱健康，2012）。当前，植物抗逆研究已经从传统的植物育种研究进入染色体和细胞水平的研究。除传统的植物育种相关方向外，生化研究方法、生物物理学、分析化学、生态学、环境科学、微生物学等其他学科的理论、方法和工具在植物抗逆遗传机理研究中发挥了重要作用。

总之，融合科学在研究思路上不能局限于特定学科的技术路线或方法，而应当广纳所有有助于解决融合科学所瞄准的重大问题的各种学科，通过各学科之间的深度交叉融合形成新的研究框架和路径。

2.4.2 创新价值链的衔接和贯通

融合科学以概念提出为起点，以具有实际功能的试验样机或解决方案为终点，在解决重大问题的导向下，将创新价值链上的不同节点或要素进行相互衔接，从而实现重大问题的解决。这意味着，从研究方式上来看，融合科学相比传统科学范式而言的另一个特点是创新价值链的有效衔接和贯通。

一方面，开展融合科学既要掌握基础研究的方法，也要驾驭应用研究、试验发展乃至样品开发的方法，以便通过合理布局发挥好创新价值链各节点的功能，最终促成重大问题的解决。融合科学所瞄准的重大问题，往往具有重要的经济社会影响。因此，以解决这类重大问题为目标的融合科学，覆盖创新价值链上从概念提出到形成解决方案的长链条。以典型的融合科学主题之一——合成生物学为例，合成生物学研究会聚了科学研究带来的“发现能力”，工程学理念带来的“建造能力”以及颠覆性技术带来的“发明能力”，从而全面提升社会的“创新能力”。从近 20 年的四个主要发展阶段来看，合成生物学的发展依赖于基础理论、工程手段和平台发展等创新价值链不同阶段各自功能的有效发挥：①创建时期（2000 ～ 2003 年），产生了许多具备领域特征的研究手段和理论，特别是基因线路工程的建立及其在代谢工程中的成功运用；②扩张和发展期（2004 ～ 2007 年），合成生物学领域有扩大趋势，但工程技术进步比较缓慢；③创新和应用转化期（2008 ～ 2013 年），涌现出的新技术及工程手段使合成生物学研究与应用领域大为拓展，特别是人工合成基因组的能力提升到了接近百万个碱基对（染色体长度）的水平，而基因组编辑技术的出现带来了前所未有的突破；④新阶段（融合科学期）（2014 年以来），在使能技术的工程化平台建设与生物医学大数据的开源应用相结合的基础上发展起来的“工程生物学”（engineering biology），正在全面推动生物技术、生物产业和生物医学“民主化”发展的新阶段，在实现人类“能力提升”的宏伟目标上迈出了坚实的一步（图 2-9）（赵国屏，2018）。

另一方面，开展融合科学需要建立起衔接基础研究、应用研究、试验发展、样品开发等创新价值链不同节点的政策工具和方法，使得人、财、物、平台等各类创新要素能够在重大问题的牵引下在创新价值链上自由流动，从而实现“问题解决”这一终极目标。

以人工合成青蒿素的研究为例。2015 年诺贝尔生理学或医学奖颁发给中国中医科学院中药研究所屠呦呦先生，使我国消除疟疾工作背后的原创新药——青蒿素变得家喻户晓。但事实上，很多人没有注意到，青蒿素从原创发现到实现产业化应用，是合成生物学领域目前最为成功的产业化案例，也是体现融合科学贯通创新价值链的典型案例。

作为一线抗疟疾药物，该药的有效成分是 20 世纪 70 年代由屠呦呦先生及其研究团队在我国传统中草药青蒿中发现的一种倍半萜类化合物。传统上，番茄红素、人参皂苷、花青素、玫瑰精油等高品质的天然产物主要从原植物中直接提取。过去，青蒿素的生产方式也是类似，主要从黄花蒿中直接提取。我国是黄花蒿的来源国，然而，受气候变化和市场波动的影响，黄花蒿的产量并不稳定，导致很多需要使用青蒿素的人得不到稳定的药品供给。如何实现人工合成青蒿素并真正实现产业化，是抗疟疾药物走向市场的关键。

在这个问题的引导下，国内外各类创新要素在创新价值链上下游之间有序流动。从国内来看，我国从 20 世纪 80 年代开始关注化学合成方法制造青蒿素。1984 年初，中国科学院院士周维善带领科研人员实现青蒿素的人工全

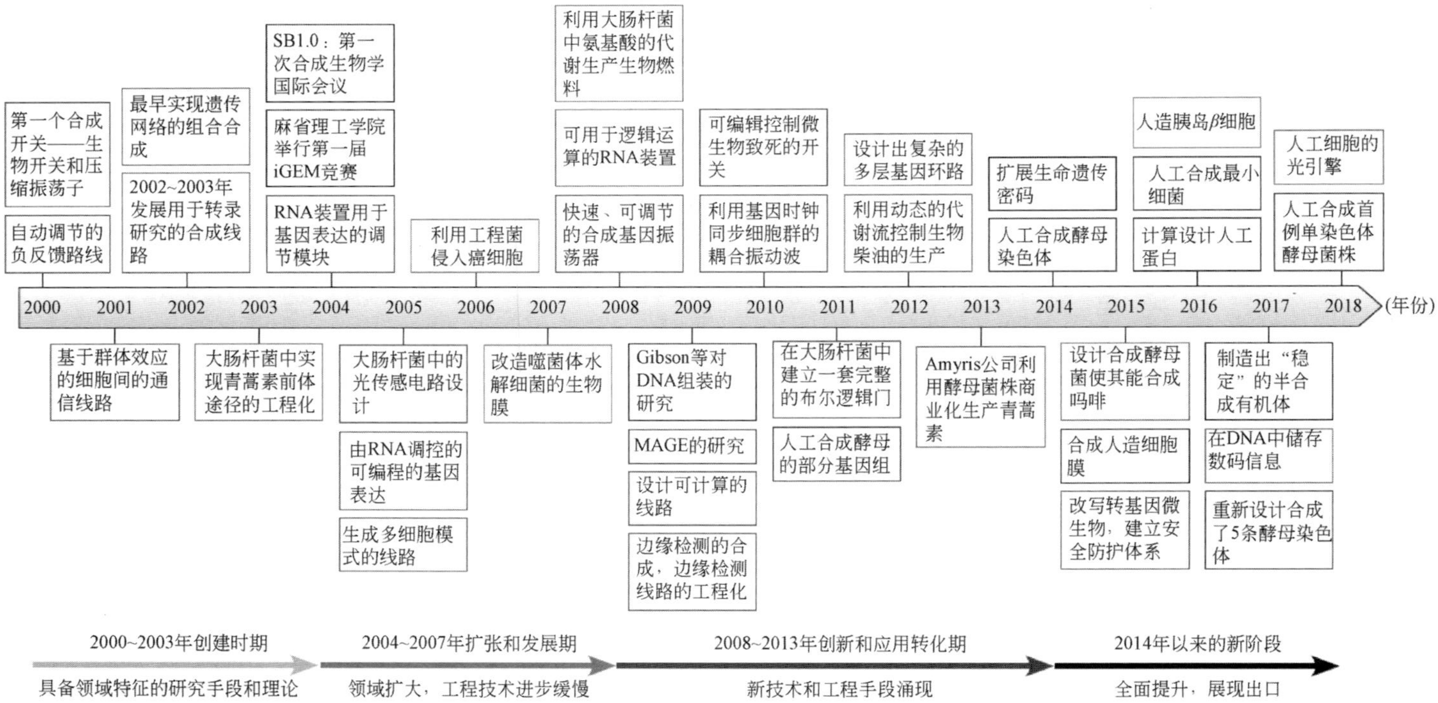

图2-9　2000～2018年合成生物学研究的代表性进展

资料来源：赵国屏. 2018. 合成生物学：开启生命科学“会聚”研究新时代.中国科学院院刊，33（11）：1135-1149.

合成，但是该成果至今未能实现工业化生产。从国外来看，国际上非常关注青蒿素的生物发酵生产，比尔及梅琳达•盖茨基金会等机构对这方面研究也曾予以支持。国际上还建立了大量工程化平台，如美国劳伦斯伯克利国家实验室的 Agile BioFoundry，美国伊利诺伊大学的 iBioFAB，美国麻省理工学院的 MIT-Broad Foundry，英国帝国理工学院的 London DNA Foundry，以及产业界的 Amyris 公司、Zymergen 公司、Ginkgo 公司等。通过这些工程化平台可以组织工艺流程并进行海量试错，从而快速获得具有目标功能的合成生命体。与此同时，美国围绕工程化平台建立了完整的研发体系——由劳伦斯伯克利国家实验室负责上游原创发现，联合生物能源研究所（Joint BioEnergy Institute，JBEI）负责中游技术开发，Amyris 公司负责下游产业应用，并授权法国赛诺菲公司进行生产。最终，人工酵母细胞生产青蒿素于 2013 年实现了产业化（赵国屏，2018）。这是融合科学范式在合成生物学领域的成功实践。

可见，融合科学以真正解决问题为最终目标，因而在研究方式上尤其注重吸收创新体系中的不同权益主体，将创新价值链上下游之间进行贯通和衔接。这同时也对科研和创新政策提出了新的挑战与要求，以推动创新体系中不同权益主体能够分工合作，并使创新价值链上不同阶段的功能和作用得到有效发挥。

知识框：合成生物学

自农耕社会以来，人类通过对农作物和动物的驯化来实现特定的功能与表现。20 世纪中期，DNA 双螺旋结构的发现使人们意识到，通过改造 DNA 序列设计出新的生物系统远比传统的驯化过程更为有效。由此，人们开始测序、合成和组装 DNA 序列，并取得了重大进展。然而，生物系统是极为复杂的，现有的 DNA 相关技术只局限于对细胞功能的认识以及轻微改造，如何通过编写 DNA 序列来设计全新的生物系统成为科学界的梦想和难题。

在这样的背景下，合成生物学应运而生。合成生物学旨在设计和建造新的生物部件、装置与系统，或重新设计已有的天然生物系统，从而为人类的特殊目的服务。换句话说，合成生物学是对自然界中不存在的生物原件或者生物系统进行设计和组装，以此来解决环境、健康、能源等领域中的问题。相比传统生物学研究，合成生物学并不是通过解剖生命体以研究其内在构造，而是采用“自下而上”的方式，从最基本的要素开始一步步建立零部件并组装，最终形成对人类有价值的人工生物系统。当然，合成生物学的出现并不是偶然的，而是以生物学、化学、数学、物理学、工程科学、计算机科学等相关科学的发展为基石。

近年来，主要国家在合成生物学领域发起了诸多重大研究项目。美国、英国、中国、印度等国家发起“酵母基因组人工合成计划”（Sc2.0 计划）；英国发布“合成生物学路线图”，指出英国合成生物学研究的优势并对合成生物学发展的路线图进行了全面阐述；美国国立卫生研究院发起“作为下一代癌症的治疗的人工修复 T 细胞”项目；美国国防高级研究计划局发起“生命铸造厂－千分子”计划，作为生命铸造厂的补充；美国国家科学基金会发起“非酶 RNA 复制”项目以研究 RNA 复制；英国国防部国防企业中心为解决国防问题研究新型材料，将防护应用、自愈材料作为优先研究领域。中国从 2012 年至 2016 年底，启动了十余个合成生物学相关的国家重点基础研究发展计划（即“973 计划”）项目和国家高技术研究发展计划（即“863 计划”）项目。2018 年，中国预计实施 5 年、财政投入 23 亿元的国家重点研发计划“合成生物学”重点专项已经启动。此外，2018 年，中国成立中国生物工程学会合成生物学专业委员会，推动合成生物学在基础研究与应用研究方面的发展。

资料来源：

[1] 张春霆 . 2007. 合成生物学：我国急需发展的前沿科学 . 前沿科学，3：56-66.

[2] 战略前沿技术 . 2017. 国内外合成生物学重大项目及最新应用成果 . http：//www.sohu.com/a/202366189_465915[2018-12-5].

[3] 李福利 . 2019. 中国合成生物学发展前景可期 . 高科技与产业化，272：34.

2.5 数据基础：全学科、全流程和全景式的开放数据

融合科学在基础数据上与传统科学范式有显著不同，具体表现为全学科、全流程和全景式三个特点。

1）融合科学改变了以往科学数据分科管理和使用的状况，以实现所有学科之间的数据开放和共享为基本特色。众所周知，传统科学系统中科学数据的存储、使用和开发主要是分学科进行的，科学数据的开放主要集中在单一学科内部、某一机构或出版商内部，开放对象也多局限于论文，只有少数机构或个人拥有查阅或下载权限。这一方面造成了数据的静态化、更新效率低等问题，另一方面不利于知识在科学共同体之间的交流和传播。融合科学要求全学科的数据开放和共享，以便在数据处理与使用的过程中，促使信息技术、数学、物理学、生物学、化学等不同学科原理、工具与方法的深度交叉，甚至催生新的学科交叉融合模式。信息技术的发展，使得全学科的数据开放和共享可以依托于公开化的在线科研交流平台来实现。该平台将所有学科的学者和成果进行并行展示，打破学科之间的壁垒，允许任一学科的科研人员在平台上根据研究主题或所关注的科学问题检索其他学科的学者和研究成果，以便与关注同一问题的学者建立起直接联系。

近些年来，国际上“开放获取”（open access）、“开放数据”（open data）、“数据共享”（data sharing）等理念和实践为实现融合科学的全学科数据开放与共享奠定了基础。目前，相关工作围绕学术论文或学术期刊的开放获取等取得了重要进展。例如，2004 年，美国国立卫生研究院建设和维护的 PUBMED 由收费索引转向在线免费获取，使其数据库的访问人数急剧上升；2012 年，《布达佩斯宣言》相关组织明确提出 10 年后在世界上的任何国家或地区，任何学科领域的同行评议学术论文均实现开放存储与开放获取（Budapest Open Access Initiative，2012）；发源于物理学领域后来又扩展到数学、计算机、生物学等领域的 arXive，化学领域的 ChemRxiv，生物领域的 BioRive 等国际化学术论文预印本平台蓬勃发展。这些预印本平台目前仍是分学科开发和运营的，但是均已实现了对公众的免费开放，科研人员可以根据需要检索并下载其他学科领域的预印本成果。

2）融合科学改变了传统科学系统中忽视过程性科学数据的状况，重视

全流程的科学数据开放和共享。传统科学系统中仅有少数结果性数据作为论文的相关内容公开发表，大量的过程性科学数据和未写入论文的结果性数据仍然掌握在科研人员手中，没有实现开放和共享，造成了宝贵的科研资源浪费。融合科学要求全流程的科研数据开放，包括从提出研究问题、设计研究方法、收集研究数据到最终形成研究结果整个链条上所涉及的实验室笔记、研究数据、计算模型、论文等，意味着研究人员可以搜集全部的原始信息，真正实现在基础数据层的交互融通。然而，从技术手段来看，由于过程性科学数据（如实验日志、不完整的数据集、初步分析结果、科学论文草稿、下一步研究计划、同行评审报告、与同事的沟通或交流记录、实验室样本等实物资源）以及未正式发表的结果性数据种类繁多且形式多样，要实现全流程的科学数据开放和共享并非易事。这导致 2013 年美国白宫科技政策办公室发布的有关联邦政府科研项目产生的科学数据的开放共享政策，以及美国国立卫生研究院的数据开放和共享机制仅针对出版物与最终研究数据。目前，仅有极少数专家和机构在呼吁全流程科学数据的开放和共享，在实践中也仅有小范围的试点工作取得进展。例如，2014 年美国学者香农 • 博勒（Shannon Bohle）在《自然》杂志发表文章，倡议美国联邦政府层面加大对实验日志的开放共享的重视和投入（Shannon，2014）。2018 年欧盟发布《开放科学政策论坛建议》以来，强调科研项目过程性科学数据的合理存储和管理（European Commission，2018b）。

3）融合科学改变了传统科学范式下仅重视论文、专利等科学数据的开放和共享的做法，强调对解决重大经济社会问题相关的全景式数据的开放和共享。一方面，融合科学的基础数据极大地拓展了科学数据的形式和范畴。传统科学范式下除论文和专利数据外，以其他形式存在的科学数据（如政府数据、源码、会议资源、学术专著、教科书、新闻、存档记录和手稿、图像、开放教育资源以及数字化印本资源等）没有受到足够的重视。融合科学则高度重视这些不同种类的科学数据的开放和共享，特别是致力于推动创新价值链不同谱段上科研数据的关联和衔接。例如，美国国立卫生研究院建立并维护许多开放获取的基因和临床数据库，并且将“国际千人基因组计划”全部数据免费对外开放，由亚马逊旗下的云计算公司——“亚马逊网络服务”存储。另一方面，融合科学也重视政府数据、行业数据以及广泛的经济社会与法律信息资源等数据的开放和共享，以综合利用与重大经济社会问题有关的全景式数据，为形成解决这些问题的思路或方案提供数据支撑。例如，美国联邦政府开发运营的开放政府数据网站 data.gov，对第三方开放数以十万计的数据库和数以千计的数据分析工具。互联网上以万亿字节为单位的海量开放资源（孙坦，2013；陈雪飞和黄金霞，2014）为重大经济社会问题提供了全景式描述，因此成为融合科学解决重大经济社会问题时的重要数据基础。一个成功的案例是，针对恶劣天气对农业生产和农民收入造成损失这一问题，美国气候公司（The Climate Corporation）利用美国联邦政府免费开放的 60 年农作物收成数据、超过 100 万个气象监测站的气象数据以及 14 万亿字节的土壤质量数据，为农民提供农业种植和金融决策辅助信息，并推出“全气候保险”，在系统预测有恶劣天气时自动赔付农民的损失，而不需要农民举证实际损失，为农民解决了后顾之忧（高丰，2015）。

总之，融合科学的底层基础数据已经与以往科学数据大为不同。全学科、全流程和全景式的开放数据意味着打破数据孤岛，开放科学界、政府界、产业界以及非营利机构的数据，使研究人员可以访问、获取科学数据并对其进行再利用和再分发，支撑各学科交叉融合、创新价值链贯通融合、各权益相关方协同融合的真正实现。

2.6 小结

融合科学是以解决重大问题为最终目标的科学研究新范式。该范式通过整合多个学科领域的知识、技能和工具，贯通全链条上的各类权益主体，形成一个全面的、综合性问题解决框架，最终实现科学成果转化为创新产品或服务。在问题解决过程中，融合科学借助于创新价值链、学科、权益主体等多种要素的耦合，并催生新的知识增长点乃至重要的融合领域。相比于传统上基于学科分割和线性演进的科研范式，融合科学具有以下特征。

1）融合科学以解决人类生存及发展中面临的重大问题为研究目标。随着国家对科研活动的投入日益增加，科研在推动社会发展中的作用和以解决重大问题为导向的特征进一步凸显。基于解决重大问题的目标导向，融合科学在科研和创新之间建立了有效的衔接，将微观层面的知识技术创新、中观层面的科研组织创新和宏观层面的经济社会创新有机连接起来。

2）融合科学是愿景驱动的长链条研究，跨越学术界与产业界之间的鸿沟。与传统科研活动不同，融合科学不以知识发现和技术发明为最终目标。在解决重大经济社会问题的目标下，一方面，通过不同学科和技术的深度交融，瞄准应用前景进行愿景驱动的基础研究；另一方面，向创新价值链后端延伸，形成能够产业化的试验样机或解决方案。

3）融合科学在研究方式上体现了学科维度和创新价值链维度的深度融合。在重大问题导向下，一方面，融合科学通过多种学科理念、范式、工具等的深层借鉴，形成融合研究框架和催生新的融合研究领域；另一方面，融合科学连接了创新价值链上的不同节点，不仅要合理布局充分发挥各节点功能，而且要建立相关的政策工具和方法，从而促进问题解决。

4）融合科学以全学科、全流程和全景式的开放数据为基础。不同于传统学科，融合科学打破了学科限制，以所有学科的数据开放和共享为基本特点；重视科研活动中产生的所有数据，包括过程数据在内的全流程数据；重视与重大经济社会问题相关的全景式数据，包括以各种形式存在的科学数据、政府数据和行业数据等。

第3章　融合科学的内在机理

融合科学以解决人类面临的重大问题为目标，故其内在机理分析重在揭示融合科学解决重大问题的知识演变过程、成效形成机制和关键的影响因素。本章首先分析融合科学的研究主题形成机制，然后基于借鉴和发展“融合－分化”理论，揭示融合科学解决重大问题的过程中，不同学科之间和不同主体之间知识与信息的交换、传递和演变，以此来打开融合科学的过程黑箱。最后基于逻辑模型描述融合科学的成效形成机制，并分析影响融合科学解决重大问题有效性的关键影响因素。

3.1　研究主题的凝练和遴选

研究主题的凝练和遴选集中体现了融合科学范式下科研管理的主动性、系统性与协调性，这是其区别于传统科研管理的重要方面。具体而言，融合科学研究主题的凝练和遴选机制不同于传统上通过同行评议来遴选研究主题的机制，而是以目标导向、开放透明、多路径、长链条四个要素来体现融合科学研究主题遴选机制的特点（图 3-1）：

3.1.1　目标导向

目标导向是指融合科学范式下，资助和管理部门以经济社会发展中的特定需求为导向进行有意识的、主动的研究主题遴选。换言之，这种有意识的主动行为以明确的经济社会需求为目标导向，而非源自现有学科体系中的内部逻辑。这种主动选题方式意味着资助和管理部门享有较大的决策权，在适当征询同行专家意见的基础上，主要以研究主题是否有助于解决重大经济社会问题来进行决策。以美国 DARPA 组织开展目标导向研究的经验来看，DARPA 鼓励项目主管与用户紧密互动，如派遣项目主管到美国军营实地考

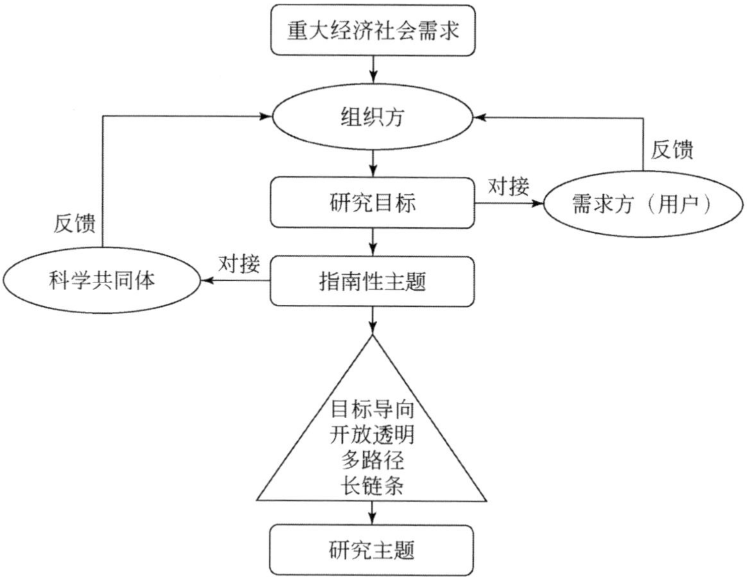

图3-1　融合科学研究主题的凝练和遴选

察或者参加军事演习，资助美国军方官员或政府官员到DARPA短期任职等，确保及时、准确把握需求。项目主管在项目立项以及项目实施过程中以“海尔迈耶之问”来筛选项目，享有决定资助与否的决策权。即便是外部同行专家予以否决的一些项目，如果确实有望通过非常规技术手段获得突破性进展，项目主管可以排除众议进行立项资助，仅需在其上级领导处完成备案。项目实施过程中，项目主管也可根据其技术路线对于问题解决是否有效，决定项目是否终止。近年来，DARPA在这方面的丰富经验被移植到美国能源部、国土资源部等民用领域融合科学项目的组织和管理之中。

知识框：DARPA的“海尔迈耶之问”

1975年，被称为“液晶显示器之父”的美国人乔治·海尔迈耶（时任DARPA局长）提出九个关键问题，这九个关键问题被后人称为“海尔迈耶之问”。海尔迈耶要求每个申请者要忠诚回答清楚这九个关键问题的做法。这九个关键问题被 DARPA 延续至今，成为 DARPA 遴选和资助项目的重要依据。

1）你想做什么？请通俗清晰地阐述你的目标。

2）现有相关研究情况如何？现有研究有何局限？

3）你的想法有何创新？为什么能成功？

4）谁会关心你的研究？

5）如果你成功了，你的工作会带来什么改变吗？

6）此项目的风险和回报是什么？

7）大概要花多少钱？

8）大概要多少时间？

9）有没有中期检查或者结题检查来检验该项目是否成功？

资料来源：

[1] 吴镕 . 2015. 海尔迈耶之问 . 视野，9：9.

[2] 黄志澄 . 2018. DARPA 技术创新的成功与挑战 . 科技导报，36（4）：26-32.

3.1.2 开放透明

开放透明是指采用多种渠道（如网站发布信息、组织各方研讨、直播研讨会议、搭建交流平台等）广泛听取各方面意见和建议。例如，美国“脑科学计划”（The Brain Research through Advancing Innovative Neurotechnologies，BRAIN）选取研究主题的过程就体现了典型的开放透明机制。联邦机构和非联邦机构共同组成“脑科学计划”联盟，联盟网站既发布项目资助信息，也展示科学进展。联盟网站还提前公布专家委员会关于优先资助主题的讨论意向，鼓励科学家通过电子邮件方式提出意见和建议，并通过网络直播会议过程。会后，鼓励那些前期未参与的科学家进一步提出书面意见。该联盟每年举办一次开放的科学家会议，邀请受资助者、参与机构、媒体、公众和国会代表参加，为公私部门之间搭建交流平台，共同讨论科学发现的进展、辨别未来发展方向、探讨合作和协调的具体研究方向。可见，这种开放透明要素与上述的目标导向要素并非相互矛盾，而是相互促进。一方面，各类开放透明的渠道围绕特定的目标来组织交流、征询意见；另一方面，在特定的目标导向下可以有针对性地进行开放交流。

3.1.3 多路径

多路径是指围绕共同的目标遴选出在具体实现路径上各有不同的研究主题并进行部署。这意味着，为了最终实现融合科学所瞄准的特定目标，资助和管理部门在研究部署上将系统性地调研和考察不同学科范畴内各类可能的实现路径，围绕共同的研究目标进行多种路径上的研究部署，某些研究路径之间根本不同甚至南辕北辙，但所有部署的目的都是解决最终所瞄准的重大问题。正如美国国家科学基金会在《2019年融合科学项目资助指南（公开信）》中所言，融合科学范式下（基金资助部门）主动地将不同学科背景的研究者和不同的权益相关方召集起来，共同凝练研究问题、建立跨学科、跨部门之间的有效沟通方式，为目标问题的解决形成共同的研究框架乃至统一的科学语言（NSF，2019）。

3.1.4 长链条

长链条是指围绕特定的重大经济社会问题组织和协调各类资助机构（政府类和非政府类）进行长链条的研究部署，使研究主题覆盖从基础研究、应用研究到原型开发这个长链条中的各个环节。该要素的实现要求各类权益主体之间进行有效的沟通和协调，明确各自定位并进行优势互补，使得不同谱段上的研究主题能够相互贯通和支撑。例如，美国“脑科学计划”的研究主题遴选吸收了政府机构和非政府机构（企业、非营利组织等）的共同协作，国家科学基金会、国立卫生研究院和情报高级研究计划署（美国中情局借鉴DARPA经验而设立，旨在资助高风险、高回报的研究）等政府机构主要遴选有关基本认知功能、人脑计算等方面的基础和应用研究主题进行资助，食品药品管理局主要遴选神经科学仪器设施行政审批相关的研究主题进行资助，非政府机构则主要遴选脑观测台、细胞种类数据库等资源平台建设类研究主题或者人才培养相关主题进行资助。

3.2 融合－分化

知识演变与问题解决是揭示融合科学内在过程的两个视角。换言之，融合科学既是知识演变的过程，也是解决问题的过程。知识演变的结果是问题得到了解决，解决问题的过程伴随着知识的演变。“融合－分化”模型是揭示融合科学范式下知识演变与问题解决的理论模型（图 3-2）。该模型最早于 2002 年由时任美国国家科学基金会纳米技术领域高级官员的罗科博士在“NBIC 会聚技术”的概念框架下提出，后被罗科博士、班布里奇（W. S. Bainbridge）博士（美国国家科学基金会信息与智能系统部原高级官员）等共同发展为分析融合科学内在机理的理论模型。

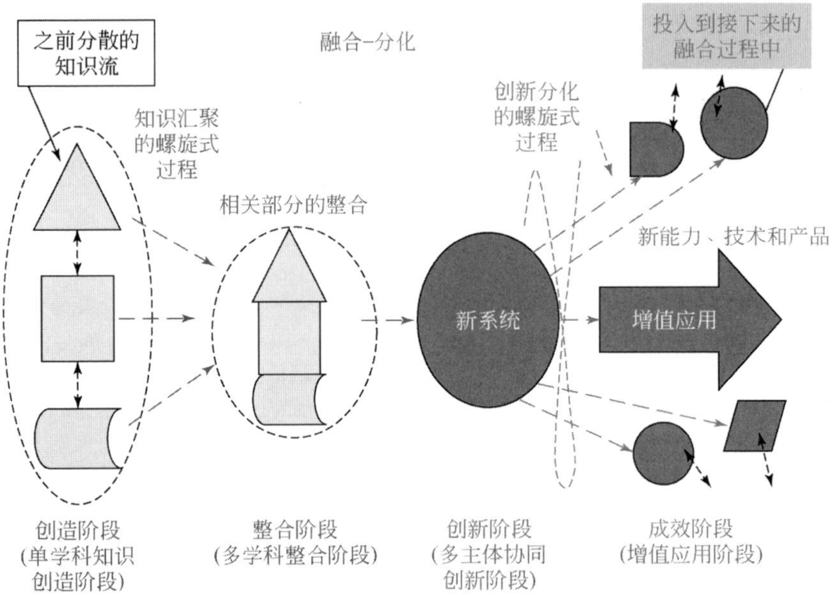

图3-2 “融合–分化”模型

资料来源：Roco M C. 2002. Coherence and divergence of megatrends in science and engineering. Journal of Nanoparticle Research，4（1）：9-19.

“融合－分化”模型认为，一个重大经济社会问题的解决往往包含四个主要阶段：创造阶段（creative phase）、整合阶段（integration/fusion phase）、创新阶段（innovation phase）、成效阶段（outcome phase）。在创造阶段，相关学科各自发现和创造其学科范畴内的新知识，并在目标问题的引导下进行学科之间的知识碰撞；在整合阶段，前一阶段的知识碰撞发展成为更深层次的学科互动和知识融合，并形成一个新的知识体系；在创新阶段，新的知识体系通过与市场的结合形成新的产品或机能，使目标问题得到解决；在成效阶段，新产品或新机能的使用产生了价值增值，催生了各种不同情景下的新的目标问题，并由此驱动新的知识创造，进入下一轮的“创造—整合—创新—成效”循环。

从知识流的会聚和发散的角度来看，该模型的四个主要阶段又可整合为融合过程（convergence process）和分化过程（divergence process）两个部分。融合过程是不同学科、技术和研究团队之间的转化性互动（transformative interaction），通过相互之间的兼容、协同和整合达到共同目标并创造附加值（如形成新的知识架构）。该过程是一种知识会聚的螺旋式（knowledge confluence spiral）过程，且这种会聚是渐进式的，没有统一路径。融合的前提是每个学科或技术领域都已经经历过一定程度的发展。融合最初以相互沟通和知识交流等形式出现，体现不同学科、技术和研究团队之间的相容性，进一步的协同和整合则带来系统性的变化，包括系统的容量、功能和效益等。不同学科、技术和研究团队之间最初的互动既可能是偶然性的，也可能是有意识的策划和组织的结果。

融合过程之后往往紧跟着分化过程（divergence process）。分化过程是指将融合过程形成的新事物（知识、理论、工具、学科、系统等）可应用于各具体领域或者问题的创新和发展，从而在能力、技术和产品等多个维度产生新的成效。分化过程又被称为创新分化的螺旋式（innovation divergence spiral）过程，在将融合形成的新事物应用于具体问题情景的创新过程中产生了各种新的附加值。换言之，附加值的产生是此前各个单独的学科、技术和研究团队所不能带来的，是“融合－分化”过程的结果。

“融合－分化”模型描述了重大问题解决过程中的知识流动和问题解决过程，该模型中的融合过程（即创造阶段和整合阶段）基本对应于融合科学。从狭义上来看，融合科学仅强调知识的交叉和融合，忽略之前相关学科各自范畴内的知识创造过程以及之后的产品原型的开发阶段，即融合科学对应“融合－分化”模型中的整合阶段。从广义上来看，融合科学起始于相关学科各自范畴内的知识创造过程，并最终形成了经过测试、具有实际功能的试验样机或方案，即融合科学覆盖了“融合－分化”模型中的前两个阶段（创造阶段和整合阶段）和部分第三阶段（创新阶段可进一步划分为原型设计子阶段和产品生产子阶段）。

以智能手机为例。智能手机是融合科学的产物，也是“融合－分化”理论的集中体现。一方面，智能手机是多个学科和多个技术部门交叉融合的产物。这些学科和技术主要包括：数据通信方面依赖于高频通信技术、分组交换协议；逻辑单元、数据存储、触摸屏、天线等方面依赖于材料科学和纳米电子学；系统及应用方面则依赖于认知科学和人机互动技术。所有这些学科和技术以融合的方式造就了智能手机。自诞生以来的十余年时间里，智能手机在科学和经济社会生活中产生了巨大的效果与影响。另一方面，智能手机已然成为现代人类生产和生活的重要工具，极大地诱发了新的科学问题或社会需求。据统计，当今世界主要发达经济体和中国、巴西等新兴经济体的智能手机普及率已达50%以上。智能手机平台上有成千上万种应用程序（APP），且这些应用程序涵盖了社交网络、卫星导航、资产管理、健康监测等人类社会生活的方方面面，推动了国防安全、健康医疗、金融财会等领域的新的研发需求。例如，在健康管理方面，智能手机可以实时采集关键性的健康数据，有助于推动以个性化医疗为目标导向的纳米电子、感应器、认知和信息技术之间的交叉融合（Roco and Bainbridge，2013）。

融合科学在解决重大经济社会问题中发挥成效，通过不同学科之间、不同主体之间的知识演变来实现，而知识演变的基础是信息交换。罗科博士和班布里奇博士等在“融合－分化”模型中，提出了一个表征“融合－分化”创新速率的概念性指标（index of innovation rate，用Ir表示）（Roco，2002）。该概念指标认为，“融合－分化”螺旋式上升过程中的创新速率指标（Ir）可表达为

$$\mathrm{Ir} \sim K(S)(S/t)(1/T)(O/T) \sim KS^2 O/(TTt) \sim K'S^2 O/T^3 \tag{3-1}$$

式中，K 和 K' 是常数；~是表示相似性的数学关系符号。该表达式中，对融合科学创新速率指标（Ir）起到正向影响的因素包括：①学科种类（S）。具体来看，创新速率指标（Ir）与纳入融合科学的学科种类的平方呈正性相似关系，即 $\mathrm{Ir} \sim S^2$。②“融合－分化”四个阶段所需时间 T 和 t（t 为实际时间，

T 为 t 在创新螺旋中的投射时间）。具体来看，创新速率指标（Ir）与时间的倒数呈正性相似关系，即 Ir~1/T 以及 Ir~1/t。③产出成效（O）。具体来看，创新速率指标（Ir）与"融合－分化"过程最终在单位时间内形成的产出成效呈正性相似关系，即 Ir~O/T。

如 2.4 节所述，融合科学是"横""纵"两个维度上的知识演变。式（3-1）中，创新速率指标（Ir）与纳入融合科学的学科种类的平方（S^2）呈正性相似关系，符合梅特卡夫定律，反映了融合科学在横向维度上的信息交换效用。进一步，本书对融合科学在纵向维度上的信息交换效用进行了类似的表征。O/T 与融合科学在创新价值链上各子系统之间的协调性（H）呈正性相似关系，各子系统越协调，在同等时间内得到的产出和成效（O）越多，反映了融合科学在纵向维度上的信息交换效用。由此，可将上述创新速率指标（Ir）的表达式改写为（K'' 为常数）：

$$\text{Ir}\sim K'S^2O/T^3\sim K''S^2H/T^2 \qquad (3\text{-}2)$$

类似于融合科学创新速率指标（Ir）的概念性指标，本书进一步构建了融合科学创新效率的概念性指标（index of innovation efficiency，用 Ie 表示）如下。

$$\text{Ie}\sim G(O/I)(S)(S/i)\sim G'S^2O/(Ii)\sim G''S^2H/I \qquad (3\text{-}3)$$

式中，G、G' 和 G'' 是常数；~ 是表示相似性的数学关系符号。该表达式中，对融合科学创新效率指标（Ie）起到正向影响的因素包括：①学科种类（S）。具体来看，创新效率指标（Ie）与纳入融合科学的学科种类的平方呈正性相似关系，即 Ie~S^2。②"融合－分化"四个阶段所需投入 I 和 i（i 为实际投入量，I 为 i 在创新螺旋中的投射投入量）。具体来看，创新效率指标（Ie）与投入的倒数呈正性相似关系，即 Ie~1/I 以及 Ie~1/i。③产出成效（O）。具体来看，创新效率指标（Ie）与"融合－分化"过程最终在单位投入内形成的产出成效呈正性相似关系，即 Ie~O/I。④创新价值链各子系统的协调性（H）。具体来看，创新效率指标（Ie）与各子系统协调性呈正性相似关系，即 Ie~H。

总之，式（3-2）和式（3-3）分别揭示了融合科学的创新速率指标和创新效率指标。其中，创新速率指标是信息交换效用综合量与融合科学投入时间之间的比值，创新效率指标是信息交换效用综合量与融合科学资源投入量之间的比值，两者都可作为对融合科学进行投入产出分析的基础。

3.3 成效机制及影响因素

3.3.1 成效机制

融合科学的成效以推动重大经济社会问题的解决为核心标准。图 3-3 基于逻辑模型描述了融合科学的成效形成机制。融合科学的起点是重大经济社会问题，其研究主题主要从经济社会的重大需求中凝练形成。在研究投入（inputs）端，国家或机构围绕融合科学的研究主题所进行的人员、经费、设备和平台投入机制都与传统的科学投入机制有显著差异，需与融合科学的特点相符合。例如，在经费资助方面，融合科学应突破传统学科范式下的资助架构，如围绕研究主题进行多个学科的联合资助。再如，在平台建设方面，融合科学尤其注重搭建各类数据平台、工具平台和交流平台，为不同学科人员之间的合作提供基本保障。

融合科学获得相应的人员、经费、设备和平台投入后，将进入研究活动阶段。融合科学的研究活动相比传统科研活动，主要具有两个维度的融合特征。一方面，融合科学涉及多种学科背景人员之间的知识流传递和技术及工具共享等，这种学科之间的融合从研究主题的遴选一直延伸到研究方案设计、研究活动的组织实施，直至解决问题的试验样机 / 原型或者解决方案形成。另一方面，融合科学倚重与用户（可以是特定的群体、特定的机构、特定的行业，也可以是由政府来代表公众）之间的紧密合作，并且广泛联络创新价值链上下游之间的各类权益主体（包括政府、用户、科研机构、大学、企业等），共同商议研究主题、明确研究目标、制定研究路线。

进一步，融合科学活动将带来知识、技术、原型、试验样机或解决方案等系列研究产出 / 成果，这些成果不仅仅局限于学术研究成果，也局限于特定的学科。这些研究成果作用于相关产业、政府部门、科技界和社会公众等不同方面，产生解决问题的实质性成效。首先，融合科学形成的新知识和新技术将直接影响相关产业的战略决策，包括产业发展战略的选择、技术示范的资金投入、产品线的投入、市场营销的投入等。其次，融合科学形成的新原型 / 样机和新方案将直接影响政府对解决相关重大经济社会问题的预期与研判，进而影响政府相关产业和创新政策的制定，包括对相关产业的融资、

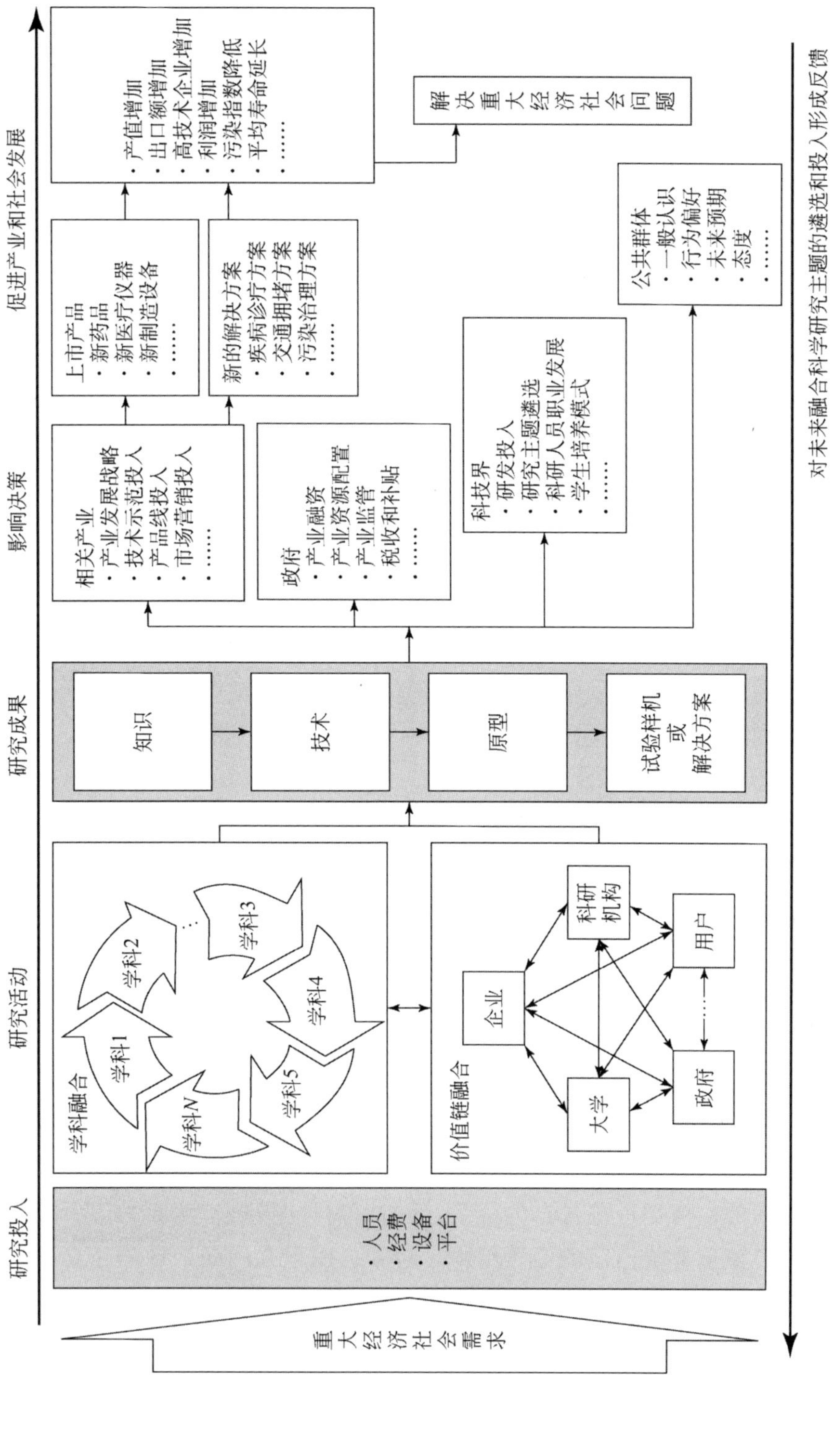

图3-3　融合科学的成效机制

监管、税收、补贴等方面的政策制定。进一步，这些产业和政府的决策将影响到市场上的产品与方案，如带来新的上市药品、新的治疗仪器、新的制造设备等，以及新的解决方案（如疾病治疗方案、污染治理方案、交通拥堵治理方案）。最后，这些新产品和新方案的实施将带来相关经济社会的多方面变化，如相关产业的产值增加、出口额增加、利润增加等，更多的高技术企业及其提供的大量就业机会等，城市污染指数降低、居民平均寿命延长等，从而实现对这些经济社会问题的解决。

此外，融合科学还将对科技界和社会公众产生影响。从对科技界的影响来看，主要影响科研氛围、人才政策、学生培养模式和进一步的研究部署。从对社会公众产生的影响来看，主要影响公众群体对于科学解决重大经济社会问题的基本认知和态度、未来预期以及行为偏好等。

3.3.2 影响因素

影响上述融合科学成效机制的因素有多个方面，如价值观或目标的一致性、资源的整合程度、利益 / 产出的共享机制、学科发展的协同程度、多主体的对话协作机制等。以下对主要影响因素进行归纳分析。

（1）价值观或目标的一致性

融合科学是问题导向的科学活动，其价值观或者目标是解决与人类命运紧密关联的重大经济社会问题，而不只是科学进步。因此，参与其中的人员、经费、设备、平台都应当按照问题导向进行配置，尤其是各类人员应当转变观念，树立共同的目标导向，从而带动其他资源的合理配置，这是影响融合科学成效的首要因素。

（2）资源的整合程度

来自于不同部门的不同类型的资源，如何在共同的目标导向下进行有效整合，是影响融合科学成效的另一个重要因素。例如，来自政府的科研经费与来自私有部门的科研经费应围绕共同瞄准的重大问题进行合理的分工和整合，以发挥公私两类资源各自的优势，弥补各自的劣势，从而为重大问题的解决提供覆盖整个价值链的经费保障。再如，以重大问题为导向建立不同学科人员之间正式的和非正式的交流渠道，并开放共享不同学科的数据库、样本库或者软件工具库，以利于不同知识的整合及深入碰撞。

（3）利益 / 产出的共享机制

在资源整合的同时，要在不同部门不同人员之间建立合理的产出 / 利益共享机制。这种机制不是单纯的平均主义，而是根据各部门各人员在重大问题解决过程中的实际贡献进行合理的利益分配，避免所有产出 / 利益都归集于牵头部门 / 人员的情况发生。这种实际贡献有多种表现形式，如科研经费的投入、资源或平台的共享、研究人员的智力劳动等。

（4）学科的多样性、互补性和协同程度

融合科学是问题导向下多种学科之间深度交融，故其效果受到学科间信息交换的影响。所有参与融合科学的学科之间，形成一个类似网络形态的学科间信息交换网。该信息交换网中，每一个网络节点代表参与融合科学的一个学科，且理论上任意两个学科之间都存在信息交换的可能。融合科学能否在学科交叉融合方面最大限度地发挥效用，还受到若干其他因素的影响。这些影响因素包括：①学科之间的互补性。如果这些学科之间在研究工具、技术路线、思维模式等方面具有较大的相似性，而缺乏取长补短的可能性，则缺乏相互借鉴并开拓创新的动力。事实上，如果这些学科之间非常接近（如同为一个学科领域下的若干分支），则往往学科之间相互碰撞和交流过程中突破原有思维定式的可能性也较低，甚至没有交叉融合的必要性。②学科之间的发展协同性。要使所需学科都能够纳入融合科学之中，其前提是所有有利于解决该重大问题的学科都得到了充分的、协同的发展。这种学科之间的发展协同性，极大地受制于国家或机构层面的学科布局，即要求国家或机构层面重视学科的均衡性布局，防止某些学科的发展出现短板。

（5）多主体的对话协作机制

融合科学在解决重大问题的过程中，需要政产学研用等不同权益主体之间进行良好的对话与协作。这些权益主体分布在创新价值链的不同位置，因而这种权益主体之间的对话与协作也是创新价值链上游和下游之间的对话与协作（图 3-4）。其中，对话的实质是信息交换，是协作的基础。融合科学要在创新价值链上进行有效的信息交换，一个重要因素是创新价值链上下游的各类子系统（基础研究、应用研究、试验发展、样品开发等）各自都得到充分发展，尤其不能出现掣肘的短板。这意味着，大学、科研机构、企业、非营利机构等研发组织都应恪守各自的使命和定位，在基础研究、应用研究、试验发展、样品开发等不同方面具备较强的研发能力。

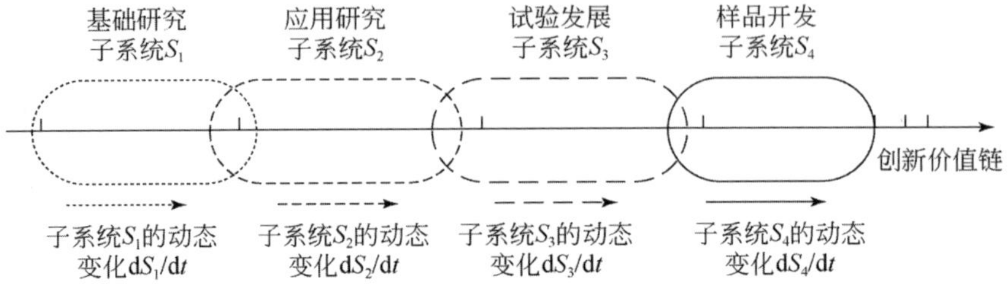

图3-4　融合科学在创新价值链上的信息传递示意

协作是对话（信息交换）的升华，其实质是朝着共同的目标实现无缝衔接，使融合科学在创新价值链上不出现断裂，最终抵达解决问题的终点。为此，应建立起政府、大学、科研机构、企业、非营利机构、普通民众等不同权益主体之间的协作机制，如引导科研人员在不同权益主体之间蹲点，鼓励来自不同权益主体的成员共同组建各种正式的或非正式的任务小组，建立重大项目主题遴选的听证会机制，政府机构和非政府机构（企业、非营利机构等）分别投资创新价值链的不同谱段从而形成完整的资助链等。

3.4　小结

融合科学的内在机理是指融合科学在解决重大问题中的研究主题凝练机制、知识演变过程、成效形成机制和关键影响因素等方面。基于这些方面，融合科学的内在性机理主要有：

1）融合科学采用以目标导向、开放透明、多路径、长链条等为特征的研究主题凝练和遴选机制。这种机制不同于传统上通过同行评议来遴选研究主题的机制，体现了融合科学范式下科研管理的主动性、系统性和协调性。其中，目标导向是指融合科学范式下，资助和管理部门以经济社会发展中的特定需求为导向有意识地、主动地遴选研究主题；开放透明是指采用多种渠道广泛吸收政府、科技界、产业界、用户等各方面意见和建议；多路径是指围绕共同的目标遴选出在具体实现路径上各有特色的研究主题进行部署；长链条是指各类资助机构（政府类和非政府类）通过分工与协作共同形成围绕重大经济社会问题的全价值链研究部署。

2）融合科学解决重大问题的过程实质上是重大问题导向下知识流动和演变的过程，具体包括各学科的知识创造阶段、多学科知识的整合阶段、多主体协同创新阶段和成效阶段。通过这四个阶段，不同学科、技术和研究团队之间进行转化性互动，达到相互之间的兼容、协同和整合并最终实现共同目标并创造附加值（如形成新的知识架构）。前两个阶段是知识融合的螺旋式过程，且这种融合往往是渐进式的，没有统一路径。创新速率指标和创新效率指标是对融合科学进行投入产出分析的基础，其中，前者是信息交换效用综合量与融合科学投入时间之间的比值，后者是信息交换效用综合量与融合科学资源投入量之间的比值。

3）判断融合科学的成效是以推动重大经济社会问题的解决效果为核心标准。从成效机制来看，融合科学的起点是重大经济社会问题，其研究主题主要从经济社会的重大需求中凝练形成；研究投入阶段，人员、经费、设备和平台投入机制都须与融合科学的特点相符合；研究活动阶段，多学科之间的深度交叉以及价值链上下游之间的各类权益主体的衔接与协作是其显著特征；研究产出阶段，成果涉及多个学科领域并通过作用于相关产业、政府部门、科技界和社会公众等不同方面，产生解决问题的实质性成效。在这个成效机制中，主要影响因素有价值观或目标的一致性、资源的整合程度、利益 / 产出的共享机制、学科发展的协同程度、多主体的对话协作机制等。

第4章　融合科学的动力机制

驱动融合科学发展的动力主要来自于两方面：其一是重大经济社会需求的目标牵引（问题拉动），这是推动融合科学发展最为关键的动力机制；其二是学科发展的趋势，尤其是学科发展对研究工具和技术手段的依赖（学科驱动），即在没有重大经济社会需求的目标牵引下，现代科学体系自身发展趋势中也蕴含着推动学科交叉融合的因素。融合科学的发展是问题拉动和学科驱动双轮驱动的结果，且两种驱动力之间存在着联动效用。本章首先分别阐述问题拉动和学科驱动这两方面的动力机制，进而阐述两者之间的联动机制。

4.1　问题拉动

以满足重大经济社会需求为目标的问题拉动机制，是推动融合科学发展最为关键的动力机制。具体来看，重大经济社会问题（如空气污染、交通拥堵、能源短缺、重大疾病等）往往是复杂系统，同时又处于复杂多变的时空外环境之中，具有非线性、多层次、开放性的特性，其有效解决不能依赖于碎片化的研究成果，而是需要系统化和工程化的科学研究，也需要政产学研用等多个方面的力量融合。重大经济社会问题对于科学研究系统化和工程化的要求，牵引多学科和多主体的融合。

以能源问题为例，能源领域的重大问题（如受控热核聚变、可再生能源的高效转化、化石能源的清洁利用等）往往涉及原理、技术、装备和系统等多个转化层次，每个层次的核心科学问题不同、尺度结构不同、涉及的学科也有所不同。具体来看，原理层次涉及物理和数学两大学科，主要是在基本粒子、原子核、原子 / 分子尺度上开展研究；技术层次涉及化学、材料、物理和生物等学科，主要是在原子 / 分子、聚集体、颗粒尺度上开展研究；装备层次涉及化工、机械、制造等学科，主要是在颗粒、聚团、单元操作的尺度上开展研究；系统层次则涉及过程系统控制、经济、环境等学科，主要是在单元操作、集成单元和环境层面上开展研究。这些不同层面的能源研究都需要理论、实验、计算等跨学科平台或中心的支撑，既需要多学科单元之间的交叉融合，也需要不同尺度上相关研究的系统整合，并最终通过装备和系统实现工程化（图 4-1）。

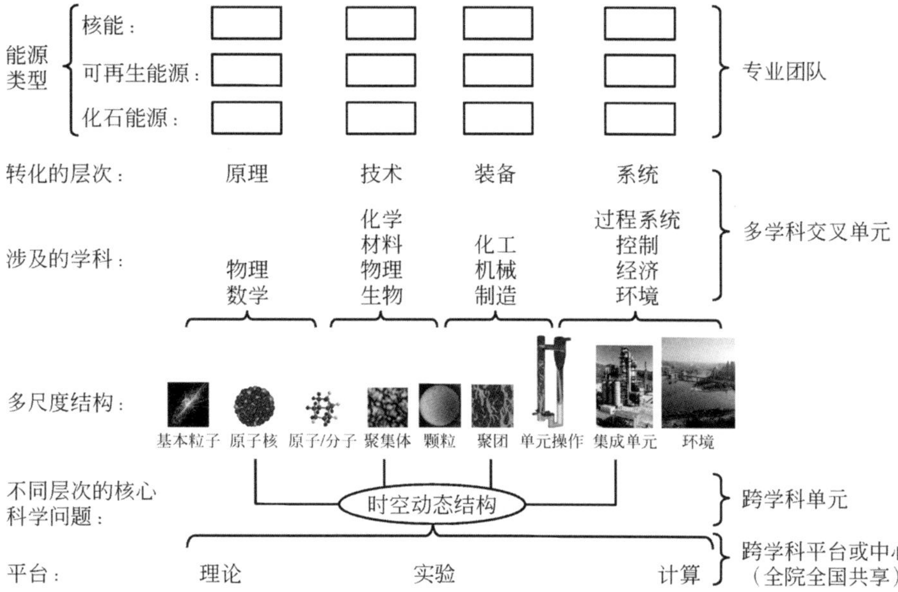

图4-1　能源领域的系统化

资料来源：2016年时任中国科学院副院长李静海在中国科学院内部会议上的PPT.

从生命与健康问题来看，生命系统是一个典型的复杂系统。遗传学层面的转录组、表观遗传学、非编码 RNA 的生命活动调控作用、单核苷酸多态性（singe nucleotide polymorphism，SNP）与蛋白质的单氨基酸多态性（single amino-acid polymorphism，SAP）的深入研究，细胞、组织和器官等层面的生命复杂性研究，以及医学层面的生理和病理的复杂性问题研究，构成了生命与健康重大问题研究的多层次图谱。为了解决生命与健康领域的重大问题，21 世纪以来，系统化和工程化在其中的作用日益明显（图 4-2）。系统化的生命科学与健康科学研究，实现了生命科学从还原论向系统论的转换，为研究复杂生命体系提供了“自上而下”的整体性研究策略；工程化的生物技术与健康产品开发，为研究复杂生命体系提供了“自下而上”和正交模块化的开发策略。20 世纪后期，“人类基因组计划”的开展、一系列高通量低成本的“组学”技术的开发，以及计算生物学技术、单分子技术、单细胞技术的发展，标志着生命科学由实验科学向系统科学的演变，将遗传学数据与临床应用有机结合，从全局层次认识健康问题成为生命与健康领域研究的共识。可以预见的是，在当前发展的基础上，生命与健康研究将呈现越来越多的整体化趋势，形成强大的拉动力，驱动以健康的系统解析为方向的信息挖掘、知识整合、技术会聚、经验表达、研究融合。

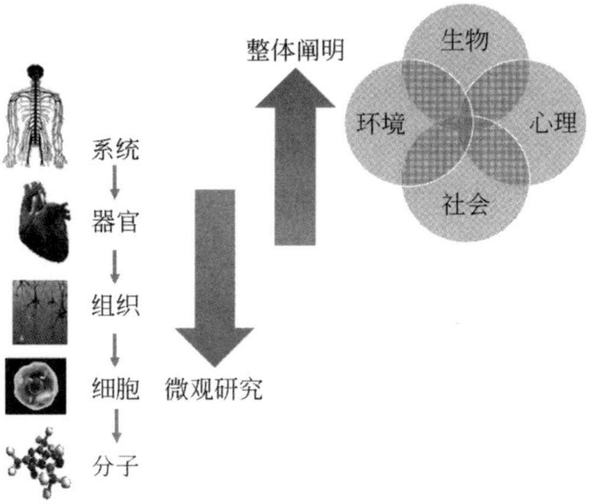

图4-2　生命与健康研究的系统化和工程化发展

资料来源：陈大明，阮梅花，王跃，等. 2017.生命与健康领域融合发展态势分析与对策建议.中国科学院融合科学态势分析研讨会.

再以农业问题为例，解决农业领域的重大问题的迫切需求也同样驱动着融合科学的发展和壮大。一方面，农业重大问题的解决往往是一个长期积累的过程，具有地域性强、风险大、以社会效益为主的特点，因而政府、研究机构、行业企业、推广服务机构等不同主体均应在其中发挥重要作用。另一方面，农业重大问题的解决越来越多地依赖其他领域的技术创新。当前，可持续发展与绿色增长成为现代农业的主要发展方向，提高资源利用效率、减少农业污染以及适应和减缓气候变化等成为关注的重点。这些重大问题有赖于不同参与者间的合作和学科领域间更多的协调。再如，以基因组学等为核心的生物育种技术快速发展，带动农业产业新的“绿色革命”，新能源、新材料技术的应用将加速低碳循环农业的发展，大数据和使能技术的蓬勃兴起将给农业生产带来广泛影响，有望成为“绿色革命”以来农业发展的最大机会。可见，信息与通信技术、纳米技术和生物技术等多种学科及技术的快速发展，为农业发展提供了新的理论、方法和技术，带来了重大甚至革命性的突破。此外，农业领域正面临全球性的问题，如粮食安全和气候变化，这也需要国家之间的融合和合作。

总而言之，重大经济社会需求的目标牵引是塑造融合科学范式最为核心和关键的动力。正是由于问题拉动，不同学科不同主体相互协调并融合在一起，共同瞄准问题解决构建出新的研究路径和研究方法。

4.2 学科驱动

推动融合科学发展的另一种动力来源于学科自身发展。换言之，即便没有重大经济社会需求的目标牵引，现代科学体系自身发展趋势中也蕴含着学科交叉融合的推动因素。具体来看，这种来自学科发展自身的驱动力主要表现为现代科学发展的三大效应：学科协同效应、工具依赖效应、数据规模效应。

4.2.1 学科协同效应

当前，现代科学体系枝繁叶茂，主要科技国家纷纷搭建门类相对齐全的学科体系，有力推动了科学整体进步。例如，美国教育部下属的国家教育统计中心（National Center for Education Statistics，NCES）制定的学科专业分类（The Classification of Instructional Programs，CIP）自 1980 年首次公布以来，经历了 1985 年、1990 年、2000 年、2010 年共四次修订。仅以最近的一次修订（2010 年）来看，该体系包含 48 个学科群（相当于学科门类）、422 个一级学科和 1848 个二级学科（National Center for Education Statistics，2010）。相比 2000 年版本，2010 年版本中新增了 9 个学科群、50 个一级学科和 300 多个二级学科，构建了一个庞大的学科体系。中华人民共和国教育部（以下简称为“教育部”）《授予博士、硕士学位和培养研究生的学科、专业目录》中，共有 12 个学科门类，下设 89 个一级学科、386 个二级学科（教育部，1997）。2018 年教育部修订的《学位授予和人才培养学科目录》（教育部，2018），共有13个学科门类，下设111个一级学科。此外，大学还可在《授予博士、硕士学位和培养研究生的学科、专业目录》中的二级学科之外，根据教育部相关文件，自主设立二级学科及按二级学科管理的交叉学科（教育部，2020）。

可见，从学科层面来看，现代科学体系的布局或发展是齐头并进的。这种情况下，多门学科研究共同的问题是比较常见的现象。例如，社会冲突及控制问题不仅是社会学领域的研究问题，而且也有大量哲学、法学、历史学、政治学、经济学、心理学、组织行为学等领域的学者针对此问题开展研究。再如，针对大气污染问题的研究不仅在大气和环境科学中开展，而且在地理、物理、化学、生物甚至经济、法律、社会学中也有大量研究部署。多门学科部署共同的研究问题，将推动学科之间的互动，通过知识流动、模式组合、方法碰撞等方式形成学科协同效应（刘文达等，2004）。

具体来看，学科协同效应是指多门学科以具有多方面属性的共同事物（或事件）为研究对象，从各自角度研究该共同事物（或事件）的特点和规律，从而使许多不同的学科领域拥有共同的概念、原理和方法，进而形成一个新的、具有内在逻辑的知识体系，改变了原有的学科格局，甚至产生新的学科（蔡兵和马跃，2008）。从本质上来看，这种学科协同效应的基本机理如下：沿各自轨迹发展的不同学科，由于共同关注某事物（或事件），得以在各种正规场合（如针对共同问题召开的学术研讨会）或者非正规场合（如科学家之间的闲聊）引发知识碰撞，并进一步建立不同学科之间的有机联系，从而使围绕该共同事物（或事件）的知识从庞杂走向有序，甚至形成新的学科领域（图4-3）。

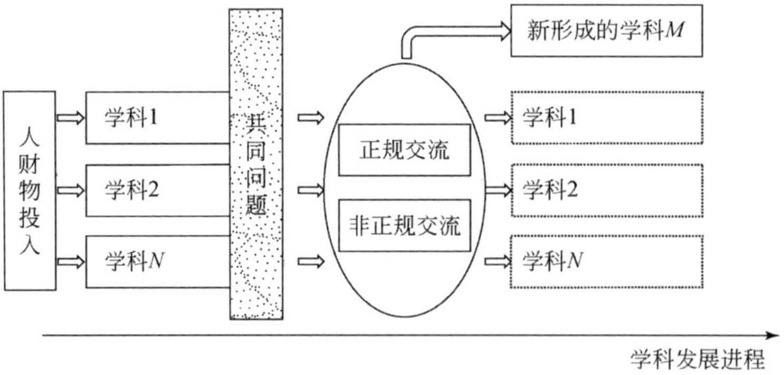

图4-3　学科协同效应

由此可见，现代科学体系的各学科都得到均衡发展是发挥学科协同效应的前提。过度强调部分学科，或以解决问题为出发点进行学科的提前筛选，则不仅不利于问题的解决，而且对现代科学体系的整体发展也将造成阻碍。

4.2.2 工具依赖效应

进入 20 世纪以后，科学研究对各种工具和技术的依赖性日益凸显，很多重大科学问题的解决都有赖于新的研究工具（或称为“技术手段”）的发明。换言之，科学的突破依赖于技术手段的突破。这种工具依赖效应使得科学家（尤其是理论研究者）开始在其他学科领域内广泛搜寻可能利用的研究工具或技术手段，使得不同学科之间相互借用研究工具和技术手段成为学科发展的新趋势，从而推动多学科交叉融合。

例如，众所周知，如果没有电子显微镜、扫描隧道显微镜、原子力显微镜等具有极高分辨率的先进仪器的出现，人们无法观察到想象中的原子，更无法实现对原子的操控，就不可能有材料科学的诞生。另一个典型的案例是 DNA 双螺旋结构的发现。20 世纪 50 年代，在破解 DNA 双螺旋结构的研究中，早期的学者们借助物理学中的 X 射线衍射方法研究核酸的结构，借助数学方法计算 DNA 分子中碱基之间的吸引力并提供 A（腺嘌呤）吸引 T（胸腺嘧啶）、G（鸟嘌呤）吸引 C（胞嘧啶）的证据，借助同位素测定工具证明 DNA 是遗传信息的载体，为后来詹姆斯・沃森和弗朗西斯・克里克提出 DNA 的双螺旋结构提供了重要基础。进入 70 年代之后，基因组测序研究也极大地依赖于新的技术手段。例如，链终止反应和放射性标记等化学、物理学工具用于 DNA 测序方法研究，推动了快速 DNA 测序方法的发展；化学研究中利用荧光标记的毛细管电泳技术和工程领域中自动化技术被引入 DNA 测序研究，带来了 DNA 自动测序技术的发展；计算机软件和硬件工具为人类基因测序研究提供了可能；纳米技术、微流体等小型化技术则推动了个性化的基因组测序研究。

通过对 2007 ～ 2016 年生命与健康领域高被引研究论文的引证分析（图 4-4），可以发现，这十年间全球生命与健康领域的高质量研究中，对新的研究工具和技术手段（如新一代测序技术、基因组编辑技术、单分子技术、定

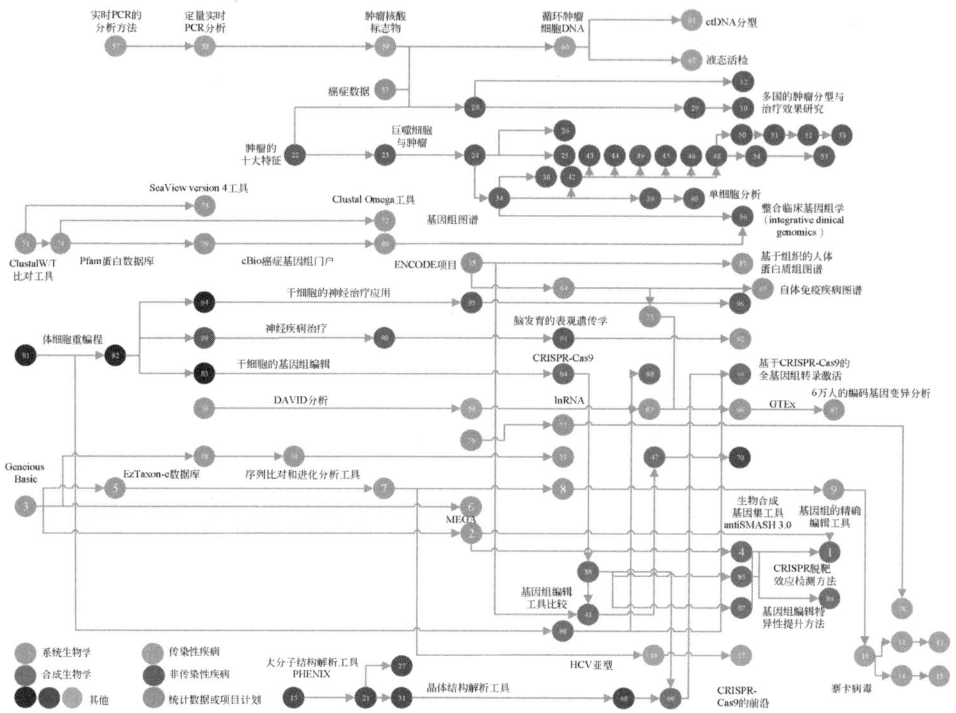

图4-4　2007～2016年生命与健康领域高被引研究论文的引证分析

每个圈代表一篇高被引论文，圈内数字为论文编号；PCR，polymerase chain reaction，聚合酶链反应；ctDNA，circulating tumor DNA，循环肿瘤DNA；SeaView version 4，a multiplatform graphical user interface for sequence alignment and phylogenetic tree building，用于序列比对和系统发生树构建的多平台图形用户界面；Clustal Omega，一种多序列比对工具；ClustalW/T，一种多序列比对工具；Pfam，欧洲生物信息研究所构建的一个蛋白质数据库；cBio，cBioPortal for Cancer Genomics，一个癌症基因组学门户网站；ENCODE，Encyclopedia of DNA Elements，“DNA元件百科全书”国际项目；DAVID，Database for Annotation，Visualization and Integrated Discovery，用于注释、可视化和集成发现的数据库，一个功能注释生物信息微阵列分析数据库；lnRNA，long noncoding RNA，长链非编码RNA；GTEx，Genotype-Tissue Expression，美国国立卫生研究院资助的“基因型-组织表达”项目；CRISPR-Cas9，CRISPR，clustered regularly interspaced short palindromic repeats，基因中的簇状规则间隔的短回文重复序列，Cas9，a CRISPR-associated (Cas) endonuclease，一个CRISPR相关的核酸内切酶；Geneious Basic，一个集成且可扩展的桌面软件平台，用于组织和分析序列数据；EzTaxon-e，一个基于16S核糖体RNA基因序列来鉴定原核生物的Web工具；MEGA，molecular evolutionary genetics analysis，分子进化遗传分析工具；antiSMASH 3.0，一个用于生物合成基因簇的基因组挖掘综合资源库；HCV，hepatitis C virus，丙肝病毒

资料来源：陈大明，阮梅花，王跃，等. 2017.生命与健康领域融合发展态势分析与对策建议.中国科学院融合科学态势分析研讨会.

量蛋白质组技术、光遗传学技术、超高分辨率显微镜等）的利用非常普遍。

2007 ～ 2016 年被引频次最高的数百篇研究论文中，近半的研究论文与新工具、新方法或新技术的开发存在密切的关系。例如，BLAST（basic local alignment search tool, 一种用于比较蛋白质的氨基酸序列等主要生物学序列信息的算法和程序）、FASTA（一个用于搜索 DNA 和蛋白质序之间相似性的比对工具）等相似序列查找工具，Clustal W/T、MUSCLE（multiple sequence alignment，多重序列比对）等多重比对工具，MEGA 等系统演化分析工具，Pfam 数据库等注释和存储工具，cBio 癌症基因组门户等的论文获得了数千次至上万次的引用。这些工具的发展极大地推动了肿瘤、艾滋病和寨卡病毒感染引起的传染病等复杂疾病的研究。例如，大规模、跨国界、多类型的肿瘤分型研究成为现实，寨卡病毒疫情暴发后也在短期内得到深入研究。又如，CRISPR-Cas9 基因编辑工具的发展使生命与健康研究发生了革命性变化。该工具的每一次改进，如检测 CRISPR 脱靶效应的 GUIDE-seq（genome-wide, unbiased identification of DSBs enabled by sequencing，通过测序实现全基因组、无偏倚的 DNA 双链断裂鉴定）、利用 SpCas9-HF1（SpCas9，Streptococcus pyogenes Cas9，化脓性链球菌 Cas9；HF，high-fidelity，高保真）的高保真酶进行修饰以提升精准性的方法、全基因组转录激活方法，都引发了研究发展的新浪潮。改造后的 CRISPR 技术，已可快速对整个基因组进行功能筛选，帮助人们鉴定涉及特定疾病的基因，进而为孤独症和以阿尔茨海默病为代表的神经退行性疾病的研究带来新希望。再如，冷冻电子显微镜（cryo-EM，cryo-Electron Microscopy）、晶体 X 射线衍射，以及未来可望发展的 X 射线自由电子激光等结构生物学研究工具的进步，带动了对于蛋白复合物的深入认知。

简而言之，生命与健康为代表的现代科学技术领域对新的研究工具或技术手段形成了高度依赖，推动了计算科学、光学、物理学、材料学、工程学、社会学等不同学科之间的交叉融合。

4.2.3 数据规模效应

当前，移动互联网、电子商务、物联网以及社交媒体的快速发展已经带领人类进入了大数据时代（图 4-5）。最早提出“大数据”时代到来的是全球知名咨询公司麦肯锡：“数据，已经渗透到当今每一个行业和业务职能领域，成为重要的生产因素”（McKinsey Global Institute，2011）。对于科学研究而言，大数据的科学价值主要表现在它开启了一种全新的思维与科学模式 —— 数据密集型科学研究（又被称为“第四范式”）。相比之前的经验科学、理论科学和计算科学，数据密集型科学研究由传统的假设驱动向基于科学数据进行科学探索的方向转变。例如，在天文学研究中，科研人员并不只是通过天文望远镜进行观测和研究，还可从数据中心挖掘数据并进行分析。数据中心存有海量的、由各种天文设备收集到或模拟产生的数据（郎杨琴和孔丽华，2010）。海量数据要依靠工具获取或者模拟产生，进而利用计算机及软件系统处理及存储，以便利用数据管理和统计工具分析。这种海量数据的搜集、产生、处理、存储、分析和管理，拉动着信息技术、计算机技术、物理学、生物学、工程学、材料科学等不同学科的交叉融合。

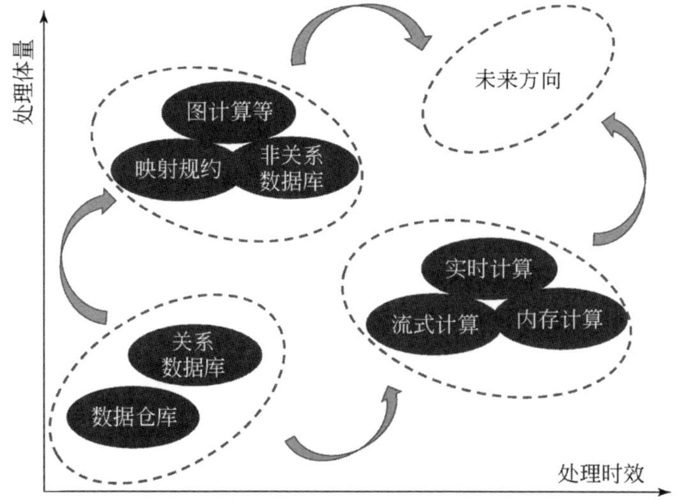

图4-5　互联网大数据技术的创新

资料来源：http://www.vsharing.com/k/vertical/2012-5/659843.html[2019-11-18].

现代科学研究的这种数据规模效应使得很多之前无法解决的问题得到了

有效推进。以“精准医疗”为例。20 世纪以来，随着全球生物医药研究的不断投入，人类在诸多疾病的治疗方面取得重要进展。然而，医疗模式整体上以粗放型为主，如何对一种疾病不同状态和过程进行精准细分，以及如何针对不同患者采取个性化的精准治疗手段，都要求医疗模式朝着精细化的方向发展。在这样的背景下，2011 年，美国国家研究理事会在发布的《走向精准医疗》中首次提出“精准医疗”（precision medicine）的概念（National Research Council，2011）。2012 年，世界经济论坛发布报告《为精准医疗做好准备》，指出精准医疗是未来医学的发展方向（World Economic Forum，2012）。此后，包括美国、中国在内的诸多国家纷纷围绕“精准医疗”这一重大问题开始部署相关科技计划。

“精准医疗”以更精细、更准确的疾病分类作为诊断、治疗和临床决策的基础。例如，目前研究者已经认识到有 50 多种淋巴瘤的存在，而几十年前所有淋巴瘤都只能归属于 3 种。这种精细化的疾病分类也是开展个性化治疗、提升治疗效果的必要前提，而要实现这一目标，知识网络的重要性要进一步显现。收集生物分子数据、个人病史、社会和物理环境信息及健康状况信息并持续更新，使这些海量数据对研究团体、医疗保健提供者和公众开放，利用生命科学、医学、行为学、社会学和系统科学研究者的交叉与融合，分析不同数据集之间的联系，有助于帮助临床医生为每位患者实施基于疾病特征的、量身定制的新疗法。

近年来，以医学影像为代表的表型数据、以可穿戴设备数据为代表的用户监测数据，与传统临床数据和组学数据的融合已经取得重大突破；工程学的引入，也带来了具有多自由度机械臂的手术机器人和监护机器人等技术，并结合功能性光学成像技术的发展、基于近红外光谱的实时连续监测技术、基于太赫兹光谱的高速成像技术，使得认知状态的实时、动态监测成为可能。这些突破都有望推动医学诊疗模式进入“综合诊疗”的新阶段（图 4-6）。基于这种海量数据推动的多学科融合进展，2013 年 9 月，在美国华盛顿哥伦比亚特区召开的题为“推动融合的关键挑战”研讨会上，时任美国国家医学院院长的哈维 • 法恩伯格（Harvey Fineberg）博士认为，精准医疗是最有可能实现融合科学的令人振奋的案例之一。

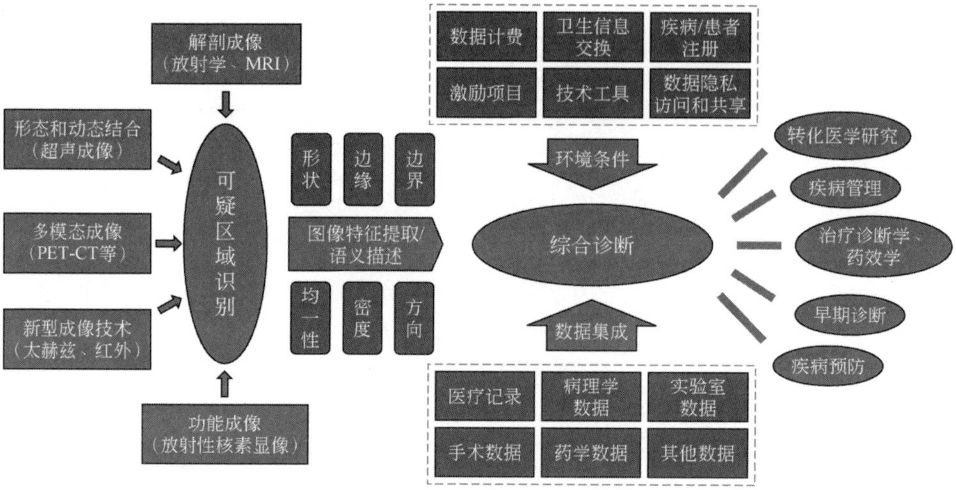

图4-6　海量数据支撑的综合诊断

MRI指磁共振成像（magnetic resonance imaging）；PET-CT指正电子发射型断层显像–计算机断层显像（positron emission tomography-computed tomography）

资料来源：陈大明，阮梅花，王跃，等. 2017.生命与健康领域融合发展态势分析与对策建议.中国科学院融合科学态势分析研讨会.

知识框：大数据时代的“第四范式”

2009年微软公司发布题为《第四范式：数据密集型科学发现》（*The Fourth Paradigm: Data - Intensive Scientific Discovery*）的论文集，首次全面地描述了快速兴起的数据密集型科学研究。论文集开篇文章《吉姆·格雷论e-Science：一种科研模式的变革》是根据吉姆·格雷于2007年1月11日在美国加利福尼亚州国家研究理事会计算机科学与通信委员会（National Research Council-Computer Science and Telecommunications Board）的报告整理而成的。吉姆·格雷总结了自人类开展科学活动以来，科学研究模式的发展历程。他认为，早期的人类科研活动是一种经验科学，主要是利用经验来描述和解释自然现象。现代科学兴起之后，人类科研活动进入理论科学阶段，通过实验手段和归纳法来构建理论模型。计算机诞生以来，计算机仿真和模拟推动了科学研究对复杂现象的模拟分析，进入计算科学的阶段。随着大数据时代的到来，科学研究的计算科学范式（又称为“第三范式”）中那些依靠信息设备收集或模拟产生数据、依靠软件处理数据、依靠计算机存储数据并依靠专业的数据管理和统计软件分析数据的研究活动，被单独分离出来成为一种新的科学范式——e-Science（一般译为“数据密集型研究”“数据驱动的研究”或者“第四范式”）。

资料来源：

[1] 邓仲华，李志芳. 2013. 科学研究范式的演化——大数据时代的科学研究第四范式. 情报资料工作，4：19-23.

[2] 吴金红，陈勇跃. 2015. 面向科研第四范式的科学数据监管体系研究. 图书情报工作，59（16）：11-17.

[3] 郎杨琴，孔丽华. 2010. 科学研究的第四范式：吉姆·格雷的报告“e-Science：一种科研模式的变革”简介. 科研信息化技术与应用，2：94-96.

4.3 双驱联动及其要求

融合科学的发展是问题拉动和学科驱动双轮驱动的结果（图 4-7），且两种驱动力之间存在着交互效用。一方面，在科学研究服务经济社会发展的大趋势下，解决重大经济社会问题引导着学科发展的方向，以“任务带学科”的方式推动着学科向前发展并形成对工具和数据的依赖。主要原因在于，重大经济社会问题往往比单纯的学术问题更为复杂，而且对海量数据的要求更

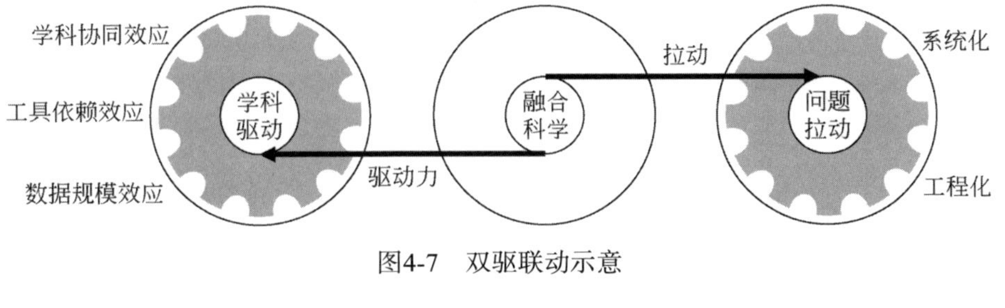

图4-7　双驱联动示意

高。另一方面，学科发展的协同效应、工具依赖效应和数据规模效应使得诸多复杂的经济社会问题的解决成为可能，从而对科技界形成正向激励，使得更多科研团队将重大经济社会问题的解决作为科研目标。

这种双驱联动的机制使得融合科学相比传统科学而言更加具有主动性、系统性和协调性。

（1）主动性

从主动性来看，融合科学要求科研人员以及科研组织有更强的主动性。这种主动性表现在两个层面：①在科研团队或科研个人层面，融合科学要求科研人员主动地与其他学科领域的研究人员、其他部门的研究人员（如产业部门）以及政府和公众进行交流及沟通，以更准确地把握需求并通力合作；②在科研机构或国家层面，融合科学往往要求机构或国家主动调整或优化科研体制机制，通过合理的科研组织方式使不同权益主体能够有效合作并发挥各自作用。

（2）系统性

从系统性来看，一方面，融合科学要求对学科维度上以及创新价值链维度上的资源布局进行系统安排，尤其防止出现关键学科或关键环节上的短板，以支撑重大问题的最终解决；另一方面，由于重大问题的解决往往是一个长期的、分阶段推进的过程，开展融合科学也应注重在科学政策和科研组织等方面的系统考虑，以支撑研究工作朝着问题解决的目标进行系统化推进。

（3）协调性

从协调性来看，融合科学对于协调性的要求具有多个方面的丰富内涵：首先，融合科学依赖于学科之间的协调发展，以及创新价值链不同环节上的协调发展；其次，融合科学对于科学政策的协调性具有较高要求，特别是人事制度、经费资助和评价奖励等方面都应围绕有利于解决重大问题的方向进行协同；最后，融合科学的发展也依赖于融合科学与传统科学之间的协调，既不能非此即彼，也不能推崇简单的平均主义。

4.4 小结

融合科学的动力机制是指推动驱动传统科学范式向融合科学新范式进行

转移的动力来源。简而言之，融合科学的发展是问题拉动和学科驱动双轮驱动的结果，且两种驱动力之间存在着联动效用。

1）推动融合科学发展最为关键的动力机制是重大经济社会问题的目标牵引。传统科学范式主要是基于学科分割和线性演化的。重大经济社会问题往往是复杂系统，具有非线性、多层次、开放性的特性。因此，重大经济社会问题无法通过传统科学范式得到有效解决，而是更多地依赖于系统化和工程化的科学研究，以及政产学研用等多种权益主体的力量融合。正是由于这种解决重大问题的需求拉动，不同学科不同主体相互协调并融合在一起，通过构建新的研究路径和研究方法，实现系统化和工程化的解决方案。

2）学科自身的发展趋势，尤其是学科协同效应、工具依赖效应、数据规模效应等都推动融合科学发展的另一种动力来源。换言之，即便是没有重大经济社会需求的目标牵引，现代科学体系自身发展趋势中也蕴含着推动融合科学的因素。一方面，现代科学体系中，多门学科研究共同的问题是比较常见的现象，推动了学术研讨会等正规场合以及科学家之间的闲聊等非正规场合下多学科知识的碰撞。另一方面，科学研究对各种工具和技术的依赖性日益凸显，极大地推动了自然科学与工程科学、技术科学之间的融合。此外，“大数据”时代以计算机和数据挖掘为代表的信息技术广泛应用于自然科学和社会科学，也是学科发展呈现出融合趋势的一个方面。

3）推动融合科学发展的两大驱动力之间存在着交互效用。一方面，解决重大经济社会问题的价值导向引导着学科发展的方向，以“任务带学科”的方式推动着学科之间的交叉融合。例如，重大经济社会问题往往比单一学科的学术问题更为复杂，而且对海量数据的要求更高，因此推动自然科学和社会科学形成对工具和数据的依赖。另一方面，正是由于学科发展的协同效应、工具依赖效应和数据规模效应，人类越来越有能力解决诸多复杂的经济社会问题。这种正向激励会促使更多科学家和科研团队将重大经济社会问题的解决作为科研目标。

第5章　融合科学的发展条件

融合科学作为一种新的科学范式，其组织和实施需要满足一定的前提条件。本章主要提出了开展融合科学的四个前提条件，分别是：具有明确的、可考核的目标，即融合科学活动以解决重大经济社会问题为目标导向；支撑数据开放和共享的基础架构，即将被学科界限割裂的科研数据连接为开放的和共享的数据网络；兼具深度和广度的学科布局，即融合科学是在传统学科研究之上的综合或融合性研究；完善政产学研用的合作网络，即政产学研用等不同主体围绕共同目标形成分工协作的网络。这四个条件共同决定了融合科学的适用前提。

5.1　具有明确的、可考核的目标

融合科学发展的第一个前提条件是融合科学活动以解决重大经济社会问题为目标导向。这类科研活动不同于科学王国里的自由探索，而是具有明确的、可考核的终极目标，即解决特定的问题，而不仅仅是推动科学进步。从这个意义来看，融合科学与冷战时期以完成航空航天领域特定使命（如登月）为目标的科研活动具有相似性，但是融合科学瞄准的是经济社会领域的具体问题，如气候变化、能源短缺、粮食安全、疾病治疗等。

那么，如何将重大经济社会挑战转换为明确的、可考核的科研目标是推行融合科学的关键。一个有价值的经验来自于欧盟在落实联合国发布的《2030年可持续发展议程》方面的做法。《2030 年可持续发展议程》于 2015 年 9 月 25 日在联合国发展峰会上通过，用于接替 2015 年底到期的联合国千年发展目标。该议程共设有 17 项目标（goals）、169 项具体目标（targets），以及 230 个相应的指标（indicators）（截至 2016 年 3 月底）。其中 17 项目标又被称为“可持续发展目标”，代表当前全球亟待解决的一系列重大经济社会问题，例如，消除贫困、消除饥饿、保障受教育权利、促进性别平等，可持续的工业化和创新，建设可持续城市和人类生活区，气候变化，保护海洋资源和陆地生态系统，等等（联合国经济与社会理事会，2016）。

欧盟在推进《2030 年可持续发展议程》方面扮演着重要角色，并建立起将重大经济社会问题落实为具体科研项目的机制。例如，为了落实消除饥饿这一可持续发展目标，2016 年 3 月欧盟安全研究所、欧洲发展政策管理中心、意大利国际事务和合作部、意大利国际事务研究所共同在罗马举行了一次国际会议（IAI，2016），欧盟主要成员国在会上共同讨论并将消除饥饿这一可持续发展目标落实为若干个具体使命目标。再如，以气候变化这一可持续发展目标为例，欧盟组织各成员国代表进行研讨，将这一可持续发展目标落实为符合欧盟特点的具体使命目标，即到 2030 年在欧盟地区建立 100 个温室效应气体排放中性的城市，进一步，在欧盟层面以及各成员国层面瞄准该使命目标部署和开展相关科研项目（图 5-1）。

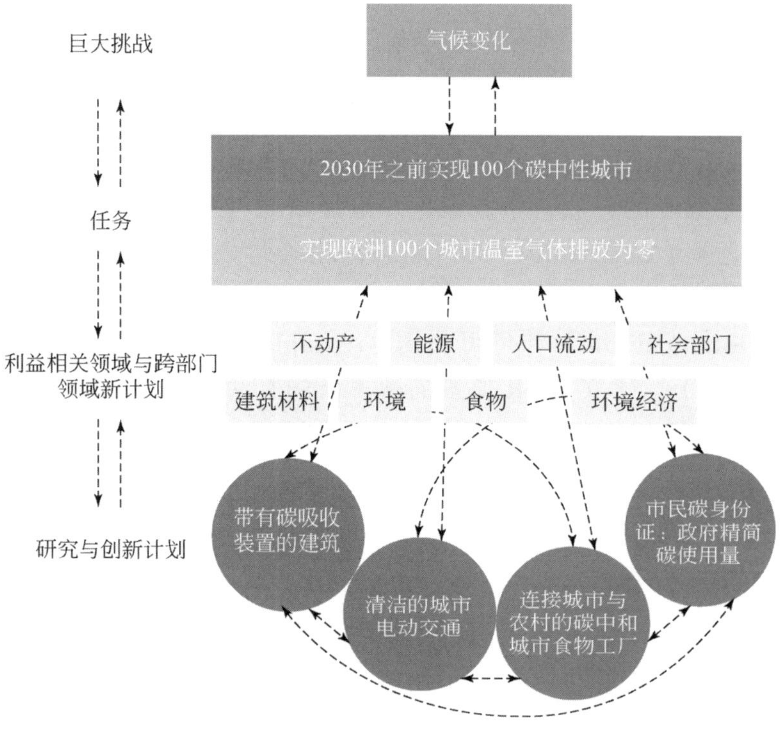

图5-1　欧盟为落实气候变化发展目标而展开的科研活动

资料来源：Mazzucato M. 2018. Mission-oriented research & innovation in the European Union. European Commission. https：//ec.europa.eu/info/sites/info/files/mazzucato_report_2018.pdf[2019-11-18].

5.2 支撑数据开放和共享的基础架构

融合科学发展的第二个前提条件是科学数据的有效开放和共享。科学数据的开放共享被认为是下一个10年科研活动最显著的特征（Mulligan and Herbert，2019）。在已有的生态观测和依托大型科研仪器设备所产生的“大科学”数据开放共享的基础上，欧盟地区和美国等国家也在积极布局推进个体科研人员在科研过程中产生的“小科学”数据开放共享（阿儒涵等，2020）。“小科学”数据开放共享有望将割裂的科研个体连接为科研创新网络，从而支撑以融合科学为代表的新的科学范式。要真正实现融合科学的全学科、全流程和全景式的开放数据，需要从科学数据的数据标准、物理架构以及管理政策三个方面进行变革。

首先，从底层数据的标准来看，融合科学所要求的科学数据开放和共享可以借鉴欧盟提出的FAIR原则。FAIR原则是由欧盟研究与创新总部（European Commission，Directorate-General for Research and Innovation）在2018年4月召开的开放科学政策论坛上提出的有关推动开放科学发展的八条建议之一（European Commission，2018c）。具体来看，FAIR原则要求所有科学数据按照可查找（findable）、可获取（accessible）、可交互操作（interoperable）和可再利用（reusable）的基本原则进行储存与开放（表5-1）。建立FAIR原则的根本目的有两个：其一是为科研人员上传数据提供统一的标准，以免造成数据标准过于分散，给科研人员造成额外负担；其二是为数据使用建立统一的标准，方便对所有公开数据的进一步分发、搜索、链接、爬取和挖掘等整合与重用，从而实现后续的知识发现和创新。

其次，与底层数据的FAIR原则相匹配的是，需要在物理层面上利用计算机技术、网络技术、人工智能技术等实现融合科学的全数据存储、管理和开放功能。从存储来看，全学科、全流程和全景式的数据意味着物理层面对海量信息数据的存储需求，这给传统数据存储方式带来挑战。近年来，生命科学与计算机科学的交叉融合推动了DNA存储技术的发展，该项技术相对于传统数据存储来说具有存储密度大、能耗低，安全稳定等优

表5-1　FAIR原则的具体要求

要求	标准
可查找	（元）数据具有唯一且持久的标识符
	数据由丰富的元数据来描述
	（元）数据是清晰的且明确包含其描述的标识符
可获取	（元）数据可由标识符通过标准化的通信协议检索
	协议是免费开放的和通用的
	协议允许在必要时进行身份验证和授权
	即使数据不可再访问，元数据也可以访问
可交互操作	（元）数据使用正式的、可访问的、共享的和广泛适用的语言来表达知识
	（元）数据使用遵循 FAIR 原则的词汇
	（元）数据包括对其他元数据的合格引用
可再利用	（元）数据由多个准确且相关的属性进行丰富的描述
	（元）数据具有清晰的、可获取的数据使用许可
	（元）数据与数据来源相关联
	（元）数据符合领域相关共同体的标准

注：（元）数据表示同时适用于元数据和数据。

资料来源：European Commission. 2018c. Turning FAIR into reality. https：//ec.europa.eu/info/sites/info/files/turning_fair_into_reality_1.pdf[2020-4-1].

点。现阶段该项技术在实现随机存取方面还有待进一步研究（Extance，2016），但是 DNA 作为新型存储介质具有无限潜力，有望满足融合科学的全数据存储需求。从数据开放服务的基本架构来看，虚拟机和云计算技术的发展使得云端服务技术的重要性凸显。以“欧洲开放科学云”（European Open Science Cloud，EOSC）项目为例，为了实现为 170 万欧洲科研人员及7000万各领域的专业人士提供跨境、跨领域的科学数据存储、管理、分析与再利用服务，该项目充分利用云端技术实现对各项服务的支撑（图5-2）。

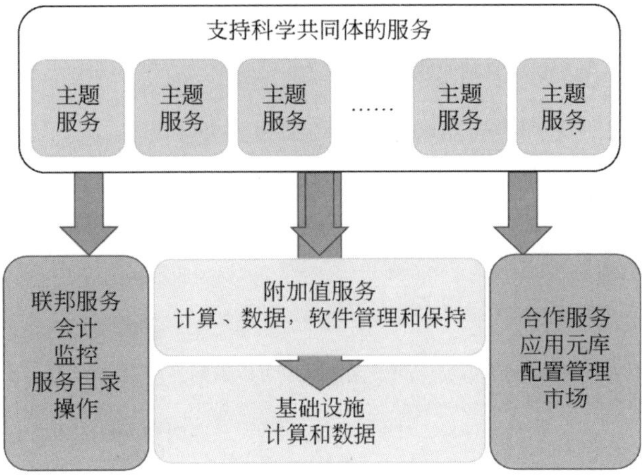

图5-2 “欧洲开放科学云”的服务架构

资料来源：CESNET. 2018. EOSC-The European Open Science Cloud. https：//www.cesnet.cz/2018/11/eosc-the-european-open-science-cloud/?lang=en[2020-8-9].

最后，实现融合科学所要求的开放数据，还需要政府部门、科研资助机构、学术机构、数据平台商、科研人员等通力支持。从政府部门的角度来看，当前政府数据公开已经取得重要进展，一些国家和地区陆续发布了推动政府数据公开的政策文件。例如，中国2015年印发《促进大数据发展行动纲要》，要求2018年底前建成国家政府数据统一开放平台，2018年印发《国家科学数据管理办法》，并陆续支持20个国家科学数据中心。从科研资助机构的角度来看，目前若干资助机构已经对项目承担方提出了公开其承担项目产生的研究成果和科学数据的强制性政策要求，未来需进一步推动此类政策的全面铺开。例如，欧盟的“地平线2020”（Horizon 2020）要求资助项目必须参与研究数据（包括统计资料、实验结果、测量值、实地观测结果、调查结果、采访录音和图像等）的开放获取，以便其他人员能够通过知识库访问、挖掘、复制和传播科学数据。从学术机构的角度来看，一方面需要改变对科研人员的评价和奖励制度，激励科研人员将研究成果和科学数据进行开放；另一方面根据机构特点适时建立机构层面的知识库，引导和培训科研人员进行数据的标准化存储与开放。从数据平台商的角度来看，目前学术期刊的开放获取已经取得重要进展，一些主流学术出版机构，如美国化学学会和自然出版集团等都已陆续加入开放获取行列，Zenodo 和 Figshare 等其他类型（图像、视频、软件、代码等）的科学资源数据平台也陆续上线。但是，如何在这些不同平台之间建立起关联，从而形成一个跨学科、跨界的数据平台，还有待开发和完善。从科研人员的角度来看，科研人员既要调整价值导向，倡导以解决重大经济社会问题为根本使命的文化，也要在数据开放方面接受一定的数据存储、管理和使用上的培训，并转变传统观念，从以往仅重视论文发表转变为将数据也作为重要科学资源进行开放和共享。

总而言之，变革现有的科学基础数据的底层架构和管理政策，是实现融合科学的重要前提。从这个角度来看，融合科学与当前由欧盟主导的开放科学或开放科研在有关科研数据的开放和共享方面存在交集。后者更多关注科研与社会的视角，以实现公民科学为重要目标之一，其核心要素——开放数据，可视为实现融合科学的基础条件。前者（融合科学）则以问题导向为核心，以解决人类面临的重大问题和挑战为根本使命。

5.3 兼具深度和广度的学科布局

融合科学发展的第三个前提条件是具备合理的学科储备和布局。融合科学必须基于扎实的学科发展，传统学科是融合科学的根基和蓄水池，是支撑融合科学的基础性架构。2014 年，时任美国国立卫生研究院健康行为研究部的主任琳达 • 内贝林（Linda Nebeling）认为，如果把不同的学科比喻为不同的水果，那么在原有科学范式下，多学科交叉研究类似于将不同水果放在一起做成一盘水果沙拉 [图 5-3（a）]，而在融合科学范式下，多种学科是深度的交叉和融合，类似于将不同水果放在一起进行打磨，最后形成一杯水果冰沙 [图 5-3（b）]（NAS，2014）。不论是水果沙拉还是水果冰沙，其基本前提是拥有种类丰富的水果。对于水果沙拉（传统的多学科研究）而言，每种水果通常是分别品尝的，每一口都是一种单独的水果，因而缺少一两种水果并不会对整盘沙拉的口感造成太大影响。但是对于水果冰沙（融合科学）而言，每一口都是多种水果的混合物，因而缺少一两种水果会直接造成冰沙口感的变化。

(a) 水果沙拉　　(b) 水果冰沙

图5-3　融合科学与传统多学科研究的区别

资料来源：NAS. 2014. Convergence：Optimizing Cross-Sector and Interdisciplinary Partnerships. Government-University-Industry Research Roundtable，6: 2-3.

换言之，融合科学的发展并不是要替代传统的多学科研究，更不是传统的单一学科研究的终止。事实上，单一学科的研究达到一定的深度并覆盖一定的广度，形成合理的学科布局，是融合科学发展的重要前提之一。

一方面，单一学科的研究积累达到一定深度，才有可能认识并把握各学科所独有的理论、方法、手段或工具，以便更有针对性地与其他学科进行渗透和融合。以人体器官的 3D 打印技术为例。3D 打印机早在 1986 年就已经问世，2005 年全球首台高清晰彩色 3D 打印机也已研制成功。事实上，3D 打印机的基本原理并不复杂，与普通的 2D 打印机原理基本一样，即把需要打印的东西先进行影像学数据的采集，然后通过图形处理软件将数据传送至打印机喷头，进而通过喷头将显示数据的材料（类似于墨盒）打印出来。但是，3D 打印机的一个显著特点是可以打印出空间结构（图 5-4）。这个特点可以满足人造器官所需的空间结构的要求，但是一个关键问题在于，如何使打印出来的东西既具有人体器官的结构，又具有人体器官的功能。这就需要生物学家、材料学家和机械工程师在各自领域具备深厚的知识 / 技能储备。其中，生物学家要解决的问题是如何在打印过程中保持细胞的活力，材料学家要解决的问题是如何保证细胞不会对支撑材料产生生物排斥性，而机械工程师则要解决如何设计和建造这种人体器官的 3D 打印设备。这些问题的解决对特定学科领域的研究深度提出了更高的要求。

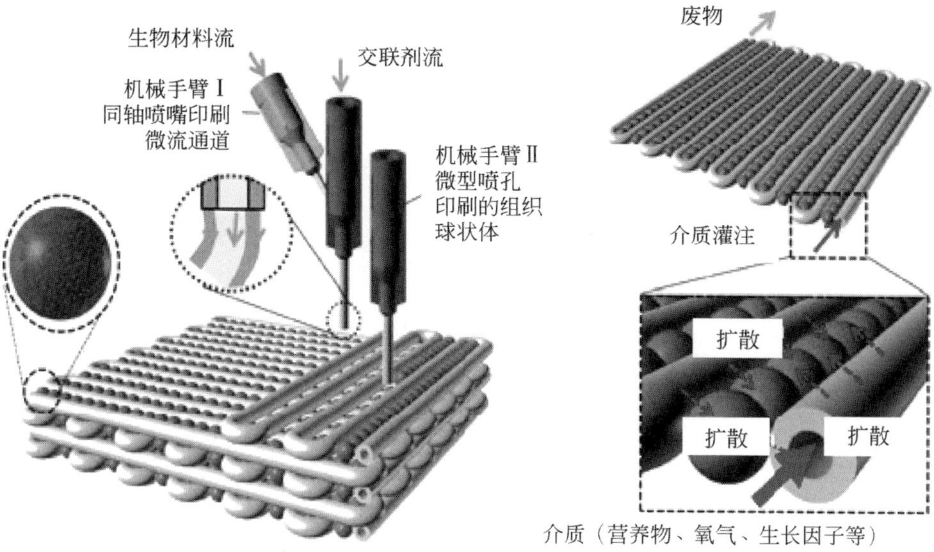

图5-4　人体器官3D打印的概念模型

资料来源：NRC. 2014. Convergence Facilitating Transdisciplinary Integration of Life Sciences, Physical Sciences, Engineering, and Beyond. Washington, DC: The National Academies Press.

另一方面，单一学科的研究在布局上形成一定的广度，才能为融合科学提供充足的基础知识和技能，保障重大问题的解决过程中不出现知识和技能的短板。这种布局上的广度，首先是由要解决的重大问题的复杂性所决定的。无论是能源、环境、健康，还是空间、安全等方面的重大问题往往具有高度复杂性，其问题本身就要求多个学科领域的专业人士共同参与。其次这些直接用于解决特定重大问题的相关学科和领域背后，还需要更为广泛的基础性学科布局作为支撑。这些基础性学科布局尽管没有直接参与重大问题的解决，但是为重大问题解决提供基础性的理论和方法。例如，为了实现可控的核聚变，相关研究不仅涵盖了核物理、材料科学、仪器仪表等学科领域，还涉及工程电气与电子、光学、数学物理、原子分子与化学物理、光谱学、计算机科学、力学等学科领域的一些研究，且从 1986 年至 2016 年的 30 年间涉及学科数量越来越多 [图 5-5（a）]。此外，核聚变前沿研究论文的参考文献来源越来越广泛，参考文献的学科数量从 1986 年的 60 余个波动增长至 2016 年的 110 余个 [图 5-5（b）]。这表明核聚变前沿研究正在吸收、融合越来越多学科领域的研究成果，推动本领域研究不断取得新的进展。

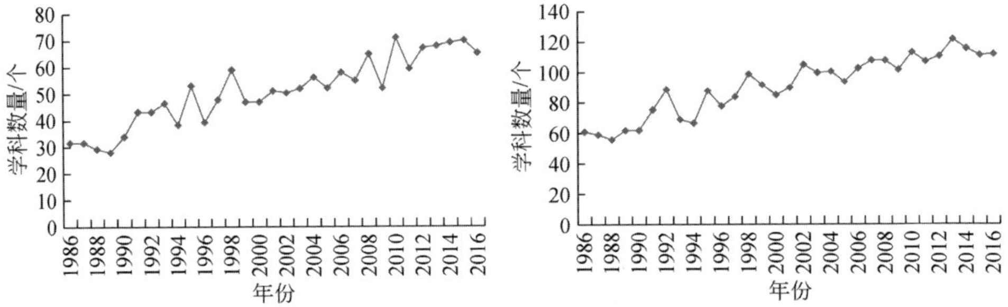

(a) 核聚变前沿研究论文的学科数量　　(b) 核聚变前沿研究论文的参考文献的学科数量

图5- 5　1986～2016年核聚变前沿研究论文及参考文献所涉及的学科数量

资料来源：赵晏强，马廷灿，郭楷模，等. 2017. 能源领域融合发展态势分析与对策建议. 中国科学院融合科学态势分析研讨会.

5.4　完善政产学研用的合作网络

融合科学发展的第四个前提条件是政产学研用等不同主体围绕共同目标（解决特定问题）形成分工协作的网络（图 5-6）。首先，学界、科研机构和产业界的融合不仅仅要通过技术转移连接起来，更需要通过设备共享、思想碰撞、人员交流等多种形式来实现深入合作。其次，政府主要发挥战略规划、资金投入和政策法规等方面的作用，在政府相关部门以及政府与产业界、学术界、民众等之间进行协调，识别和推动融合科学（Roco and Bainbridge，2013）。最后，融合科学应由用户来评价问题解决的效果。换言之，重大问题导向使得融合科学范式相比传统的单学科研究和学科交叉研究，对于中观层面以及宏观层面的管理、制度和政策的依赖性更强（Canizares，2011）。在中观层面，往往需要科研机构进行管理制度的改革或创新；在宏观层面，政府资金投入和政策引导也是推动融合科学的必要手段。

为了便于不同权益相关方之间的协同与合作，在开展融合科学的科研

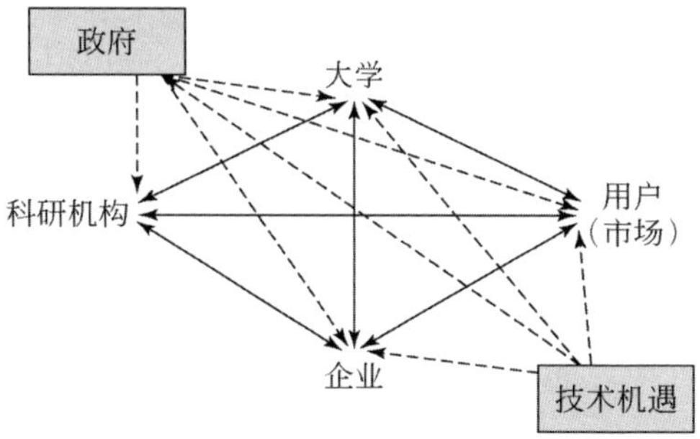

(a) 平面模型

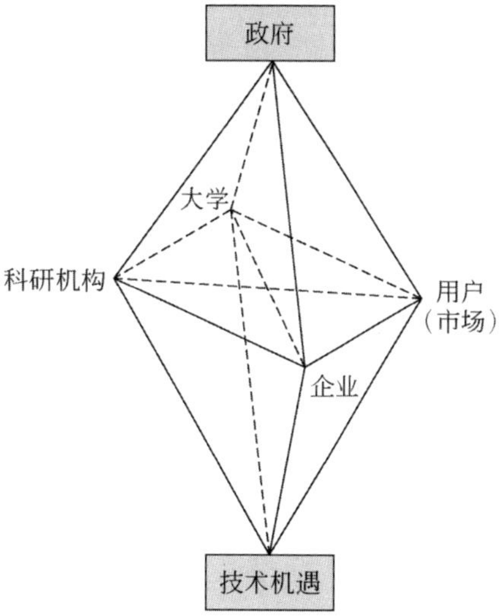

(b) 立体模型

图5-6　各权益相关方的协同与合作

机构和大学附近，往往聚集大量技术公司和风投公司，从而形成融合科学的生态区。这种聚集效应对于学界、产业界和资本市场在融合科学范式下的紧密合作起到推动作用。例如，大量生物医学科技公司和风险投资公司设立在美国麻省理工学院、哈佛大学和麻省总医院周围，从而在大波士顿地区形成了生物医药领域融合科学的生态区。产生于麻省理工学院和哈佛大学的基础研究与前沿技术成果，在获得风投公司的投资后进入大大小小的生物医学科技公司，经过临床试验和产业化研发形成的生物医药产品最终进入麻省总医院，为患者提供新的诊疗方案。此外，在斯坦福大学、密歇根大学等周边地区发展起来的类似的融合科学生态区也初具规模（Sharp，2014）。

资助方和用户在融合科学中发挥积极作用的案例之一是美国陆军远程医疗和先进技术研究中心（Telemedicine and Advanced Technology Research Center，TATRC）支持的研发活动。该中心实践了一种名为“问题导向的积极管理”的模式来资助融合科学，核心是项目资助方积极主动地参与项目研究方案的设计，在不同的权益相关方之间建立联络，推动研究者和用户之间的沟通等（Grundfest et al.，2012）。例如，在资助佐治亚理工学院开展的细胞封装和传递系统研究中，该中心项目官员积极主动发挥目标引导者和网络构建者的作用。在项目设计的初期阶段，项目官员将佐治亚理工学院的相关科学家和部队的临床医生（用户方）召集起来，三方共同针对项目目标进行研讨，明确项目要解决的具体医学问题。项目目标明确后，项目官员再将项目研究组介绍给产业界的专家，三方共同讨论，明确该项目预期产品的市场定位和该产品推向市场所需满足的相关法规要求。在研究过程中，项目官员在基础研究人员、工程人员、临床医生和产业界人士之间相互引荐，推动不同学科背景人员的互动和合作。

5.5 小结

融合科学的组织和实施需要满足一定的前提条件。这意味着，并非所有的科研活动都适宜采用融合科学新范式。总结起来，以下四个方面是融合科学的适用前提。

1）适宜以融合科学范式开展的科研活动，应当具有明确的、可考核的目标。融合科学不同于自由探索类的研究，也不是以推动学科进步为目标，而是适用于有明确目标的联合攻关活动。在这个适用前提方面，融合科学与第二次世界大战时期以研发战争武器为目标的科研活动，以及冷战时期以完成航空航天领域特定使命（如登月）为目标的科研活动具有相似性，都是具有典型的目标任务导向，只是融合科学瞄准的是经济社会领域的具体问题。

2）融合科学需要建构在科学数据的有效开放和共享基础上。支撑融合科学的开放科学数据不仅包括依托大型科研仪器设备和观测设备产生的大科学数据，也包括传统上不纳入开放共享范围的小科学数据，即科研人员个体在科研过程中产生的各类科研数据。融合科学要求这两类数据的全学科、全流程和全景式开放共享，为此需要从数据标准、物理架构以及管理政策三个方面着力建设。

3）融合科学需要以合理的学科储备和布局为重要基础。需要明确的是，融合科学的发展并不是要替代传统的多学科研究，更不是传统的单一学科研究的终止。事实上，融合科学必须基于扎实的学科发展。只有单一学科的研究达到一定的深度并覆盖一定的广度，形成合理的学科布局，才能在目标导向下有序推动融合科学的发展。换言之，传统学科是融合科学的根基，发挥蓄水池作用，是支撑融合科学的基础。

4）融合科学要求政产学研用等不同主体围绕重大经济社会问题进行有效的分工协作。相比传统的单一学科研究和学科交叉研究，融合科学范式对于中观和宏观层面管理、制度和政策的依赖性更强。这意味着，不仅要实现学界和产业界的融合，还需要政府有效识别融合科学并发挥战略规划、资金投入和政策法规等方面的引导作用。此外，融合科学应由用户来评价问题解决的效果。由此，形成围绕重大经济社会问题的政产学研用合作网络。

第6章　推动融合科学的资助机制创新

建立符合融合科学特点的重大项目遴选和资助机制，是推动融合科学的重要举措之一。本章首先从历史发展的角度分析重大问题导向下政府科研资助机制的演进，进而从国家层面和资助机构层面分别梳理国内外与推动融合科学相关的若干典型案例，如国家层面美国启动的“脑科学计划”和“信息－物理系统研究计划”；资助机构层面美国国家科学基金会、英国研究与创新署、韩国国家科学技术研究理事会的改革发展；中华人民共和国科学技术部（以下简称为“科技部”）和国家自然科学基金委员会（以下简称为“国家基金委”）的相关探索等。最后对有助于推动融合科学的资助新机制的特点进行归纳总结。

6.1　重大问题导向的政府科研资助机制

政府对重大问题导向的科研和创新活动的资助，始于第二次世界大战。在第二次世界大战期间，无论是以德国为代表的轴心国还是以美国为代表的同盟国，都对武器研制投入大量人员和经费，并对这种以重大军事目标为导向的科研和创新活动进行了组织与管理。典型的做法诸如美国联邦政府启动的“曼哈顿计划”，尽管该计划的实施过程揭露了美国科技界与政府之间的制度性障碍（樊春良，2006），但这个时期摸索形成的“政府以军事使命牵动全国顶尖科技力量”的动员机制，对于后来美国国家实验室系统的形成奠定了重要基础，并一直延续到冷战时期美国与苏联的太空竞赛当中，成为美国发动全国科技界实现冷战目标的主要方式（布兰彼得，2005）。事实上，军事目标或者太空目标的特殊性是形成这种举国动员机制的重要诱因，无论是第二次世界大战期间的德国和美国，还是冷战以来的美国和苏联，无一不采取这种举国动员的机制来实现重大军事或太空目标。

冷战的结束意味着意识形态不再成为主要国家科技界的主导，尤其是 20 世纪 80 年代以来，伴随着信息技术和生物技术的快速发展，与普通民众日常生活休戚相关的重大经济和社会问题成为摆在政府科技议程上的重要目标。生物医学、信息技术、通信设备与服务、新能源技术等为代表的这些重大经济社会需求，具有典型的分布式创新特点（Gerybadze，2004），因而对政府遴选和资助相关科研和创新活动提出了新的要求。以美国为代表的主要科技国家纷纷摒弃了第二次世界大战之后万尼瓦尔·布什在《科学：无止境的前沿》中提出的“线性模型”，转为推崇更符合分布式创新特点的“网络模型”并将其作为制定政府科技资助政策的理论依据（Block，2015）。在“网络模型”的理论框架（Walter，1990）下，重大经济社会问题的解决并不仅是一个从实验室经过小试、中试到最后生产的直线过程，而是网络体系中的政产学研用各方直接或者间接参与整个创新的过程，是一种信息不断反馈、研发和转化路径不断修正的过程。该理论指导下的一种典型模式是德国弗劳恩霍夫协会资助和开展面向重大产业挑战的科研工作。“弗劳恩霍夫模式”（Küsters and Klages，2019）的核心是通过经费资助和分配方式的合理设置，使得政府、企业和研究所围绕解决重大产业问题形成分工合作、各司其职、协调有序的网络机制。需要特别指出的是，直到 21 世纪初期，“网络模型”主要聚焦于以网络机制推动创新，并没有凸显科研活动本身的范式转变，因而在政府科研资助中仍然以分学科领域资助的方式为主。

近 10 年来，主要国家和地区对关乎人类共同命运的重大经济社会问题给予了前所未有的关注，并且认识到问题的复杂性和系统性所带来的科学范式的转变。换言之，原有的“网络模型”需要进一步体现多学科交叉融合、多主体分工合作以更好地解决重大经济社会问题，这是美国以融合科学新范式、欧洲国家以“新使命导向下的科研”（区别于以往的军事使命或太空使命）新范式牵动政府科研资助变革的背后逻辑。一个典型案例是欧盟委员会科研与创新总司从融合角度策划“地平线 2020”（Roco et al.，2013），尤其是“地平线 2020”下设的“未来新兴技术计划”（Future and Emerging Technologies，FETs），旨在把不同领域、科技和学科（包括社会学和人文学科）的资源与知识整合起来，以解决人类面临的重大挑战。

6.2 国家层面：跨部门联合资助的融合科学计划

近年来，美国联邦政府围绕特定的重大经济社会问题，组织开展了若干融合科学范式下的跨部门计划 / 项目，如“脑科学计划”“信息 – 物理系统研究计划”“人体器官芯片计划”“精准医疗计划”“癌症射月计划”等。以下以“脑科学计划”（美国国立卫生研究院牵头）和“信息 – 物理系统研究计划”（美国国家科学基金会牵头）为典型案例，介绍美国在跨部门协同资助国家层面融合科学计划方面的实践。

6.2.1 美国的“脑科学计划”

美国“脑科学计划”这一案例集中体现了国家层面部署融合科学的重大计划/项目时，在目标导向、协调机制、研究主题遴选、科研组织等方面的特色。

1. 明确的科学或技术目标

“脑科学计划”的前身是 BAM 计划。该计划的背景是美国乃至全球在大脑疾病方面面临沉重的社会和医疗负担。

BAM 计划的本质是对大脑活动信息进行记录和描述，基于记录各种脑活动中涉及的每一个神经元的每一次脉冲，绘制出一幅囊括大脑所有神经活动的详图。虽然 BAM 计划在完成这些神经记录的过程当中会催生一些新的技术以操控神经回路中的电活动，但是无论是从科学研究还是实际应用来看，该计划都缺乏明确的目标导向。由此，经专家委员会反复讨论，BAM 计划最终被改造成一个具有更明确、更可行终极目标的计划——“脑科学计划”。“脑科学计划”在定位上明确提出，以技术创新为主导，借助神经科学、纳米科学、合成生物学、基因组学、光学、计算机科学和信息学等多种学科，实现开发用于诊断和治疗人类脑部重大疾病的五大类关键技术（分别是神经研究重大科学突破、动态成像技术、大脑功能监控技术、大脑功能和行为之间的关联技术、提升用户体验的技术应用）的根本目标（表 6-1）。

表6-1　美国“脑科学计划”的目标

目标	具体内涵
神经研究重大科学突破	支持多学科的研究团队，鼓励开展能够快速推进当前神经科学中的技术手段和培育创新性的重大科学突破的研究工作
动态成像技术	鼓励通过合作研究推动大脑成像技术的发展，开创新的方法实现更高分辨率下的跨空间和时间轴的大脑功能可视化动态图谱
大脑功能监控技术	将不同学科领域的专家整合起来，对大脑细胞和回路进行实时的、跨模块系统的监控和研究，探究大脑如何进行记录、加工、存储和检索大量的信息
大脑功能和行为之间的关联技术	通过精确的干预工具、新的信息学方法和关于大脑如何运转的前沿模型来揭示大脑活动、行为和认知之间的复杂关联
提升用户体验的技术应用	增强法规监管方面的透明度，以推动安全的神经医药设备的进步，为患者和用户带来安全而有效的产品

资料来源：BRAIN Initiative. http：//www.braininitiative.org/mission/[2019-8-18].

2. 跨部门的组织、协调、分工与合作

“脑科学计划”由四家联邦机构和三家非联邦机构共同资助与管理，并建立起一套跨部门的组织、协调、分工与合作机制。这些联邦机构和非联邦机构共同组成一个专门实施“脑科学计划”的联盟，其重要使命是为这些成员机构提供沟通和协调的平台，并通过联盟网站向公众和学术界公布有关脑科学研究取得的科学进展，以及发布“脑科学计划”的项目资助信息。在该联盟的统一协调下，几家联盟成员单位分别侧重创新价值链的不同谱段开展各自的资助活动，共同形成围绕脑科学重大问题的全链条资助体系。

四家联邦机构的分工情况如下：国立卫生研究院作为牵头单位，是“脑科学计划”最主要的项目资助机构之一，同时负责组织相关大学和研究机构的顶尖科学家组成一个对国立卫生研究院院长负责的咨询委员会，并研究提出《脑科学 2025：科学愿景》，内涵涵盖 7 个优先资助领域、预期目标、路线图和成本测算等（BRAIN Working Group，2014）。美国国家科学基金会作为基础研究的联邦资助机构，和国立卫生研究院共同成为“脑科学计划”

中最主要的基础研究项目资助机构。美国情报高级研究计划署主要资助“脑科学计划”中的应用研究项目，以实际应用为导向推动对人脑计算和认知能力的探究。食品药品管理局在“脑科学计划”中主要致力于推动神经科学仪器设施的行政审批的公开透明，使得神经科学领域的药物和设施开发者能够更好地了解相关法规，推动患者和消费者能够获得更加安全而有效的产品。

三家非联邦机构的分工情况如下：卡夫利（Kavli）基金会作为一家非联邦机构，是“脑科学计划”的发源地之一，主要通过与大学共建研究所的方式来资助脑科学研究，同时也资助脑科学相关的学术交流（如资助美国23所大学建立了卡夫利脑科学咖啡时间）和数据共享（如资助一个名为“神经学数据无边界”的数据共享项目，以实现“脑科学计划”所产生的海量数据的跨地域、跨机构、跨学科共享）（BRAIN Initiative，2013）；艾伦（Allen）脑科学研究所拥有脑科学研究方面独特的数据和平台资源（如艾伦细胞种类数据库、艾伦脑观测台），在“脑科学计划”中主要负责相关数据和平台资源的建设和共享；西蒙（Simon）基金会主要通过资助博士后的方式资助青年研究人员开展“脑科学计划”的相关研究。

知识框：卡夫利基金会在“脑科学计划”中与大学共建融合研究所

卡夫利基金会成立于2000年，是一家设立在美国加利福尼亚州洛杉矶的、科研领域的基金会，通过在天体物理、纳米科学、神经科学和理论物理等领域投资美国及其他国家的研究机构，在大学设立卡夫利教授席位、举办研讨会、颁发科学奖励等，推动人类福祉相关的科学研究，帮助公众更好地理解科学、支持科学家及其科学事业。目前，该基金会已经在美国以及其他国家设立了20家以卡夫利命名的研究所。近年来，通过发起和资助“脑科学计划”，该基金会分别与约翰斯·霍普金斯大学、洛克菲勒大学和加利福尼亚大学旧金山分校共同新建了三所具有显著融合科学特点的研究所。其中，每一个研究所都将获得2000万美元的投资，所依托的大学和卡夫利基金会将按照1：1的出资比例分摊投资资金。

（1）约翰斯·霍普金斯大学卡夫利神经科学发现研究所（The Kavli

Neuroscience Discovery Institute at Johns Hopkins University）

卡夫利神经科学发现研究所在整合约翰斯·霍普金斯大学的三个优势学科——神经科学、工程学和大数据科学的基础上，将生物学家、工程师和大数据科学家集合起来共同获取大规模的跨空间与跨时间数据集，开发测度和操控神经活动的新技术，建立理论模型以更好地揭示大脑和行为之间的关联性。该研究所最初的45位成员来自于约翰斯·霍普金斯大学的14个不同院系（如医学、工程学、艺术和科学、公共卫生、应用物理等），所长由医学院神经科学系的系主任理查德·胡加尼尔（Richard Huganir）教授和生物医学工程领域教授迈克尔·米勒（Michael Miller）共同担任。此外，研究所领导层还包括一个由多学科人员组成的执行委员会和一个同样是多学科人员担任成员的战略委员会。

该研究所的一个显著特色是将数据科学引入神经科学研究之中。随着新实验工具的引入，神经科学研究将产生比以往更大规模的、更复杂的数据集。但是，目前神经科学研究者管理和挖掘这些数据集的能力非常有限。通过将约翰斯·霍普金斯大学在大数据处理方面的科学家引入该研究所，开发新的数据分析和管理工具，开展严格的数据建模和仿真分析，可以使神经科学研究中的分子和神经回路数据更好地揭示行为特征。

（2）洛克菲勒大学卡夫利神经系统研究所（The Kavli Neural Systems Institute at The Rockefeller University）

卡夫利神经系统研究所的成立立足于洛克菲勒大学的创新文化和在解决神经科学研究重大难题方面的卓越科研能力。这些重大难题诸如：一个单一的受精卵如何发育成为大脑中如此多样的细胞？大脑处理信息的速度为何如此之快？大脑和神经系统如何控制复杂的行为？等等。长期来看，该研究所的目标是对大脑这个具备复杂认知功能的神经系统形成一个完整的、系统的理解。36名洛克菲勒大学的教职人员或者实验室主任加入该研究所，这些人员以洛克菲勒大学原校长、神经学科学家托尔斯滕·威塞尔（Torsten N. Wiesel）创建的物理和生物学研究中心的教职人员为主体。该中心成立的初衷就是围绕共同关注的生物医学问题（尤其是神经科学相关的问题），将物理学家和生物学家汇集起来开展合作。

该研究所的所长由洛克菲勒大学在神经回路和行为研究方面的科学家科里·巴格曼（Cori Bargmann）教授，以及分子遗传学科学家杰弗里·弗里德曼（Jeffrey M. Friedman）教授共同担任。其中，科里·巴格曼教授曾经作为国立卫生研究院领导“脑科学计划”的专家组组长之一，参与了“脑科学计划”未来12年的发展规划——《脑科学2025：科学愿景》编制。该研究所的副所长由神经遗传学家莱斯利·沃斯霍尔（Leslie B. Vosshall）教授担任。该研究所为生物工程、纳米科学、计算机科学、数学、理论和实验物理提供了交叉融合的平台，为洛克菲勒大学的研究者提供了开展融合科学的快速通道。

（3）加利福尼亚大学旧金山分校卡夫利基础神经科学研究所（The Kavli Institute for Fundamental Neuroscience at the University of California, San Francisco）

卡夫利基础神经科学研究所致力于将神经科学、工程学和计算科学领域的研究者集合起来，探究大脑如何实现可塑性和稳定性之间的兼顾：一方面，大脑在多变的外界环境的刺激下，处于动态的、不断变化的状态；另一方面，大脑可以将人们学会的能力和保留的记忆持续保存一辈子。该研究所所长由加利福尼亚大学旧金山分校生理学教授洛伦·弗兰克（Loren Frank）、分子药理学家及生理学家罗杰·尼科尔（Roger Nicoll）教授共同担任。

该研究所的一个特点是集中了所在地区（旧金山）的大学和国家实验室等优势力量。该研究所最初的36位成员来自于该大学的十多个不同院系及外部的科研机构（主要是旧金山地区的两个国家实验室——劳伦斯伯克利国家实验室和劳伦斯利弗莫尔国家实验室）。一个由加利福尼亚大学旧金山分校和两个国家实验室的人员共同组成的执行委员会将负责监管该研究所。加利福尼亚大学旧金山分校原校长山姆·霍古德（Sam Hawgood）教授认为，通过推动旧金山地区的工程师、纳米科学家和计算机科学家的合作，该研究所有望开发和设计出神经科学研究中的新工具，从而将神经科学研究推向新的研究前沿。

资料来源：

[1] The Kavli Foundation. 2015. The Kavli Foundation and University Partners Commit $100 Million to Brain Research. https：//www.kavlifoundation.org/kavli-foundation-and-university-partners-commit-100-million-brain-research [2020-7-15].

[2]The Kavli Foundation. 2020. About the Foundation. http：//www.kavlifoundation.org/about-foundation[2020-7-15].

3. 开放透明的研究主题遴选机制

融合科学项目注重“自上而下”和“自下而上”相结合，通过公开透明的机制广泛吸收各方面意见和建议。以“脑科学计划”来看，早期美国科技界质疑“脑科学计划”的研究主题遴选机制，认为其只是少数专家和白宫科技顾问们闭门造车的结果，没有经过广大科学家的深入讨论。此后，在国立卫生研究院的带领下，几个联邦部门和非联邦机构共同成立了一个由 20 多位脑科学不同领域举世公认的学术领袖组成的专家委员会。该专家委员会采用一种创新性的组织研讨方法：每次开会前先确定一个主题，提前公布专家委员会关于优先资助主题的讨论意向，鼓励科学家通过电子邮件方式提出意见和建议；开会时网上直播整个过程，让全美的科学家都可以看到专家委员会成员对每一个主题的讨论；会议中各地的科学家还可以进行网上互动，提出问题、看法和意见；会后允许科学家进一步提交书面意见。经过十几轮这样的讨论，最后形成了美国“脑科学计划”的定位、方向、目标以及时间节点（鲁白，2017），并将整个计划向全社会公布。此外，“脑科学计划”每年都举办一次开放的科学家会议。2018 年召开的第五届“脑科学计划”年会召集了“脑科学计划”的受资助者、主要联邦机构代表、非联邦机构代表，以及媒体、公众和国会代表。通过年会搭建的交流平台，公私部门共同讨论科学发现的进展、辨别未来发展方向、探讨合作和协调的具体研究方向。

4. 多学科交叉融合的科研组织

“脑科学计划”遴选和资助的是采用融合科学范式开展研究的团队。以美国霍华德·休斯医学研究所的卡雷尔·斯沃博达（Karel Svoboda）教授为例，斯沃博达教授在2016年底召开的第三届“脑科学计划”年会上做了主题演讲（BRAIN Initiative，2016），介绍了其团队在开展融合科学研究方面的组织特点：①比较注重神经技术的开发（如神经递质的荧光标记物）；②擅长“任务导向型”研究（有明确且可衡量的目标，紧扣主题且可实现的计划，以及明确的时间进度表）；③提倡学科交叉，引进不少物理和工程领域的专家优化团队人才结构，经常做一些多学科协同作战的技术课题。斯沃博达教授提出一个观点，对新技术新方法的研究，不应该以发表文章的数量和影响因子来衡量，而应该注重技术应用和推广的范围与速度。事实上，霍华德·休斯医学研究所已经建立起一套新的神经科学技术的开发方式，一个研究者可以组织所内甚至所外不同领域的科学家，形成一个临时团队；该临时团队围绕非常具体的技术目标开展工作，技术开发完成后团队立刻解散；开发的新技术必须无偿传播给全世界使用，且如果新技术被快速而广泛地应用，研究所将为团队核心成员提供丰厚的报酬。

6.2.2 美国的“信息－物理系统研究计划”

信息－物理系统（cyber-physical systems，CPS）是指嵌入了传感器、处理器和执行器以感知现实物理世界并与之进行交互的智能联网系统，该系统的研究和开发由生命科学、物理学、计算机科学和工程技术等多种学科共同驱动。美国国家层面资助的“信息－物理系统研究计划”要解决的重大问题，是将现实生活中的物理事件与智能系统中能够识别和处理的数字信息进行连接，从而实现农业、交通、城市规划、能源、健康、制造等诸多行业中的智能控制和管理，为这些行业的发展带来新的机遇。信息－物理系统将在精准农业中发挥重要作用，使粮食生产更为智能、高效和可持续；对开发智能电网也非常关键，有助于提供一个适应性的、弹性的、高效的和成本可控的电力输送系统；对医疗健康领域十分重要，未来有望通过医疗设备、药品与健康信息系统的联网，为病人提供智能化、个性化、交互的动态医疗方案（NSF，2018a）。

（1）联邦部门的参与

美国的“信息－物理系统研究计划”最早于2008年由美国国家科学基金会设立并资助，当时主要是响应美国总统科技顾问委员会（President's Council of Advisors on Science and Technology，PCAST）在2007年8月发布的报告《（美国）受到挑战的引领地位：国际竞争中的信息技术》中提出的相关建议。2009年2月美国国家科学基金会开始接收“信息－物理系统研究计划”第一批项目申请书。此后，美国国家层面愈发重视信息－物理系统研究。2010年12月，美国总统科技顾问委员会在题为《塑造一个数字化的未来：美国联邦政府在网络和信息技术领域资助的研发活动》的报告中再次呼吁，要对信息－物理系统研究进行持续的投入，因为信息－物理系统不仅具有科学和技术价值，而且对于解决关乎美国国家安全和竞争力的一系列产业关键技术具有重大影响。2012年，美国联邦信息－物理系统高层战略组在发布的一份题为《信息－物理系统愿景报告》中再次阐述了相关产业面临的挑战和技术短板。此后，美国国家科学基金会资助的“信息－物理系统研究计划”逐渐吸纳联邦多个行业部委（国土安全部、交通部、国家航空航天局、国立卫生研究院、农业部等）的加入，成为美国联邦层面跨部门联合资助融合科学计划的典型案例（表6-2）。

（2）项目需求的提出

美国国家科学基金会作为“信息－物理系统研究计划”的牵头单位，具体负责该计划的研究项目的评审和管理。每年，美国国家科学基金会的“信息－物理系统研究计划”主要征集两类项目申请书。一类是针对行业共性关键技术的基础研究，由美国国家科学基金会牵头国土安全部、交通部、国家航空航天局、国立卫生研究院、农业部等部门，共同研讨提出共性关键问题，作为这类项目申请书的主要征集目标。另一类是针对上述各个部门具体需求的基础研究，由上述各个部门分别提出自己的技术需求，并在招标书中明确列出，作为这类项目申请书的主要征集目标。

例如，2018年美国国家科学基金会的“信息－物理系统研究计划”项目招标书中（NSF，2018a）列出了如下几个研究方向：物联网、信息－物理系

表6-2　美国联邦部门共同发起的“信息–物理系统研究计划”

时间	牵头的联邦部门	参与的联邦部门
2008～2013年	国家科学基金会（计算机、信息科学与工程学部，工程学部）	无
2014年	国家科学基金会（计算机、信息科学与工程学部，工程学部）	国土安全部、交通部
2015年	国家科学基金会（计算机、信息科学与工程学部，工程学部）	国土安全部、交通部、国家航空航天局、国立卫生研究院
2016年	国家科学基金会（计算机、信息科学与工程学部，工程学部）	国土安全部、交通部、国家航空航天局、国立卫生研究院、农业部
2017年	国家科学基金会（计算机、信息科学与工程学部，工程学部）	国土安全部、交通部、国家航空航天局、国立卫生研究院、农业部
2018年	国家科学基金会（计算机、信息科学与工程学部，工程学部）	国土安全部、交通部、国家航空航天局、国立卫生研究院、农业部

资料来源：美国国家科学基金会网站上公布的“信息–物理系统研究计划”的项目招标书，如NSF 18-538、NSF 17-529、NSF 16-549等.

统安全与隐私、系统设计和认证、实时控制和适应、制造工业中的信息–物理系统等。此外，该招标书中还明确列出各个行业部门的研发需求。例如，国立卫生研究院提出的医疗领域对于信息–物理系统的技术需求，包括能够减少重症监护室医疗失误的信息–物理系统；支撑人造器官等医疗系统或者持续性的医疗监测系统的闭环式信息–物理系统原型；能够对微生理系统或癌症研究模型等复杂生物医学研究系统开展实时监测和分析的信息–物理系统，以便更好地研究癌症的生物学机理；增强不同医疗设施或系统之间交互性的信息–物理系统等。再如，农业部提出的农业领域对于信息–物理系统的技术需求主要有两大方面，一是智能的、互联的城乡社区，二是实时的农业数据的分析和控制。前者所需的具体技术需求包括提供可靠的、智能的控制系统和感应器的信息–物理系统，以便更好地监测、优化和管理农村的农业设施与农业环境（光线、温度、水和肥料等）。后者所需的具体技术需求包括大规模采集整个供应链上下游的实时数据，为生产、加工、运输、储存和消费等环节的控制与决策提供数据支撑。

（3）跨部门合作与协调机制

国土安全部、交通部、国家航空航天局、国立卫生研究院、农业部等联邦部门都在美国国家科学基金会牵头的“信息－物理系统研究计划”中设有自己的联络人，并且在招标书上列出了各部门联络人的联系方式，鼓励针对各部门需求的项目申请者直接与相关联络人联系，以便更准确地了解和把握相关部门的技术需求。不论是针对行业共性关键问题的项目申请书，还是针对相关部门具体需求的项目申请书，所有申请书提交到美国国家科学基金会之后，由美国国家科学基金会组织专家按照学术价值（intellectual merit）和更广泛的影响（broader impacts）这两大标准进行评议。

需要说明的是，在美国科技体系中，国土安全部、交通部、国家航空航天局、国立卫生研究院、农业部等部门也都有本部门的资助项目。美国国家科学基金会牵头的“信息－物理系统研究计划”资助的是应用目标导向下的原创性基础研究，而各部门自己资助的项目则更加偏重应用研究和技术开发。前者能为后者提供新的、创造性的理论和思想，这也是相关部门积极参与该计划的原因所在。

按照项目目标、资助金额和执行周期，2018 年“信息－物理系统研究计划”资助的项目分为三类：①小型项目（10 个），资助金额不超过 50 万美元，执行周期不超过 3 年，主要资助对信息－物理系统可能具有重大影响的创新思想和研究项目；②中型项目（20 个），资助金额为 50 万～ 100 万美元，执行周期不超过 3 年，主要资助需要多个学科协同完成且具有清晰研究目标的项目；③前沿项目（2 个），资助金额为 100 万～ 700 万美元，执行周期为 4 ～ 5 年，主要资助瞄准信息－物理系统中的重大问题或挑战、推进信息－物理系统研究前沿面，且无法通过小额资助来完成的重大项目。

6.3　资助机构层面：原有政府资助机构的变革和发展

近年来，瞄准重大经济社会问题资助融合科学范式下的科研项目，已经成为国际上政府资助机构的共同发展趋势，也因此引发了如美国国家科学基金会、英国研究与创新署、韩国国家科学技术研究理事会等机构对原有资助体系的调整和变革。

6.3.1 美国国家科学基金会推进融合科学的资助机制

美国国家科学基金会主要在传统学科范式下支持基础研究，但从 21 世纪初开始重视“NBIC 会聚技术”（Roco and Bainbridge，2002），到近年来大力倡导融合科学范式，美国国家科学基金会对于重大问题导向下交叉融合研究的资助已经经历了十余年的探索。2016 年，美国国家科学基金会提出了影响该机构乃至全美科技界未来长期发展的战略规划——“十大创新举措”（10 big ideas）（NSF，2017b）。目前，该机构已经落实这项规划中有关融合科学的部分，在其传统资助格局中专设了一笔资金用于支持面向重大经济社会应用问题的融合科学研究，并且积极探索针对融合科学项目的评审机制。

（1）设立融合科学项目

2016 年 11 月，美国国家科学基金会为落实“十大创新举措”中的“推动融合科学”这一举措，专门成立了融合科学工作小组，成员主要来自于该机构的七大学部（生物、信息、工程、环境、地理、数理、社会）和相关办公室（教育培训、国际合作、协作研究），主席来自于协作研究办公室（Office of Integrative Activities，OIA）。这个工作小组的主要职责包括明确国家科学基金会要资助的融合科学的特点；根据融合科学的特点提出相应的评审标准；形成并公布有关融合科学项目资助的招标信息；组织专家评审融合科学项目申请书。近年来，国家科学基金会融合科学工作小组推动实施了对融合科学项目的遴选和资助活动（图 6-1）。

当前，美国国家科学基金会的项目招标信息主要分为三大类（表 6-3）：第一类是项目通告（program announcements），主要是各学部常规性的项目资助信息，一般常年都开放申请，评审标准主要采用国家科学基金会制定的常规性评审标准，即学术价值和更广泛的影响；第二类是项目招标书（program solicitations），主要用于对项目通告中部分内容的进一步聚焦，突出国家科学基金会在特定时期内关注的研究主题，因而在评审标准方面一般要增加额外的评审指标，且在正式提交申请书之前要求申请人先提交申请意向或者

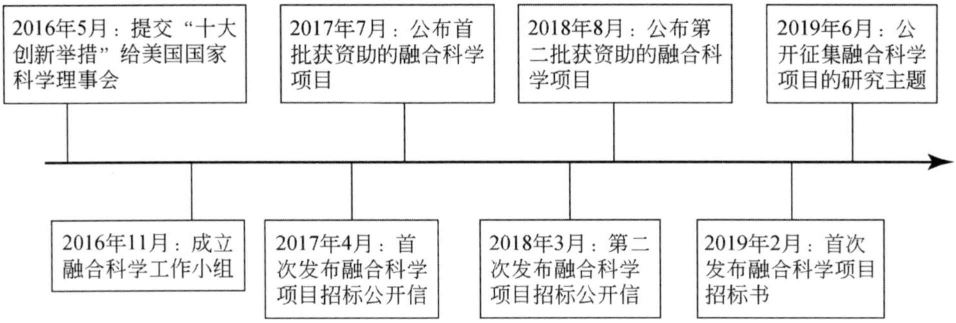

图6-1　美国国家科学基金会"推动融合科学"改革举措的重要时间节点

资料来源：美国国家科学基金会协作研究办公室主任Suzi Iacono有关融合科学的PPT资料（https：//www.nsf.gov/od/oia/programs/epscor/presentations/PDPA_May_2017/Iacono_Convergence.pdf），以及该机构有关融合科学的相关网页，如https：//www.nsf.gov/od/oia/convergence/index.jsp等.

表6-3　美国国家科学基金会的资助类型

类型	项目特点	评审和管理方式
项目通告	常规性的项目资助类型，由各学部各科学处发布项目指南	随时接受申请；采用常规性评审标准；以"拨款"（grants）方式提供资金
项目招标书	相比项目通告而言，更加聚焦于当前关注的特定研究主题	特定时间段内接受申请书；除常规性评审标准外，还要增加特定的评审标准；特殊的间接成本要求和项目管理要求；以"合作协议"（cooperative agreements）方式提供资金
公开信	在项目通告或者项目招标书之外提供各种特殊的资助机会	特定时间段内接受申请书；除常规性评审标准外，还要增加特定的评审标准；需要先提交申请意向或者申请书概要；特殊的间接成本要求和项目管理要求；以"合作协议"方式提供资金

资料来源：NSF. 2019. Proposal & Award Policies and Procedures Guide（NSB 19-1）.

申请书概要；第三类是项目招标公开信（dear colleague letters），是比项目招标书更为灵活的一种资助类型。2017 年和 2018 年，国家科学基金会对融合科学项目的资助都是通过项目招标公开信的途径来支持（NSF，2017a，2018b），表明融合科学是对国家科学基金会传统资助格局的补充。2019

年，国家科学基金会将其融合科学项目的资助途径调整为项目招标书的类型（NSF，2019），表明融合科学项目在国家科学基金会资助体系中的重要性进一步增强。

（2）融合科学项目的遴选和资助机制

2017 年 4 月，融合科学工作小组发布了资助融合科学的项目招标公开信，首次在其传统资助格局中专设了一笔融合科学专项资金（convergence portfolio）用于支持面向重大经济社会问题的融合科学项目。该类特殊项目的基本定位是：通过资助不同学科之间知识、方法和经验交叉融合的研究，构建有助于推动科学发现和创新行为的、跨越机构与学科边界的新型合作网络，解决复杂科学和工程问题。具体来看，该资助类型所瞄准的融合科学项目应该具备两个基本特点：一是以具体的、亟待解决的重大问题为研究目标，该重大问题既可以是重要的科学问题也可以是紧迫的社会需求；二是不同学科领域的知识、理论、方法、数据以及科学共同体和科学语言进行深度交叉与融合，并在这种持续的跨学科融合过程中形成新的框架、范式甚至学科（NSF，2018b）。

2017 年 7 月，美国国家科学基金会正式批准了第一批获得资助的 27 个融合科学项目。由于处于起步阶段，首批获得资助的融合科学项目主要侧重筹建非法人研究所、搭建研究合作网络、开办暑期学校、举办专题研讨会四大方面（表 6-4 和表 6-5）。

表6-4　美国国家科学基金会第一批融合科学项目概况

项目类型	项目数量 / 个	项目占比 /%	资助金额（单项）/ 万美元	资助期限（单项）/ 年
筹建非法人研究所	3	11.1	约 150	3
搭建研究合作网络	13	48.2	约 50	3 ～ 5
开办暑期学校	7	25.9	约 20	4
举办专题研讨会	4	14.8	约 10	1 ～ 2

资料来源：NSF. 2017. NSF issues first Convergence awards，addressing societal challenges through scientific collaboration（News Release 17-082）. https：//www.nsf.gov/news/news_images.jsp?cntn_id=242889[2019-9-12].

表6-5　美国国家科学基金会第一批融合科学项目详情（部分）

项目类型	项目名称	项目目标	项目期限/年	资助金额/万美元	承担单位
筹建非法人研究所	大数据驱动科学发现的基本理论研究	基于数学、统计学、理论计算科学等成立研究所，通过推动大数据的基本理论和方法的开发与使用，发现、修订和验证大数据驱动科学发现的基本理论模型	3	148	布朗大学
搭建研究合作网络	冻土海岸侵蚀对北极居民区带来的问题、解决方案及社会生态影响	针对海岸侵蚀对北极地区沿海居民生存环境带来的严重挑战，将自然科学和社会科学的顶尖学者，以及当地的资源管理部门和社区代表等聚集起来，进一步深入研究问题，共同寻找可能的解决方案并分析其社会生态影响	3	50	宾西法尼亚州立大学
开办暑期学校	国家科学基金会/能源部量子科学暑期学校	从数学、化学、物理、材料科学、工程学等交叉融合的视角，采用教室授课、专题研讨、师生互动、学生论坛等相结合的新途径，为研究生提供量子科学方面的基本理论和方法训练	4	21	麻省理工学院
举办专题研讨会	人机交互过程中关于人类多模式学习的融合式研究	通过举办研讨会，推动认知心理学、数据科学、计算机科学、工程学等的交叉融合，以便更好地解决人机交互系统中的关键问题	1	5	北卡罗来纳州立大学

资料来源：NSF. 2017. NSF issues first Convergence awards，addressing societal challenges through scientific collaboration（News Release 17-082）. https：//www.nsf.gov/news/news_images.jsp?cntn_id=242889[2019-9-12].

有关此类融合科学项目的遴选方式，2017 年和 2018 年美国国家科学基金会对融合科学项目的资助都是通过项目招标公开信的途径来支持，在该基金会资助体系中属于非常规的、特殊的一种资助类型。相应地，在资助和遴选方面，美国国家科学基金会鼓励申请者首先通过电子邮件提交意向书。申请者可向该基金会任何学部（如生物、信息、工程、环境、地理、数理、社会等）提交意向书，且在意向书中简要概述其具有创新性的研究构想、取得颠覆性进展的研究策略，以及适合申请融合科学项目的理由等，具体内容要求如下（NSF，2018b）：①描述一个需要采用融合科学范式来推动的新兴的研究主题；②列出该研究主题所需要融合的相关学科；③概述本次准备提交申请的、属于该研究主题中的一个具体研究项目；④概述该研究项目的研究方法和研究策略（特别是融合研究的策略）；⑤列出该研究项目的主要人员名单。意向书中不需要列出参考文献，最多不能超过 1000 个英文单词，篇幅不能超过两页纸（包括图表在内）。申请者可以在任何时间通过电子邮件提交意向书，但是提交意向书的时间会影响其是否能赶上当年的资助周期（否则纳入下一年的资助）。此后，各学部对接收到的意向书是否符合融合科学项目的要求进行评审，从中筛选出最有竞争力的团队并向这些团队发出提交更详细的正式申请书的邀请。相关团队需要在 60 天内将正式申请书提交给相关学部，并在申请书中标注“融合”字样。每个项目的预算金额不得超过 100 万美元，项目执行时间不得超过 3 年。最后，各学部将所有标注“融合”字样的正式申请书汇总到基金会层面的融合科学工作小组，由该小组负责组织一支多学科领域科学家组成的评审专家组，对这些融合科学项目正式申请书进行集中式的会议评审，并在必要的情况下辅以通信评议作为会议评审的支撑。需要特别指出的是，目前美国国家科学基金会的融合科学项目的资金由相关学部和融合科学小组共同资助，即通过评审的融合科学项目申请将得到来自相关学部以及融合科学小组的共同资助，双方可就各自的资助比例进行协商。

2019 年以来，融合科学项目的资助在美国国家科学基金会资助体系中的重要性进一步加强，开始采用项目招标书的方式来发布资助信息，并相应地对融合科学项目的资助和遴选方式进行以下几方面的调整：①融合科学项目申请书统一由协作研究办公室来接收，但是项目评审仍由融合科学工作小组组织多学科背景的评审专家组来完成；②融合科学项目作为一种更为常规性的资助类型，不再需要事先提交意向书，而是直接受理正式的项目申请书；③项目期限和总资助额度都有所增加，每个项目最多资助 5 年，且分为两个阶段进行评审和资助，第一阶段（前 2 年）的资助总额度为 120 万美元，第二个阶段（后 3 年）的资助总额度为 240 万美元（NSF，2019）。

从评审标准来看，美国国家科学基金会认为，一份好的融合科学项目申请书应该体现以下四个特点：①申请书应当充分论证该项目采用融合科学方法的必要性。申请书要清晰说明为何必须借助跨学科之间的融合来解决一个特定的科学问题或者社会挑战。融合科学工作小组通过该项研究的历史发展脉络，根据项目申请书中对于不同工具、技术和方法的应用与发展情况，出版物的学科和类型等来判断该项目的学科融合程度。②申请者具有开展多学科合作的基础和准备。项目申请书中应提供相关材料，证明团队成员来自于多种学科领域，以及团队成员做好了开展多学科融合合作的准备。融合科学工作小组判断申请团队是否做好跨学科融合准备的依据包括团队主要成员以往参与跨学科研究项目的经历，团队主要成员在学术论著中的合作署名情况，团队主要成员是否具备对于解决该问题至关重要的专业知识和技能，团队主要成员共同研发科研仪器设施的情况，等等。③项目所基于的知识基础和拟采用的工具及方法是多种学科交叉融合的体现。项目申请书中应通过一个具体案例，说明该项目的知识基础来源于哪些学科以及在多大程度上交叉融合。项目申请书中还应展示纳入该项目的不同学科在研究工具和方法上是否存在高度耦合或相互补充的关系。此外，项目申请书中还应体现出不同学科在思考方式上的交叉融合。融合科学工作小组根据这些情况判断该项目是否在研究工具和方法上具有融合科学的特征。④项目应吸收和培养青年一代的融合科学学者。融合科学项目鼓励项目申请者为本科生、研究生和博士后等提供参与融合科学的机会。融合科学工作小组会从项目申请书中考察，青年研究者是否能学习和使用该项目所采用的新工具、仪器和方法，青年研究者在该项目中是否学习以及如何学习原有学科之外的理念和方法，该项目是否为青年研究者提供一种新的、可适用于其他融合科学项目的学习环境等相关信息（NSF，2018b）。

此外，从 2019 年开始，美国国家科学基金会新增了一种针对融合科学的资助途径——融合加速器（convergence accelerator），旨在资助多方利益主体（产业界、学界、非营利机构、政府部门等）共同组成融合科学联盟，使其围绕国家战略相关的共同研究目标，采用多学科、多渠道的方法进行分工与合作。对融合科学联盟的资助分为两个阶段，阶段Ⅰ中每个联盟的资助额度最多为 100 万美元（资助期限最多为 9 个月），阶段Ⅱ的资助额度有可能是300万美元（资助期限为1年）或者500万美元（资助期限为2年）（NSF，2020）。

6.3.2 英国研究与创新署推进融合科学的资助机制

2018年5月，英国研究理事会总会（Research Councils UK，RCUK）正式与英格兰高等教育拨款委员会（The Higher Education Funding Council for England，HEFCE）和英国创新署（Innovate UK）的相关职能重组为新的英国研究与创新署（UK Research and Innovation，UKRI）。英国科技界的这场改革在英国脱欧公投之后急速推进，折射出英国科技界和产业界对于英国脱欧之后科研经费锐减、创新型产业受挫等一系列后果的担忧（张翼燕，2017）。但从本质上来看，这场改革起源于英国政府及科技界对原有的七大研究理事会之间协同和合作能力的不满，因而在改革之中始终贯穿着“如何通过跨学科领域的交叉融合来解决重大经济社会挑战”这个核心思想。

（1）改革背景

作为英国科研经费双重资助体系中的重要部分，英国原有的七大研究理事会分别是艺术与人文科学研究理事会、生物技术与生物科学研究理事会、工程与自然科学研究理事会、经济与社会科学研究理事会、医学研究理事会、自然环境研究理事会、科学与技术设施理事会。原有的七大研究理事会围绕各自重点领域组织科研项目申报、同行评议和项目管理，以项目资助的方式为英国大学和科研机构提供科研资金。2002年，英国政府出于协调七大研究理事会之间工作的考虑，成立了英国研究理事会总会（李振兴，2016）。

然而，英国研究理事会总会成立后，主要开展科研经费管理、研究与影响评估、研究人员培训、知识交流和国际合作等各研究理事会都通用的事务，并没有彻底解决原有的七大研究理事会之间的协同与合作问题。特别是当面临日益复杂的诸多重大经济社会挑战（如气候变化）时，如何利用好跨理事会层面的公共资金，寻求跨领域以及跨部门解决这些重大问题的方法，成为英国政府尤为关注但是英国研究理事会总会始终没能有效解决的核心问题。在这样的背景下，英国政府于2014年底启动了对英国科研和创新体系的改革，并特别委托当时的英国皇家学会会长保罗·纳斯（Paul Nurse）牵头对英国研究理事会总会开展评估。评估报告于2015年11月正式发布，提出将各研究理事会与英格兰高等教育拨款委员会和英国创新署的科研职能进行整合（Nurse，2015）。此后，英国政府采纳了这项建议，并于2017年4月正式颁布《高等教育和研究法案》（马万华和匡建江，2018），以立法形式开启了对英国研究理事会总会乃至整个科研和创新系统的改革。

2018年5月，英国研究与创新署正式运行。这个新机构的设立一方面体现了科教体系的一体化，即将原有英国科研经费“双重资助体系”（李晓轩等，2010）合并为英国研究与创新署统一监管的新方式；另一方面体现了科研与产业的对接，即将原英国创新署在推动中小企业创新、资助中小企业研发等方面的职责与原英国研究理事会总会在推动基础研究方面的职责统一纳入新的英国研究与创新署的职责范围，有利于更好地统筹产业需求和科研创新。

（2）对融合科学的资助架构

英国研究与创新署的资助体系中，面向重大挑战的研究资助是一个重要的组成部分。具体来看，当前英国研究与创新署主要有三大资助板块专门资助这种重大挑战导向的科研项目。

1）面向全球性挑战的研究资助（global challenges research fund）。该资助板块主要针对那些以解决全球性经济社会挑战为目标的科研项目，是英格兰高等教育拨款委员会中负责组织科研卓越框架（research excellence framework，REF）和质量相关科研资金（QR资金）分配的部门来负责管理。该部门纳入新的英国研究与创新署后，改名为科研英格兰（research England）。这些全球性的经济社会挑战主要来源于2015年联合国发布的《2030年可持续发展议程》中提出的17项可持续发展目标以及169项具体的子目标。在这份议程中，发达国家被认为在帮助解决全球（尤其是欠发达国家和地区）可持续发展面临的重大挑战方面负有重大责任。在这样的背景下，英国政府将该议程中的全球可持续发展目标和英国的利益结合起来，在英国研究与创新署的资助体系中设立了该资助板块（UKRI，2018a），支持全球性挑战导向下的单一学科研究、融合科学研究以及与其他国家的合作研究，作为英国政府在落实帮扶全球发展承诺的举措之一。

2）面向产业战略性挑战的研究资助（industrial strategy challenge fund）。该资助板块主要是针对英国本土产业面临的战略性问题或挑战，以提高英国产业的生产力和盈利能力，是原英国创新署相关职能的提升，重点是加强产业界和学术界之间的衔接。具有世界一流研究水平的科研机构、大学和企业都可以申请该资助板块的项目。这些具体的产业战略性挑战由英国产业部门提出，并以列成清单的形式公布在该资助板块的网页上，目前清单里的产业战略性挑战包括疾病快速检测、商业化量子通信、数字安全、电力革命、新一代飞机、工业中的碳减排、智能制造、可持续的塑料包装等（UKRI，2018b）。

3）面向战略性优先主题的研究资助（strategic priorities fund）。该资助板块是原英国研究理事会总会相关职能的提升，重点是围绕战略性优先主题，推动不同学科之间的交叉融合。这些战略性优先主题包括数字经济，能源，全球食品安全，对抗微生物耐药性，解决塑料污染问题，响应环境、经济和社会变化的未来城市，绿色大不列颠，等等（UKRI，2018c）。该资助板块下有一部分资助类型是原英国研究理事会总会多学科交叉项目类型的延续，如“数字经济”这个主题，早在 2008 年 4 月就由英国研究理事会总会下面的三个研究理事会（工程与自然科学研究理事会、艺术与人文科学研究理事会、经济与社会科学研究理事会）联合启动。新的英国研究与创新署成立后，该优先主题的资助得到延续，并且进一步联合了原英国创新署，使得该主题的资助能够加快实现数字技术对社区生活、文化体验、未来社会和经济方面的变革影响（UKRI，2018d）。

（3）融合科学的研究主题遴选机制

以面向产业战略性挑战的研究资助为例。首先英国研究与创新署需要对“产业战略性挑战”进行明确界定。早在英国研究与创新署正式成立之前，原英国创新署就一直在部署针对产业挑战的科研和创新资助，并对产业战略性挑战形成了一个基本认识（Innovate UK，2017）：产业战略性挑战必须是与企业提高生产力、国家经济增长等密切相关的主题或领域，英国政府部门（如原英国创新署等）可以通过将不同利益相关方（学术界、产业界等）聚集起来并且提供资金资助等方式，推动这些主题或者领域发展，从而在解决产业面临的这些重大挑战方面发挥作用。

在对产业战略性挑战的界限达成共识的基础上，英国政府相关部门 [如英国研究与创新署，商业、能源和产业战略部（Department for Business，Energy and Industrial Strategy，BEIS）等]通过与科研人员和商业领袖等进行频繁研讨，并由科学技术委员会（The Council for Science and Technology，CST）进行总体论证之后，形成产业战略性挑战清单。2017 年 11 月，英国政府以商业、能源和产业战略部名义发布了一份题为《产业战略：建设一个符合未来发展趋势的英国》的白皮书（Secretary of State for Business，Energy and Industrial Strategy，2017）。该白皮书明确列出了英国当前的四大战略性产业挑战，分别是人工智能和数据、老龄化社会、无污染的增长、面向未来的交通工具。这四大挑战对于英国未来的产业发展以及公民生活质量提升都具有重要影响。

进一步，针对清单上的每一个挑战，以英国研究与创新署为主成立的一支专门团队，通过与研究人员和行业领导者的多次研讨，提出该挑战的具体资助需求（称为“使命”）、取得成功的可能性、成本测算以及未来成本增加的情况等，并且每年更新一次，从而为英国研究与创新署在面向产业战略性挑战的资助板块中真正落实这些挑战相关的项目资助提供支撑。这个过程中，一些专业性的智库机构发挥重要作用。例如，英国伦敦大学学院创新和公共目标研究所于 2018 年 3 月牵头成立了一个名为“使命导向的创新和产业战略研究委员会”，主要负责以“使命导向下的创新”为理论框架来落实上述白皮书中四大战略性挑战，鉴别跨部门的利益主体，建议具体的研究项目以及实现路径。该委员会的主席来自于伦敦大学学院创新和公共目标研究所，成员则来自于英国政府相关部门、代表性企业、研究机构和大学等多个部门。2018 年 3 月至 2019 年 5 月，该委员会召开了 12 次全体会议。此外，针对上述白皮书中列出的每一项战略性挑战，分别召开了 6 次分组会议，为上述白皮书中列出的每一项战略性挑战分别研究提出了第一批要完成的使命和支撑该使命的项目建议（表 6-6）。

后续，在完成第一批使命的情况下陆续提出落实上述四大战略性挑战的更多具体使命。这些具体使命成为英国研究与创新署部署面向产业战略性挑战的重要研究主题。这些研究主题包括无人驾驶汽车、高性能电池、实现早期诊断和精确医学的数据、健康的老龄化、转型的建筑、尖端的诊疗技术、先进制造及轻质复合材料、卫星测试设备、能源革命、极端工作环境中的机器人、转型的粮食生产，等等（UKRI，2018c）。

表6-6 英国四大战略性挑战及相关使命的资助项目情况

重大挑战	第一批使命	支撑该使命的资助项目*
人工智能和数据	利用数据、人工智能和创新，于 2030 年之前实现慢性病预防、早期诊断和治疗方法的转变	“实现早期诊断和精确医学的数据”，资助金额 2.1 亿英镑
老龄化社会	2035 年之前人们至少延长 5 年健康的、独立的生活，同时缩小最富有者和最贫穷者之间的体验差异	“健康的老龄化”，资助金额 9800 万英镑；“实现早期诊断和精确医学的数据”，资助金额 2.1 亿英镑
无污染的增长	2030 年，新建筑的能源使用至少减半	“转型的建筑”，资助金额 1.7 亿英镑（另外匹配私营部门2.5亿英镑的投资）
	2040年建立世界第一个零碳排放产业集群，到 2030 年至少建立一个低碳产业集群	“零碳排放净产业集群”，资助金额 1.7 亿英镑
面向未来的交通工具	2040 年，英国新生产的所有汽车和商务车全部实现零排放，使英国在零排放车辆设计和制造方面处于领先地位	“能源革命”，资助金额 7800 万英镑

* 此处仅包括英国研究与创新署面向产业战略性挑战的研究资助板块，不包含其他的政府资助项目。

资料来源：Department for Business，Energy and Industrial Strategy. 2019. The Grand Challenges. https：//www.gov.uk/government/publications/industrial-strategy-the-grand-challenges/industrial-strategy-the-grand-challenges[2020-2-3].

6.3.3 韩国国家科学技术研究理事会推进融合科学的资助机制

韩国国家科学技术研究理事会（National Research Council of Science and Technology，NST）于 2014 年 7 月在原有的基础科学技术研究会和产业科学技术研究会的基础上合并成立，是韩国政府未来创造科学部下属的、统管韩国中央政府资助的国立科研机构的组织。该组织的主要职责之一是强化高水平的研究系统、形成合作研究生态、推动研究成果的扩散和转化、提升以科研为中心的管理系统。其中，落实形成合作研究生态这一职责的重要举措之一是，资助融合科学范式下的科研活动和科研组织，主要包括三方面的基本理念和定位（NST，2014a）：瞄准国家重大经济社会问题以及产业界重大技术问题的解决，推动系统的融合科学工作；破除不同国立科研机构之间的壁垒，推动跨学科领域之间的融合科学，形成重大研究产出；推动融合科学项目的相互关联。该措施具体包括五个方面，即成立融合研究中心、启动创造性的联合项目、部署军民融合研究项目、资助高阶融合研究项目、推动融合集群研究。其中，关于融合研究中心的相关内容在第 7 章中进行介绍。以下是关于该理事会资助的四类融合科学计划 / 项目的概况。

（1）创造性的联合项目

创造性的联合项目（creative allied project）的目的是：通过富有挑战性的融合科学，开发关键技术、突破现有技术的局限。具体来看，该项目包括两种子类，一种是面向韩国国家科学技术研究理事会下辖国立科研机构的 5 年期项目（采取 3 年 +2 年的经费投入方式），要求两个或两个以上国立科研机构联合申请，共同开展关键技术的攻关；另一种是面向中小企业技术需求的 3 年期项目，海内外企业、大学和科研机构都可以申请，主要针对中小企业面临的技术难题。每年，该类项目一共投入大约 20 亿韩元，其中韩国国家科学技术研究理事会投入经费约占 70%，该理事会下辖国立科研机构的匹配经费约占 30%。

（2）军民融合研究项目

军民融合研究项目（civilian-military convergence research projects）的目的：构建一个全生命周期的军民融合技术生态系统，以此来推动私有部门和军队之间的合作，从而实现技术融合。该类项目资助主要针对国立科研机构和产业界、大学和研究机构合作的项目，要求该理事会下属的至少两个国立科研机构参与并牵头。该类项目的资助额度是每个项目每年约 8 亿韩元。

（3）高阶融合研究项目

高阶融合研究项目（advanced convergence research projects）主要资助的是融合科学的预研活动，即在大规模部署融合科学项目之前，选择若干备选项目的研究主题和思路进行小额资助，供其开展前期预研。具体来看，包括三方面的资助目标：其一，论证融合科学项目的研究主题和核心观点的合理性与可行性；其二，发现以技术融合解决特定问题时可能面临的主要问题；其三，开展对问题解决方案的实验性分析或者原型开发，以验证该方案的合理性和可行性。该类项目的资助对象是小规模的科研团队（5 人左右），团队成员来自于韩国国家科学技术研究理事会下辖的至少两个国立科研机构。资助期限为 1 年，每个项目一共投入大约 2 亿韩元。经费全部来自韩国国家科学技术研究理事会，不需要下辖的国立科研机构提供匹配经费。

（4）融合集群

融合集群（convergence cluster）主要通过资助研讨会的方式来鼓励韩国国家科学技术研究理事会下辖的国立科研机构中不同学科背景之间的人员进行学术交流。一般而言，这类学术会议的人员来自两个或者多个国立科研机构，并且组成一个临时的研究集群。按照参会人员的资质，研究集群主要分为两类：一类是多学科融合集群，另一类是创新性融合集群。其中，前者由相对资深的研究人员组成，主要开展科学、技术乃至人文、社会科学等不同领域之间的交流；后者则由较为年轻的研究人员组成，主要是发挥年轻人在融合科学方面展示出来的更为积极主动的优势。每个多学科融合集群获得的经费规模约为每年5000万韩元，且不需要下辖的国立科研机构提供匹配经费。资助期限为 2 年，即该集群可以在 2 年时间内多次举办学术会议。相比之下，创新性融合集群的资助力度较小，每年经费约为 500 万韩元，不需要下辖的国立科研机构提供匹配经费，资助期限为 1 年。

6.4 中国的相关实践

计划经济时期，中国相关部门在组织多学科多部门力量开展重大科技攻关方面（如“两弹一星”和青蒿素研制）发挥了重要作用。改革开放之后，科技部、国家基金委等科技管理部门在遴选和资助多学科交叉融合以解决重大问题方面进行了探索，形成了一定的经验。

6.4.1 科技部牵头组织的国家重点研发计划

作为中国政府科技主管部门，科技部自 20 世纪 80 年代起在国家层面组织实施与国家经济社会安全相关的重大基础性科研项目，如具有明确的国家战略目标导向的“863 计划”，以及侧重于重大基础性科学问题的“973 计划”，具有一定的重大问题导向特色。

2016 年以来，中国政府将原有的国家科技计划整合形成五大类科技计划（专项、基金等）：国家自然科学基金、国家科技重大专项、国家重点研发计划、技术创新引导专项（基金）、基地和人才专项。其中，科技部会同国家发展和改革委员会、财政部共同负责组织协调的国家科技重大专项，从设立之初就是瞄准国家重大目标的实现，通过核心技术突破和资源集成，在一定时限内完成重大战略产品、关键共性技术和重大工程。国家重点研发计划则更充分体现了以科技部为代表的中国政府科技部门在组织重大科技计划方面的理念变革。国家重点研发计划着力改变原有国家层面科技计划（如原"863 计划"和原"973 计划"）按不同研发阶段设置和部署的做法，按照从基础前沿、重大共性关键技术到应用示范进行全链条设计的理念，整合科技部原"973 计划"、原"863 计划"、科技支撑计划以及其他部委的产业技术研究与开发资金、公益性行业科研专项等，通过一体化组织实施解决国民经济和社会发展各主要领域的重大、核心、关键科技问题。

相比原"863 计划"和原"973 计划"，除了在项目体量和规模上有所提升外，科技部牵头组织实施的国家重点研发计划更加符合当前全球迈入融合科学新阶段这一发展趋势。

一方面，国家重点研发计划更加强调解决重大问题过程中不同学科之间的交叉融合。以"全球变化及应对"重点专项为例，该重点专项的实施方案由科技部、教育部、中国科学院、中国气象局、国家海洋局等部门组织专家编制，主要瞄准"全球变化关键过程、机制和趋势的精确刻画和模拟，全球变化影响、风险、减缓和适应，数据产品及大数据集成分析技术体系研发，具有自主知识产权的地球系统模式研制，国家、区域应对全球变化和实现可持续发展的途径"等关键问题。解决这些关键问题、妥善应对全球变化，离不开科学研究的支撑，尤其是全球变化研究领域观测、分析、模拟能力的提升，这就为高性能计算领域与全球变化研究领域的交叉融合提出了要求。以该专项的项目之一"大规模多模式多过程地球系统模式耦合平台研发"为例，项目从酝酿到实施的过程中强调交叉团队打造，项目承担单位中既有国内实力雄厚的高性能计算研制与应用支撑单位（江南计算技术研究所、清华大学），也有全球变化模式研究发展的优势单位（国家气候中心、自然资源部第一海洋研究所、北京师范大学、清华大学），他们共同组成一支高水平的交叉研究队伍，推动了高性能计算领域与全球变化研究领域的交叉融合研究以及成果辐射和应用（科技部，2017）。

另一方面，国家重点研发计划通过覆盖创新价值链进行全链条设计，缩短了从“科学”到“技术”再到“市场”的演进周期。以“农业面源和重金属污染农田综合防治与修复技术研发”重点专项为例，该专项瞄准“农业面源和重金属污染农田有效防治、农业生态环境健康和农产品质量安全有效提升”等关键问题，坚持“问题导向、目标导向、产业导向”的原则，探索全链条一体化的“大兵团作战”模式。在项目申报阶段，作为交叉性学科研究，农业类科研院校以及原环境保护部、原国土资源部、中国科学院等行业部门下属的科研教学单位、各综合性大学、企业等打破原有的小圈子，组成任务分工明确的多元主体进行联合申报，项目任务的集成度比以往的国家科技计划更高。在项目布局方面，该专项在基础研究、重大共性关键技术研发、技术集成应用示范三大类上分别设置项目，并通过实施方案和指南中的顶层设计，加强各类项目研究内容的系统性和衔接性。在项目实施过程中，通过构建“研发人员－转化主体－技术用户”紧密结合的研究、研发和推广团队运行机制，建立了三个层面项目承担单位之间的交叉协同组织实施管理模式，并要求专业机构、项目负责人、专项实施方案编制专家和行业部门等“四方”及时对接，促进项目真正落地实施和解决产业中的实际问题。此外，通过现场交流会机制，加强成果展示和宣传，为相关专项之间、项目之间、产学研之间信息对接等搭建重要平台，促进了研究成果的落地转化。可见，与原先的公益性行业专项、“973 计划”等相比，国家重点研发计划的协同创新特征更加突出（科技部，2017）。

当然，科技部主导的国家重点研发计划的这种改革仍处于不断发展和完善之中。国内科技界对这种全链条一体化的改革方向存在一定争论，认为过于强调全链条可能对于基础研究产生一定影响，一定程度上可能损害探索性基础研究的自由度。但是，国家重点研发计划无疑是以科技部为代表的中国政府顺应当前融合科学发展趋势的一种积极探索。

6.4.2 国家基金委对交叉融合研究的资助和管理

1982 年，中国科学院成立了由 23 位学部委员组成的科学基金委员会，开始试行科学基金制。在此基础上，1986 年国家基金委正式成立，主要支持自由探索性的基础研究，重大科学问题导向和经济社会需求导向的基础研究，此外，还支持应对国家经济、社会发展中的突发问题或新近出现的重要科学进展的应急研究项目等。其中，主体的资助和管理工作主要是依托数学物理、化学、生命、地球、工程与材料、信息、管理、医学八个科学部，构建了以分学科为主的资助架构。同时，国家基金委积极探索了符合“交叉融合”趋势的多种资助渠道，设立了诸如交叉科学部、资助创新研究群体、资助其他项目类型中具有学科交叉特点的研究，体现用户需求的联合基金等，以及通过重点、重大和应急项目等形式部署与资助面向国家和社会重大需求的任务导向研究。以下概要介绍国家基金委在资助和管理实践中与融合科学相关的情况。

（1）资助层面

在资助层面，国家基金委既资助具有学科交叉特点和任务导向特点的各类项目，又资助具有多学科交叉融合特征的研究群体，同时，也瞄准地方需求或产业需求，与需求方开展联合基金资助等。

1）设立交叉科学部。2020 年 10 月，国家基金委在原有八大科学部的基础上增加了交叉科学部，成为国家基金委资助架构中与其他学部并行的第九学部。此前，仅有个别学部下设了交叉科学处，如生命科学部下设交叉融合处。

2）对创新研究群体的资助。为了支持基础科学的前沿研究，2000 年开始，国家基金委设立“创新研究群体科学基金”。创新研究群体中的成员很多具有不同的学科背景，通过基金持续稳定的支持，群体成员共同围绕某一重要研究方向开展研究，通过合作进行集体攻关。例如，2016 年获得支持的“无机纳米生物材料”研究群体，团队成员来自生物材料、材料化工、纳米材料、物理化学等不同的学科背景，围绕材料的可控合成及生物性能调控的关键科学问题，已经在新型生物材料的仿生合成、表 / 界面功能修饰组装及纳米材料介导的纳米效应等方面取得了一系列成果。

3）对其他项目类型中具有学科交叉特点的项目资助。国家基金委支持的学科交叉融合项目通常具有明确的目的，需结合国家需求、瞄准解决国民经济和社会发展中的重大科学问题，通过管理与筹集交叉研究的支持经费，鼓励与引导跨学科、跨部门的融合研究。这类项目主要包括重点项目、重大项目、重大研究计划项目等。

重点项目和重大项目优先支持科学前沿领域与国民经济重要领域的跨学科交叉融合研究。重点项目资助的是某一学部内不同科学之间的交叉研究，重大项目资助的是两个或以上的学部之间的交叉研究。例如，环境是具有国家重要利益和科学意义的领域，同时也是涉及众多不同学科的研究领域，核分析技术可以为环境科学研究提供新的研究工具与方法，帮助人类更好的应对环境污染等现实问题。针对环境污染这一重大问题，重大项目“核分析技术在分子水平上研究若干典型环境污染物的分子毒理”，聚集不同学科背景的研究人员，通过团队协作开展多学科融合研究，不仅在基础研究领域取得杰出成就（核分析领域的国际最高奖项），而且在环境保护实际工作中得到很好的应用。

重大研究计划围绕国家重大战略需求和科学前沿，其导向是学科或领域问题，通过融合性的研究课题聚集不同领域背景的研究人员。例如，2018 年设立的“生物大分子动态修饰与化学干预”重大研究计划，目标是通过探索生物大分子动态修饰的机制，完成从基础研究到药物开发的转化，实现创新价值链上各类科研活动的衔接与贯通。通过化学、生命科学、医学、数理科学、信息科学等多学科的科学家共同研究，实现化学－生命科学－基础医学－信息科学深度交叉集成，同时造就一支跨学科深度交叉的化学生物学科研队伍。

4）联合基金资助。联合基金以解决用户的特定需求为导向，通过联合经费连接政产学研等多方主体，解决地区和行业发展关键与共性问题中的重大科学问题，提供人才储备与促进知识向社会转移。20 世纪 90 年代初，国家基金委与有关部门、地方政府和企业共同投入经费，开始试行联合资助工作。截至目前，国家基金委先后与地方政府，中国科学院等行业部门以及国有大型企业设立了 40 多个联合基金。联合基金的突出特征是注重从行业或领域的战略需求中提炼科学问题，具有很强的目标性和应用性。例如，2017 年国家自然科学基金委员会－中国石油天然气集团公司石油化工联合基金，根据国内外油气资源勘探开发的趋势及研究前沿，结合国家战略需求和中国石油、石化领域的技术瓶颈，围绕“深层超深层油气资源勘探开发”“页岩油气与致密油气等非常规资源勘探开发”和“油气资源提高采收率”三个具有学科交叉融合特点的领域进行资助，通过联合资助建立多学科研究团队开展融合研究。

（2）管理层面

近年来，国际上主要国家的政府资助机构已将重大经济社会问题导向的融合科学作为主要的资助方面，国家基金委也积极探索了融合科学资助体系和与之适应的管理机制。2018 年，国家基金委提出基于“鼓励探索、突出原创；聚焦前沿、独辟蹊径；需求牵引、突破瓶颈；共性导向、交叉融通”四类科学问题属性的资助导向，通过对学科布局的优化，实现知识的交叉融合以及与应用的统一，同时引导科研人员关注与解决应用领域背后更深层次的基础科学问题。

项目申请方面，更加强调问题导向，引导研究人员关注国家重大需求，根据要解决的关键科学问题和研究内容，选择科学问题属性并阐述理由。2019 年，国家基金委在八个科学部中试点选择重点项目与部分学科面上项目开展分类申请和评审工作，针对上述四类科学问题分别设立评审标准。其中，面上项目试点包括化学部的全部学科，其余科学部中分别有 1 ～ 2 个学科参与试点。

评审机制方面，围绕项目的科学问题属性，而非项目所属的学科遴选专家进行分类评审。借助智能辅助评审系统，对评审专家既往研究工作和已发表论文等进行分析，通过语义理解比对，与基金申请书进行匹配，找到在专业上合适的专家，同时结合专家的信誉数据，遴选出最适合的评审人。

联合资助方面，国家基金委与联合资助方（地方政府、行业学会、企业等）共同出资，形成从前瞻性基础研究到成果应用的联合资助体系。围绕关键领域中的核心科学问题和新兴前沿交叉领域中的重大科学问题，设立国家自然科学基金区域创新发展联合基金和国家自然科学基金企业创新发展联合基金，主要包括：①企业创新发展联合基金，与有关企业按 1∶4 共同投入经费；②区域创新发展联合基金，与有关地方政府按 1∶3 共同投入经费；③行业部门联合基金，与行业部门按 1∶2 共同投入经费，如目前已与中国工程物理研究院签署 NSAF 联合基金（第五期）协议。

6.5 小结

为推动融合科学的发展，传统上“分科而治”的管理方式需要朝着适应融合趋势的方向转变。为此，以美国、英国、韩国、中国为代表的若干国家进行了先行探索，初步形成了具有以下特点的项目资助和管理机制。

1）国家层面围绕重大经济社会问题凝聚跨部门力量，通过项目的整体规划建立跨部门协调机制，形成合理的分工协作。重大经济社会问题的解决往往需要多个学科领域的深度交叉和融合，依赖于多个政府部门的合力甚至是引入社会力量共同攻关。因此，国家层面组织开展以解决重大经济社会问题为目标、具有融合科学特点的项目，核心在于围绕该问题的解决建立跨部门的协调与合作机制。一般而言，该协调与合作体系设立一个牵头的政府部门（根据拟解决的重大经济社会问题的主要领域），由牵头部门统筹其他政府部门乃至社会力量提出的具体需求，共同完成该融合科学项目的整体规划。进一步，通过公开透明的方式（如通过网络公开征询意见和建议、网络直播主题研讨过程、定期举办开放式会议等）广泛吸收各方面意见和建议，使“自上而下”的部门需求和“自下而上”的科研兴趣进行结合。

2）传统的政府科研项目资助体系正逐渐新设专门资助融合科学的项目渠道，通过“自上而下”和“自下而上”两种主要模式开展项目遴选和资助。“自上而下”式的融合科学项目资助模式（典型代表是美国国防高级研究计划局的做法）一般以经济社会中的特定需求或者用户的特定需求为导向，由资助和管理部门主导进行“自上而下”的研究主题遴选（同行评议结果只是作为参考），对选定的研究主题进行长周期、长链条的支持，组织多学科、多部门的研究力量开展协作攻关。“自下而上”式的融合科学项目资助模式（典型代表是美国国家科学基金会的做法）也是以解决经济社会中的特定问题为目标，但在研究主题遴选方式主要依靠“自下而上”的方式，一般定位于对传统学科资助架构的重要补充。“自下而上”式融合科学项目资助模式的关键在于评审机制的改革，如评审专家组的构成应围绕项目所瞄准的重大经济社会问题（而不是项目所属的学科）来遴选，评审标准重点关注是否瞄准重大问题以及是否具有解决该问题的能力。

3）产业部门和私人基金会等是融合科学资助体系的重要组成部分，以灵活多样的形式与政府资助部门共同形成覆盖整个价值链的资助链条。从组织方式上来看，政府资助机构主要负责资助融合科学项目的整体规划以及基础研究，非政府类资助机构（企业、非营利组织、私人基金会等）资助体量较小、灵活性较强，主要资助应用研究，并在构建科研平台和人才培养等方面发挥重要作用，与政府资助部门共同形成围绕重大问题解决的完整资助链。此外，产业界和政府部门也可能共同资助用户导向的基础研究，如在“纳米电子学研究计划”（Nanoelectronics Research Initiative）中，美国纳米产业界和美国两大政府部门（国家科学基金会和国家标准与技术研究院）按照 1：1 的比例共同资助相关基础研究。

第7章 推动融合科学的组织管理创新

融合科学在组织形式上区别于传统创新主体，也不同于个人层面开展的学科交叉研究，而多以较稳定的中心式组织存在。本章首先分析重大问题导向下科研组织的历史演变，进而分别梳理三种类型新型组织（分散型的非法人组织、集中型的非法人组织、具有法人地位的非营利组织）的典型案例，如美国国家科学基金会资助的工程研究中心、美国国立卫生研究院资助的系统生物学中心、麻省理工学院科赫研究所①、佐治亚理工学院生物工程和生物科学研究所、密歇根大学北校区研究综合园区、哈佛大学怀斯生物启发工程研究所（Wyss Institute for Biologically Inspired Enginee-ring）（以下简称为“怀斯研究所”）和霍华德·休斯医学研究所，韩国国家科学技术研究理事会资助的融合研究中心、首尔国立大学融合技术高等研究院，以及中国科学院的机构改革。最后，归纳小结有助于推动融合科学的新型科研组织的基本特点。

7.1 重大问题导向下的政府科研组织方式

从全球来看，重大问题导向下政府科研组织形态的历史演变主要有美国路径和欧洲路径两种。美国路径可描述为科学使命的转变，即政府组织的重大科研活动由军事使命和太空使命导向转变为经济社会发展的新使命导向，并由此形成两条发展分支——国家实验室系统、研究型大学中的非法人研究中心（以及少量的法人组织）。欧洲路径则可描述为自治的科学城堡向重大问题导向的科研缓缓打开大门，即传统项目负责人（principle investigator，PI）制为主体的情况下逐渐衍生出以重大问题为目标的科学组织形态。

①麻省理工学院大卫·H. 科赫整合型癌症研究所（David H. Koch Institute for Integrative Cancer Research）简称麻省理工学院科赫研究所。

7.1.1 美国路径

美国路径主要体现在美国联邦政府针对重大问题组织科研活动主要经历的三个发展阶段。

早期，第一次世界大战的爆发改变了美国科学家长期以来与政治隔绝的做法，重新塑造了美国科学界和联邦政府之间的关系。由此，美国联邦政府得以以战争的名义将原本在大学和公司工作的科研人员抽调到美国军方，聚焦重大军事武器或设备开展联合攻关。这种组织方式尽管有利于科研人员了解军事一线的实际需求，但是科研人员普遍反映该方式存在重大弊端：不懂科学技术的军事人员对科研工作造成直接干扰。这段经历使得美国科学界深深怀疑联邦政府组织重大科研攻关的能力，直至第二次世界大战期间美国联邦政府成立科学研究与发展局（Office for Scientific Research and Development，OSRD）才逐渐扭转这种局面。科学研究与发展局的制度创新在于：与大学、研究机构和工业实验室签订项目研究协议，并允许非军方的科研人员继续留在大学、研究机构和工业实验室开展项目研究。这种制度既明确了项目研究的军事目标，又保持了科学家的自主性，并在第二次世界大战到冷战结束（阶段一）这段时期内逐渐发展成熟，形成以“国有民营”为显著特点的美国国家实验室系统（白春礼，2013），该系统也成为美国联邦政府组织重大问题科技攻关的重要组织形态。

20 世纪八九十年代到 21 世纪初（阶段二），美国进入重大问题导向下科学组织的第二个发展阶段。该阶段初步形成了美国联邦政府在重大科研任务组织方式上的两个分支。第一个分支是国家实验室系统。冷战结束使美国国家实验室系统面临着生存危机，其存废问题成为美国学术界和政界激烈争论的话题（Galvin Task Force，1995）。最终，国会和联邦政府同意保留国家实验室这套完整建制，但是要求其调整使命和定位（Government Accountability Office，1995），从之前以军事和太空竞赛为重心转向与经济社会联系更为紧密的领域，如能源、生命健康、纳米材料等，基于大科学装置联合科研机构、大学和企业开展多学科交叉研究（肖小溪等，2016）。第二个分支是美国研究型大学的非法人研究中心。之前，分散在美国各研究型大学的科学家，在开展兴趣导向的科研项目的同时，可以竞标国防部高级研究计划署、国立卫生研究院及国家科学基金会等联邦资助机构以重大问题为导向的研究项目。80 年代以来，以国立卫生研究院及国家科学基金会为代表的联邦资助机构开始进行较大规模、较长周期的资助，帮助研究型大学成立以多学科跨领域合作研究为特点的非法人研究中心。这类非法人研究中心致力于组织多学科领域科学家联合攻关，多主体合作共同应对全球性重大问题，是对大学、科研机构原有以学科为主的组织模式的一种重要补充。

近 10 年来（阶段三），美国联邦政府在重大科研任务组织方式上的两个分支（国家实验室系统 + 非法人研究中心）继续发展和完善。一方面，国家实验室系统加快了转型步伐。例如，近些年来围绕提升美国制造业这一重大目标，美国能源部的国家实验室纷纷开始联合其他科研机构、大学和企业等成立了一批新型研究所（Hart and Singer，2018）。另一方面，随着融合科学范式的兴起，美国研究型大学的非法人研究中心进一步发展壮大，特别是成立了一批具有典型融合科学特点的非法人研究中心。此外，以怀斯研究所为代表的一些非法人融合科学中心，根据发展的需要开始朝着法人化的方向发展。

7.1.2 欧洲路径

欧洲在历史上曾经四度出现世界科学中心（分别是 16 世纪的意大利、17 世纪的英国、18 世纪的法国和 19 世纪的德国），彰显了欧洲悠久的科学文化传统。这种深厚的科学传统培育了科学自治的文化，使得欧洲国家在科研组织形态的发展方面相比美国而言更传统，直到 20 世纪中叶欧洲主要国家才逐渐开始以非法人研究中心的方式进行变革。

以德国为例，自启蒙运动以来，德国逐渐培育出独立思考的自由精神，洪堡大学率先将科研作为大学的重要职责，直接促进了德国科学的大发展。在德国作为世界科学中心的近 100 年内，德国科学界逐渐建立起来一套成熟的职业规范，德国科学家的职业素养也逐渐形成，这些都使得德国的科学研究事业具备很高的自治能力。加之第二次世界大战后德国人对希特勒时期“国家统制”的理念非常反感，并延伸到科技、经济和社会等各个方面，使得德国人对有可能造成国家垄断的各种措施都持谨慎或否定的态度。由此，长期以来德国联邦政府的诉求只能非常有限地融入科技界，德国的科学组织形态主体上延续 PI 制或者小团队的方式。这种局面近年来有所改观。一方面，2016 年德国联邦政府通过德国科学基金会（Deutsche Forschungsgemeinschaft，DFG）实施“精英战略”资助计划，特别是该计划当中的“精英集群”（exzellenzcluster）子计划旨在围绕重大科学问题发掘大学的研究潜力，推动德国大学内部以及大学之间、大学与其他机构（科研机构、企业等）之间的多学科合作。另一方面，德国大学内部也开始涌现出具有融合科学性质的跨学科中心，如柏林工业大学、慕尼黑工业大学等在传统学术组织结构（大学 – 院系 – 研究所）的基础之上建立了多种跨学科的研究组织，聚焦于一个具有共同研究兴趣或经济利益的研究主题，打破原有的院系划分，将不同院系的科学家汇集到一起进行跨学科交流与研究（张炜，2003；张炜和钟雨婷，2016）。

欧洲其他国家也纷纷拓展以非法人中心的方式凝聚优势科研力量开展重大问题导向的研究。例如，法国在非法人中心式的科研组织方面在欧洲国家当中属于先行者。自 1966 年起，法国最大的科研机构——法国国家科研中心开始实行与大学或企业联合建立非法人研究单元（实验室）的制度，并逐渐建立了管理非法人单元的一套完整体系。这些非法人单元一般是基于大学或企业的优势科研团队设立的，被纳入法国国家科研中心的管理序列，冠以国家科研中心研究单元的名称，国家科研中心与共建方通过签订合作协议的方式确定明确的研究工作目标、任务和考核指标，约定双方在经费、人员和后勤等方面的责任和义务。近些年来法国国家科研中心正在大力推动改革，其改革举措之一是为适应重大科学产出对跨学科、成建制科研联合攻关的需求，在科研组织上组建 10 个创新院，分别统领生命科学、生态环境、信息等的非法人单元，共同解决重大问题（盛夏，2018）。英国近些年一方面在对大学科研的评价改革 [高等院校的科研评估活动（research assessment exercise，RAE）向科研卓越框架（REF）的转变] 中突出强调对科研工作产生的经济社会影响的评价；另一方面则推动英国研究理事会总会与英国创新署等机构的合并，既体现科研资助格局的变化，也有利于促进英国研究理事会总会下属的各研究所 / 中心与大学、企业开展更紧密的合作。

综上所述，由于科学文化传统以及路径依赖等多方面因素，美国与欧洲国家在重大问题导向下的科研组织变革方面呈现出不同的发展路径，但总体上都呈现出与融合科学相一致的发展趋势。美国路径的形成是由于原有国家实验室系统没有能够很好地满足重大经济社会发展的需要，而大学传统 PI 制又以兴趣导向为主，因而在融合科学时代催生了国家实验室的改革以及研究型大学的中心式组织。欧洲国家早期主要是以科学家个人或者小团队的方式来开展问题导向的研究，在目标相对明确、问题相对单一的研究中取得了成功。但是，当经济社会问题越来越复杂时，仅凭小团队及单一学科不足以应对，欧洲国家也逐渐开始重视符合融合科学特点的新型科研组织，先后启动非法人研究中心的改革发展道路。

7.2 分散型的非法人组织

分散型的融合科学非法人研究中心一般由国家层面提供资助。这类非法人组织不具有法人地位，瞄准重大经济社会问题的解决，开展多学科交叉融合的研究，并且人员分散在不同的物理空间，通过分布式网络跨越机构边界进行合作。

7.2.1 美国国家科学基金会资助的工程研究中心

美国国家科学基金会资助的工程研究中心（Engineering Research Center，ERC）始于 20 世纪 80 年代，其初衷是推动工程学的教育和研究，以助力美国迎接在新时代面临的工业制造、计算机数据处理等方面的挑战和机遇。美国国家工程院进一步明确，国家科学基金会资助的工程研究中心要实现改善美国工程学研究和教育、帮助美国在全球市场中保持竞争力的目标，应在学术界和产业界之间建立伙伴关系，推动知识和技术的转移，创造多学科交叉融合的文化，引导学生和产业界人士在技术研发方面开展合作。由此，美国国家科学基金会确定了工程研究中心的基本定位——通过多学科知识的融合及学术界与产业界的紧密合作，创造复杂的、成系统的技术，解决美国产业界面临的重大难题，帮助美国在全球竞争中保持优势（NSF，2015b）。目前，美国国家科学基金会资助的工程研究中心正在以“融合科学”的理念为框架进行进一步的优化（Akbar et al.，2017），其口号“联结科学发现与创新”（linking discovery to innovation），高度概括了这类中心的使命和定位。

（1）聚焦于产业发展重大技术问题

美国国家科学基金会自 1985 年成立第一批 6 家工程研究中心至 2016 年，共资助 67 家工程研究中心（截至 2016 年还在资助期的工程研究中心有 17 家），它们分布在美国不同的大学。这些工程研究中心聚焦于不同的产业技术领域（NSF，2016b）：第一批工程研究中心主要聚焦于制造业和商业设计；第二批工程研究中心则开始在信息、微电子、生物技术、医疗服务等产业中布局；第三批工程研究中心开始涉猎纳米技术、传感和能源产业。目前，国家科学基金会正在资助的工程研究中心主要围绕四大产业技术：先进制造，生物技术和医疗，能源可持续性和基础设施，微电子、传感和信息技术。进一步，国家科学基金会要求每一个工程研究中心自申请成立伊始就要明确该中心的战略定位，并在战略规划和愿景中强调科研与教育的融合、科学与工程领域中不同学科的融合、学术界与产业界的合作伙伴关系，以及经济全球化背景下工程师队伍在服务国家需求方面的作用。这个特点使得国家科学基金会的工程研究中心制度成为美国乃至其他国家许多研究中心效仿的模型（NSF，2016b）。

（2）联邦机构提供限期资助

一般而言，工程研究中心由学术界、产业界和国家科学基金会三方共建（少数中心还涉及地方政府或者是联邦其他机构）。国家科学基金会对工程研究中心的资助一般不超过 10 年。在最初的 10 年时间中，工程研究中心与产业界、大学和其他政府部门建立起牢固的合作关系。10 年过去后，国家科学基金会不再为这些中心提供资助，其合作伙伴将提供中心发展所需资金。需要指出的是，最初 10 年国家科学基金会对工程研究中心的资助也是分阶段进行的，一般而言前期资助力度较大，最后 2 年的资助力度较小。2016 财年数据表明，国家科学基金会对每一个处于最后 2 年资助期的工程研究中心的平均资助力度为 268 万美元，而对处于前面 8 年资助期的工程研究中心的平均资助力度为 350 万～480 万美元。以国家科学基金会资助的合成生物学工程研究中心为例，目前，国家科学基金会对该中心的资助已经结束。在国家科学基金会资助的 10 年期间，该中心已经与工程生物学领域相关的学术界、产业界和其他政府部门形成了良好的合作网络。因此，国家科学基金会资助结束后，该中心转变为一个名为“工程生物学研究联盟”的非营利法人组织，经费来源于成员机构每年的会费以及国家科学基金会等联邦机构的课题费。该联盟继续延续工程研究中心在产学研合作方面的优势，推动工程生物学研究满足国家和全球的需求。

（3）跨空间、跨机构、跨学科的虚拟中心

国家科学基金会资助的工程研究中心一般由牵头大学和几家其他机构共同成立，主要开展经过战略性布局的、系统驱动的跨学科研究。合成生物学工程研究中心（ERC on Synthetic Biology）成立于 2006 年，是国家科学基金会资助的所有工程研究中心中具有融合科学特征的典型代表。该中心牵头大学为加利福尼亚大学伯克利分校，成员大学还包括哈佛大学、麻省理工学院、普雷里维尤农业和机械大学、加利福尼亚大学旧金山分校等。该中心以来自美国 18 所大学的 37 位教授及其上百位研究生和博士后为研发主体，此外，还有 47 家企业作为成员参与该中心的产业项目。该中心的行政总部位于牵头单位加利福尼亚大学伯克利分校，该校设有一处 3.6 万平方英尺①的中心办公区域。一方面，该中心的成员企业从自身面临的技术需求出发，为中心的研发活动提出明确需求，帮助研发人员凝练出满足产业技术需求的基础性研究课题；另一方面，这些企业人员也参与指导博士生和博士后，甚至直接聘用毕业生到企业工作。此外，这些企业每年缴纳一定会费以支持中心的运行。

7.2.2 韩国国家科学技术研究理事会的融合研究中心

2013 年，韩国国家科技和产业管理部门进行改组，组建未来创造科学部。2014 年 7 月，韩国原有的基础科学技术理事会和产业科学技术理事会进行合并，成立韩国国家科学技术研究理事会，其成为韩国政府未来创造科学部下属的、统管韩国中央政府资助的国立科研机构的组织。近年来，韩国科学技术研究理事会大力推行融合科学的理念和实践，调整理事会的组织架构，牵动下辖的国立科研机构资助了若干融合研究中心（Convergence Research Center，CRC），以此作为推动融合科学进而推动韩国科研体系变革的重要

① 1 平方英尺 $=9.290\ 304\times10^{-2}$ 平方米。

举措之一。

这些融合研究中心的基本定位是：解决国家、社会、产业发展中遇到的基础性技术难题；联合产业界共同开展需求导向的研发项目。具体来看，韩国国家科学技术研究理事会将这类融合研究中心分为两类进行遴选和资助（表7-1），一类是未来引领型的研究中心，另一类是商业化导向型的研究中心。

表7-1　韩国国家科学技术研究理事会遴选和资助的两类融合研究中心

主要特征	未来引领型的研究中心	商业化导向型的研究中心
基本定位和目的	解决国家、社会、产业发展中遇到的基础性技术难题	联合产业界共同开展需求导向的研发项目
机构构成	至少由韩国国家科学技术研究理事会下辖的两个国立科研机构共同组成； 国内外的企业、大学、科研机构都可以参与	至少由韩国国家科学技术研究理事会下辖的两个国立科研机构共同组成； 国内外的企业、大学、科研机构都可以参与（其中，必须有企业参与）
资助期限	最长为6年，采用“3年+3年”的资助方式	最长为3年
资金投入	对每个研究中心的经费投入是每年40亿～80亿韩元，其中： ①韩国国家科学技术研究理事会提供的资金约为50亿韩元； ②参与的国立科研机构匹配资金总量需达到韩国国家科学技术研究理事会投入资助的一半以上	
组建原则	①牵头的国立科研机构必须提供一个科研和行政管理的集中办公场所； ②来自国立科研机构的科研人员必须投入70%的科研时间； ③来自国立科研机构的科研人员需要到集中办公场所工作，其他机构的科研人员可以在原单位办公	

资料来源：National Research Council of Science &Technology. 2014. Formation of Research Cooperation Ecosystem. https：//www.nst.re.kr/nst_en/work/02_01.jsp[2019-2-3].

自2014年以来，已经启动的融合研究中心一共有11个，其中未来引领型的研究中心有6个，商业化导向型的研究中心有5个。这些融合研究中心一般都有一个明确的目标。例如，2015年启动的“未来能源工厂”融合研究中心的目标是开发一种高效能、低排放的能源生产技术。该中心由韩国能源研究所的Jae-gu Lee博士牵头，资助期限是自2015年12月到2021年12月，资助金额是625亿韩元（约合人民币3.7亿元），其中韩国国家科学技术研究理事会投入资金310亿韩元，韩国能源研究所投入资金315亿韩元。其他参与此中心的国立科研机构包括韩国工业技术研究所、韩国标准和科学研究所、韩国机械和材料研究所，参与企业主要包括韩国现代工程公司等五家（NST，2014b）。

为推动融合研究中心完成使命和目标，韩国国家科学技术研究理事会为其建立了制度化的评估机制（图7-1）。一方面，该理事会组织专家主要是以1.5年为间隔，对融合研究中心开展阶段性检查和终期评估。例如，中心成立半年后，要对中心的运行状态进行检查，重点关注研究团队的成立和运行情况；运行1.5年后，主要针对阶段性研究进展情况进行评估；运行3年后，主要针对中心目标的完成情况以及取得的科研成果进行评估。对于未来引领型的研究中心，此次评估结果将决定该中心是否能够获得第二个资助期的资助；并且，未来引领型的研究中心还将在运行4.5年后接受阶段性研究进展的评估，并在6年运行期结束时接受终期评估——主要针对中心目标完成情况及科研成果。另一方面，韩国国家科学技术研究理事会还为每一个融合研究中心任命一名专门的评估专家，在中心整个生命周期中提供咨询建议、参与该中心的各项阶段性检查和终期评估，并且每个季度都提供一次常规性的咨询建议，在中心运行和管理中发挥"负责任的咨询专家"角色。这位评估专家的人选一般来自韩国国家科学技术研究理事会在该中心遴选阶段所设立的评估专家组。

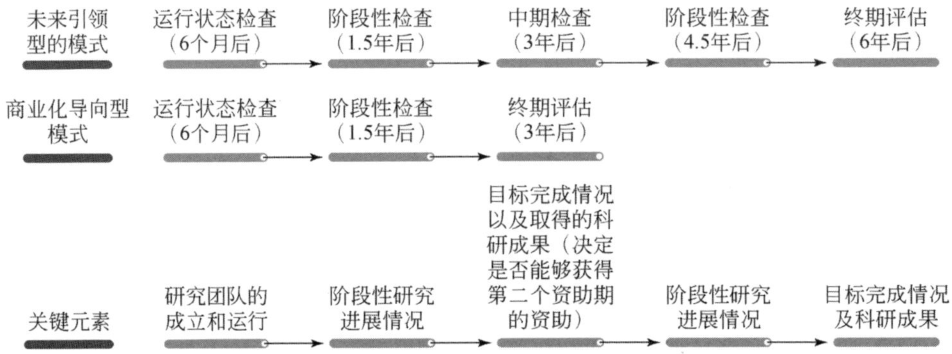

图7-1　融合研究中心的评估制度

资料来源：National Research Council of Science and Technology. FEP Convergence Research Center. https：//www.nst.re.kr/nst_en/popup/popup_en_FEP.jsp[2019-2-3].

7.3 集中型的非法人组织

相比分散型的非法人组织，集中型的非法人组织最大的特点是在物理空间上把不同机构的人员聚集在一起。近几年的研究表明，适当地改变组织的物理环境有利于不同思想的交叉和融合（Lehrer，2012；Seelig，2012），从而催生创造力。一些大型公司[如美国3M公司、国际商业机器（IBM）公司等]安排科学家在不同部门中轮岗，以此来激发创造性思维。卡内基·梅隆大学、麻省理工学院等大学也允许博士生在不同实验室中进行轮换。越来越多的大学，如加利福尼亚大学洛杉矶分校和首尔国立大学，则专门设立了鼓励多学科交叉的园区。除此之外，越来越多由国家资助或者大学/研究所层面自发形成的融合科学研究组织采用集中组织和管理的方式运行。

7.3.1 美国麻省理工学院科赫研究所

麻省理工学院的科赫研究所（Koch Institute）正式成立于2010年，该研究所是美国融合科学范式的主要发源地，目前融合科学的主要倡导者、诺贝尔生理学或医学奖得主、麻省理工学院的学院教授（institute professor）菲利普·A. 夏普（Phillip A. Sharp）等任职于该研究所。

科赫研究所成立伊始便确立了通过多学科交叉融合的方式改进癌症检测、治疗和预防手段并最终根除癌症的目标，以解决人类健康面临的紧迫挑战。该研究所的前身是麻省理工学院癌症研究中心。原癌症研究中心的科研人员共29位，约占科赫研究所现科研人员总数的1/2；这些人员在研究所的集中办公大楼工作，属于所内科研人员（intramural faculty）。研究所另外约30位科研人员属于所外科研人员（extramural faculty），主要分散在麻省理工学院其他院系；这些人员认同科赫研究所的愿景及目标，通过承担研究所的外拨科研项目与所内科研人员开展合作。所内科研人员和所外科研人员的专业背景主要覆盖了生物、化学、机械、材料、计算机、临床医学等。目前，该研究所的科研人员（包含所内和所外两部分）中有5位诺贝尔奖获得者、8位美国国家科学奖章与国家技术和创新奖章获得者、9位美国国家工程院院士、20位美国国家科学院院士、15位美国国家医学院院士和9位美国霍华德·

休斯医学研究所研究员。此外，该研究所还通过网络化机制紧密联系来自学术界、临床界和产业界的1000余位合作者，涉及全球50多个机构。

目前，科赫研究所聚焦于癌症前沿研究，主要包括五大研究主题：发展基于纳米技术的癌症治疗技术，创造新的癌症检测和监测设备，探索癌症转移的分子和细胞基础，通过分析癌症途径和耐药性推进个性化医疗，以及设计免疫系统对抗癌症。每个研究主题都代表着当前癌症研究中面临的重大挑战，一般由研究人员、学生和技术支撑人员组成的跨学科团队合作攻关，还包括与临床中心和行业的合作。目前，该研究所的学术委员会有9位成员，其中：1位来自哈佛大学医学院附属波士顿儿童医院，3位来自冷泉港实验室等科研机构，5位分别来自哥伦比亚大学、德克萨斯大学奥斯汀分校、俄勒冈健康与科学大学、斯坦福大学、北卡罗来纳大学教堂山分校。

（1）设施与工作环境

该研究所为不同专业背景的成员精心设计了一个有利于交叉融合的办公环境。这些不同学科背景的研究者集中在一栋办公楼工作（图7-2），且该建筑楼的平面规划（如实验室的安置和公共讨论区的设立）都经过了深思熟虑，旨在为不同研究者之间的正式研讨或非正式交流提供便利。每个研究楼层都设有生物科学与工程实验室和公共区域（如浴室和电梯），且都设置在一个环绕本楼层的跑道走廊，以增加不同领域研究人员相遇的机会。这种空间位置上的相互接近以及人为创造出来的相遇机会，均可增加不同领域研究人员之间交流与合作的机会，从而促进学术产出。与那些成员分散在不同地理位置的研究中心相比，这种处于同一空间的研究中心更容易促进交叉融合的创新成果。

图7-2　麻省理工学院科赫研究所大楼

资料来源：The Koch Institute for Integrative Cancer Research. About the Koch Institute. http：//ki.mit.edu/approach/ki[2019-2-3].

（2）经费来源

该研究所依托联邦政府和企业资金的共同支持，并通过合作研究与企业界建立起伙伴关系。①来自政府机构的资助。美国国立卫生研究院作为主要的资助方，主要通过其下属的国立癌症研究所（National Cancer Institute，NCI）为科赫研究所提供建设和运行资金，以及科研项目资金。具体来看，科赫研究所受益于国立癌症研究所在全美范围内遴选并资助的 12 个肿瘤研究中心之一的经费。隶属于麻省理工学院科赫研究所的这个肿瘤研究中心是由美国的麻省理工学院、哈佛大学、加利福尼亚大学旧金山分校、哈佛医学院、波士顿学院、布里格姆和妇女医院（Brigham and Women's Hospital）以及荷兰的胡布勒支研究所（Hubrecht Institute）合作成立的。此外，科赫研究所也是麻省 – 哈佛癌症纳米技术卓越中心（MIT-Harvard Center of Cancer Nanotechnology Excellence）的重要成员（其他成员还包括美国哈佛医学院、麻省总医院、布里格姆和妇女医院等），而该中心是国立癌症研究所资助的 8 个癌症纳米技术卓越中心之一。与此同时，2010 年以来，科赫研究所还参加了国立癌症研究所的癌症整合生物学项目。无论是对研究所的资助还是对项目的资助，美国联邦经费均是科赫研究所研究人员的主要经费来源。②来自企业的资助。企业作为用户方和参与者，通过合作研究等方式提供研究资金的支持。例如，科赫研究所与 Ortho-McNeil-Janssen 医药有限公司建立起伙伴关系，双方最初的 5 年合作协议主要致力于推动癌症诊断、癌变前生物学、癌症疾病基因模型和肿瘤微环境等方面的肿瘤学研究以及相关技术开发。一个由双方研究人员共同组成的科学顾问委员会负责对科赫研究所研究人员提交的申请书进行评议和筛选。此外，该协议中还允许 Ortho-McNeil-Janssen 医药有限公司的研究人员在科赫研究所的实验室里担任访问学者并参与研究项目。

（3）数据开放共享

研究所层面大力倡导数据开放共享的文化，并通过一系列机制建设激励和引导科研人员在研究所层面与外部科技界进行数据开放共享。一方面，科赫研究所近年来举办多次有关“开放科学”和“开放数据”的公开讲座或研讨活动，推动研究所层面数据开放共享的文化建设。例如，每年 4 月，科赫研究所都要举办一次有关“开放科学”和“开放数据”的公众活动，事实上这也是麻省理工学院的惯例。2015 年 4 月，科赫研究所举办了题为“开放数据、开放思维”的公开讲座；2016 年 4 月，科赫研究所举办了题为“打开大门、开放思维”的公开实验室活动，来自麻省理工学院不同院系的 16 个实验室参与其中。此外，科赫研究所围绕癌症研究，邀请来自不同大学或研究所的研究人员，持续举办多个跨学科研讨会，如精准癌症医学研讨会、免疫工程研讨会、利帕德纪念讲座、With-In-Sight 系列讲座、研究所夏季研讨会等，这些研讨会的重要报告均以视频形式在科赫研究所官网公开。另一方面，在患者知情同意的前提下和尊重数据（特别是个人健康数据）隐秘性的基础上，科赫研究所鼓励患者、科学家、医生和工程师之间进行数据共享。例如，2007 年在科赫研究所开展的一项研究中，一位志愿者参加了该项目的磁共振成像。出于好奇，该志愿者主动要求对自己大脑进行扫描，结果意外得知自己大脑嗅觉中心附近有异常状况。该志愿者于是主动要求并最终获取了自己的磁共振成像原始数据以及之后的脑癌手术过程录像。在成功治愈脑癌后，他主动公开个人基因组数据、原始健康数据，并与医学领域、材料领域的科学家、工程技术专家共享。经过科学家的协作，最终促成了肿瘤、大脑和外科修复头骨的数字和三维打印模型的构建（Leonardi，2015）。这个成功案例成为科赫研究所通过数据开放共享和融合科学范式解决实际问题的典型。

（4）其他内部科研组织和运行方面

一方面，科赫研究所专门设立了一个前沿研究项目，目的是支持科赫研究所的研究人员开展风险高、探索性强、需要深度合作的研究。这类研究往往由于其风险过高而难以通过联邦政府机构（如国立癌症研究所）的评议机制，但是科赫研究所认可其在解决健康相关重大问题上的重要性。另一方面，科赫研究所为所有研究者提供了 14 个共享的仪器设施，并推动基于这些仪器设施的多学科合作。这些设施的购买和运行成本主要由国立癌症研究所和美国斯旺森（Swanson）健康产品公司共同提供，并且遵循国立卫生研究院有关材料、设备等的资源共享政策要求。此外，在人员培训和教育方面，科赫研究所要求所有人员既要在特定学科范畴内具备扎实的知识和技能，又要在学科交叉融合研究方面接受完善的教育和培训。例如，科赫研究所鼓励研究生选修不同的专业课程和参与不同的研究项目（例如，主修机械工程学的博士可以辅修合成生物学）。再如，由印度必奥康（Biocon）生物科技公司资助的国际肿瘤学研究人员双边合作项目，以印度的癌症研究培训为基础，为来自印度的博士后、工程师和医生提供在生物学、医学、数学、工程学、计算机科学、物理学和化学等不同领域工作和学习的机会。经过两年培训，这些研究人员将返回印度，帮助印度启动癌症研究项目。同时，作为该项目的一部分，麻省理工学院的教员也前往印度与当地科学家进行交流。

7.3.2 美国国立卫生研究院资助的系统生物学中心

系统生物学是21世纪初兴起并发展起来的一个具有典型融合科学特点的研究方向。迄今为止，美国国立卫生研究院下辖的国立综合医学研究所（National Institute of General Medical Sciences，NIGMS）在美国境内遴选和资助了21个系统生物学研究中心，其中14个中心正处于资助期内，有7个中心的资助期已经结束。

国立综合医学研究所对这批系统生物学研究中心的资助分为两个周期。第一个资助期最长为5年，此后中心提交申请并经过评议，可以再获得最多5年的第二个资助期。换言之，每个中心最多可以获得来自国立综合医学研究所为期10年的资助，每个中心每年最多获得200万美元的直接经费（NIGMS，2013）。按照国立卫生研究院的资助政策，研究中心每年要提交一份进展报告和一份财务报告，资助期结束后要提交一份终期报告以及所有实验数据。并且，第一个5年资助期当中的第三年，国立综合医学研究所将组织开展对研究中心的现场评估，主要评估该研究中心在科学研究、科研培训、发挥影响和人员招聘多样性等方面的进展情况（NIH，2014）。现场评估的结果将决定第五年的经费是否拨付，同时在第一个资助期的最后一年（第五年），国立综合医学研究所将向该研究中心主任说明，是否有意邀请该中心提交第二个5年资助期的申请。研究中心主任提交第二个资助期的申请并通过专家评议之后，国立综合医学研究所将提供第二个资助期的经费。需要特别说明的是，无论是第一个资助期还是第二个资助期，都需要在申请书中写明这段时期所针对的研究主题，且原则上两个资助期的研究主题不能雷同，但应存在一定的逻辑关联。此外，每年国立综合医学研究所组织其资助的所有系统生物学研究中心进行一次会议交流。会议通常由1～2个受资助的研究中心举办，为期两天。作为举办方的研究中心负责人在会议上发表主旨报告，其他研究中心进行会议报告，国立综合医学研究所负责系统生物学研究中心资助和管理的人员也将参会。

按照国立综合医学研究所遴选和资助系统生物学研究中心的基本定位，这些研究中心主要针对系统生物学这一新兴的融合科学领域开展科研和教育。以加利福尼亚大学圣迭戈分校的系统生物学研究中心（Center for Systems Biology）为例，该中心正式成立于2010年，其前身是该大学为推动技术人员、实验生物学家和计算生物学家之间合作而发起的系统生物学联盟。2010年，该联盟申请国立综合医学研究所的系统生物学研究中心资助，并顺利通过评议，获得1500万美元的资助。其使命和定位是：通过该中心推动系统生物学在大圣迭戈地区的研究和应用，并且成为系统生物学相关教育和培训的重要机构。目前，该中心聚集了来自大圣迭戈多利松地区（Torrey Pines Mesa）四家大学或研究所的19位杰出研究人员和100多位技术人员及学生。其中，加利福尼亚大学圣迭戈分校是牵头单位，目前的两位联合主任、一位副主任和一位助理主任分别来自该校的不同院系。2015年，该中心通过再次提交申请并通过评议，获得国立综合医学研究所的第二个5年期资助。第二期资助的研究主题是探讨如何将系统生物学中的两种相互分离、各有优劣的研究方法（网络图谱方法和数学建模方法）进行结合。

该中心的外部专家委员会由9位成员组成，成员均来自美国或者加拿大在系统生物学方面的顶尖学者。外部专家委员会每年至少对中心进行一次评议并给出意见和建议。外部专家委员会成员通常于每年春季聚集在圣迭戈举办的季度研讨会。中心管理人员将提前准备好的中心详细进展报告提交给外部专家委员会。外部专家委员会除了阅读这份进展报告，还要实地走访中心的主要研究团队，并且和研究人员、青年学者和研究生一起召开闭门会议。每年的评议流程结束后，外部专家委员会将提交一份书面的年度评议报告。

在国立综合医学研究所提供资助的第一个5年资助期（2010～2015年），该中心启动多项措施引导不同学科背景的人员开展合作，促进融合科学，推动系统生物学的发展。例如，该中心在每年1月的某个周末举办一次科学招待会，向中心所有研究人员和学生免费开放。为了加强人员之间的互动，科学招待会的形式非常活泼，既安排若干项目负责人进行学术报告，又为青年学者和研究生提供快速展示的“flash talk”环节，甚至还专门安排游戏和聚餐。自2015年开始，该中心每季度举办一次研讨会，青年学者（如博士后和研究生）进行简短发言。此外，该中心每个星期举办一次期刊俱乐部，邀请该中心或者其他单位的研究人员介绍和交流研究工作。

7.3.3 美国佐治亚理工学院帕克 •H. 佩蒂特生物工程与生物科学研究所

佐治亚理工学院生物工程和生物科学领域的帕克 •H. 佩蒂特生物工程与生物科学研究所（Parker H. Petit Institute for Bioengineering and Bioscience）成立于 1995 年。相比其他大学而言，佐治亚理工学院进入这个学科领域较晚，但是通过以多学科交叉融合的方式来建设该研究所，取得了后来居上的效果。基于交叉融合的发展思路，该研究所定位于聚集工程师、科学家和临床医生等不同人员，共同解决复杂的科学问题，并将研究成果转化为切实改变治疗手段的解决方案。2017 年，该研究所共有 207 位研究人员，其中工程师 100 位，科学家 81 位，临床医生 26 位。该研究所下设十多个研究中心，其中绝大多数是由多种学科背景的人员组成。

1999 年，该研究所搬入了一栋新楼，改变了之前人员分散的状况，为推动学科交叉融合创造了有利条件。由于在特定领域长期工作的资深科研人员（尤其是院系主任）一般具有强烈的“学科领地”意识，而学科之间碰撞、交叉、融合的火花往往发端于不同学科背景的青年研究人员（包括研究生和博士后）之间的交谈，因此，该研究所非常重视青年研究人员办公区域的空间设计。从鼓励交叉融合的目的出发，青年研究人员办公区域采用了“开放实验室”的概念，尽量减少墙体或隔断的使用，将不同研究组的办公室进行连通。为了进一步创造有利于交叉融合的氛围，该研究所还成立了早餐俱乐部，每个月选择一个周二的早晨举办一次早餐聚会，邀请该研究所的工程师、科学家或临床医生进行报告，让不同学科背景的人员利用早餐时间进行交流。此外，该研究所的咖啡厅每月也会举行对所有人员开放的交流活动。

在科研活动的资助方面，该研究所主要通过研究所层面以及中心层面的多个种子基金项目资助融合科学，为后期申请联邦项目或者产业界项目进行前期预研部署。需要特别指出的是，在常规的项目申请环节，融合科学研究容易引起评议专家的非共识，因而种子基金项目对于融合科学而言具有重要意义。据统计，2017 年该研究所资助的种子基金项目总额度为 85 万美元，而当年该研究所获得的外部项目资助（主要是联邦项目）总额度约为 6900 万美元。

（1）研究所层面的种子基金项目

该研究所设立了一个名为“佩蒂特研究所跨学科研究种子基金”的双 PI 制项目类型，致力于资助通过融合科学方式开展的预研，为后续项目申请收集前期预研数据。该种子基金项目要求两位 PI 中有一位来自佐治亚理工学院的科学研究领域，另一位来自该学院的工程研究领域，且两位 PI 之前没有合作经历（以合作发表论著或者共同申请项目为标准）。此外，这个双 PI 制的资助项目更加明确科学家和工程师在融合科学研究中具有平等合作的地位，而不仅仅是科学家借用工程师的技术或者手段。

该种子基金项目资助期为两年，每年的资助额度是 5 万美元。一般而言，研究所每年组织专家委员会择优遴选 4 份项目申请书进行资助。但是，第二年经费拨付的前提是该项目两位 PI 在种子基金启动后的 1 年或者 2 年内向联邦机构（主要是国立卫生研究院 R21/R01 项目或相当级别的项目）提交进一步合作的项目申请。为了鼓励更多的交叉融合研究，该种子基金项目规定每位项目 PI 不得同时开展两项种子基金项目，并且种子基金项目完成后需要等待至少 3 年才能再次申请该种子基金项目资助。该研究所还规定，种子基金项目的申请书正文不得超过两页，需要包括研究目标及重要性、关键方法、长期影响、后续联邦项目的申请计划等内容，且每位 PI 的简历不得超过两页。

种子基金项目获得资助后，第一年项目执行结束时需要提交一份进度报告，并且该研究所鼓励项目 PI 在种子基金项目基础上向联邦相关部门提交申请书。如果没有提交后续的联邦项目申请书，也没有提交令人满意的年度进度报告，那么该种子基金的第二年资助将被迫中止。两年执行期执行后，项目 PI 应在项目结束 30 天之内提交最终的项目报告。此外，项目结束后的 3 年时间内，项目 PI 每年应至少提交一份年度报告，对后续研究进展进行说明，并且要提交相关的论文发表情况和后续研究资助情况。

（2）研究中心层面的种子基金项目

该研究所的各研究中心也设立了中心层面的种子基金项目，鼓励多学科交叉融合。例如，该研究所下设的整合癌症研究中心（Integrated Cancer

Research Center，ICRC）专门设立种子基金项目，致力于资助通过融合科学方式开展的癌症研究，特别是资助那些为后续项目申请（如国立卫生研究所R21/R01 项目）收集前期预研数据的研究。该种子基金项目的资助额度是 3 万美元 / 项，每年资助两项，由整合癌症研究中心的战略咨询委员会负责对项目申请书进行评议。该项目的申请书正文不得超过两页，需要包括研究目标及重要性、关键方法、长期影响、后续联邦项目的申请计划等内容（首页、预算、PI 简历、参考文献等不属于正文），且每位 PI 的简历不得超过两页。

7.3.4　美国密歇根大学北校区研究综合园区

2007 年，美国辉瑞制药有限公司宣布将关闭其在密歇根州安阿伯（Ann Arbor）地区的园区。随后，密歇根大学花费 1.08 亿美元购买了这块包括 28 栋建筑物的巨大园区，并将这块园区命名为北校区研究综合园区（North Campus Research Complex，NCRC），重点推动多学科交叉融合研究，特别是针对临床实践中面临的重大难题开展转化型科研，推动从基础研究到实际应用的贯通。2018 年，该园区共有约 3000 位雇员（NAS，2014；NCRC，2017）。

2014 年，密歇根大学北校区研究综合园区集中了来自药剂学、牙科学、公共健康、工程学等学科的科研人员，涉及密歇根大学一半以上的院系。这些科研人员主要形成了 9 个开展融合科学的研究所 / 研究组。密歇根大学北校区研究综合园区项目发展部的负责人科林 • 达克特（Colin Duckett）博士指出，“如果密歇根大学的科研人员离开其所属的院系，搬入北校区研究综合园区参加多学科交叉融合的项目，那么他们在学术论文、科研资助和内部专家评议等方面表现出的科研产出能力将提升约 30%”（NAS，2014）。

密歇根大学北校区研究综合园区的科研项目具有典型的融合科学特点。其中一个典型案例名为生物面上（Biointerfaces）项目。该项目主要由生物医学工程学院和工程学院承担，并且由医学院、牙科学和药剂学的科研人员共同参与。目前，该项目有 21 个实验室，分别聚焦于生物材料、药物传递、纳米技术等不同方向。在项目执行的最初 1.5 年时间内，已经获得了 70 项专利并孵化了 11 家初创型企业。该项目为了鼓励不同学科的交叉融合，启动了一种以特定重大问题为导向的“闪电约会”机制：选定在某个周六早晨，围绕一个相对宽泛的重大问题举行一个公开交流会，密歇根大学任何学科背景的科研人员都可以前来参与交流；交流过程中自然形成的不同话题小组将分别进行进一步的深入探讨，并在当天形成一份由不同学科人员共同参与的课题申请书；该课题申请书在第二天将获得资助，资助额度是 10 万美元或 20 万美元，资助期限是 1 年。

密歇根大学北校区研究综合园区另一个推动学科融合的典型项目名为 MCubed。该项目并不限于北校区研究综合园区，而是延伸到整个密歇根大学。项目为密歇根大学的每位科研人员发放一张存有 2 万美元的银行卡，但是只有在找到另外两位来自其他院系的合作者的情况下，才能由这 3 人共同提取 6 万美元（3 张银行卡）开展一个合作研究课题。需要特别指出的是，该课题不需要经过专家评议就可以启动。

为推动科研与产业结合，密歇根大学北校区研究综合园区还引入多家企业进驻，为同处一个园区内的科研部门和企业之间的合作创造更有利的条件。例如，2016 年全球第二大自动设备提供商——日本电装株式会社进驻园区，入驻之后与园区的医学院、工程学院、交通研究所等研究部门开展合作，2016 年共向这些研究部门委托了 2.8 亿美元的研究资金。与此同时，密歇根大学北校区研究综合园区中还设有推动成果产业化的中介组织，如商业洽谈中心和技术转移中心（下设一个风险投资中心）。这两个中心的职责各有侧重，前者侧重推动科研部门和产业部门的研发合作，鼓励双方共同开展合作研究；后者则侧重技术估价、技术委托合同、专利申请和企业孵化等。

7.3.5 韩国首尔国立大学融合技术高等研究院

首尔国立大学融合技术高等研究院（Advanced Institutes of Convergence Technology，AICT）是在韩国京畿道（Gwanggyo）的资金资助下于 2008 年成立的。该研究院位于韩国首尔南部新城京畿道的技术园区。京畿道是韩国人口最多的道，同时，也拥有大量的产业和高科技基础设施。近些年来，作为一个集科研院所、产业孵化和培训机构为一体的聚集区，京畿道技术园区致力于推动对韩国未来经济发展至关重要的关键技术融合研究和开发。为此，首尔国立大学选择在此设立融合技术高等研究院以及融合科学技术研究生院。融合技术高等研究院的使命是将融合技术的前沿研究与以培养多学科交叉融合人才为目标的科学和工程教育结合起来，共同推动基于融合技术的下一代高科技枢纽中心。事实上，除了融合技术高等研究院，京畿道技术园区还有许多其他的融合技术研发机构，如韩国高等纳米中心、京畿道生物中心、京畿道中小企业中心等。京畿道技术园区周边也分布着一些大型跨国公司，如三星电子公司、现代汽车公司，以及许多高科技中小型企业。这些都使京畿道技术园区在推动韩国融合技术创新方面占据了战略性位置。

首尔国立大学融合技术高等研究院远离该大学的主要园区，为开创一种跨越学科边界的新型组织架构提供了便利。目前，融合技术高等研究院下设4个研究所，这4个研究所设立了约17个研究中心，覆盖了主要的融合科学领域如纳米、生物、健康和信息等。为推动融合科学，融合技术高等研究院为科研人员提供种子基金，并且提供基础设施帮助科研人员将创新的思想转变为项目计划并完成预研。例如，融合技术高等研究院下设的生物融合研究所的科研人员在获得研究所提供的种子基金并完成预研的基础上，成功申请并获得了一项为期10年、总金额达1亿韩元的政府资助项目，其主要研究目标是快速的、低成本的药物关键技术开发。这个项目集中了分子生物学、生物信息学、纳米工程学、自动化等不同学科的研究人员。融合技术高等研究院另一个有影响力的研究主题是未来智能汽车平台项目。项目所瞄准的未来智能汽车将基于环境友好的电力系统，依赖信息技术和云计算技术来实现驾驶的舒适性和安全性。目前，韩国产业界相关公司和融合技术高等研究院共同建立了一个技术卓越研究中心，围绕这个研究主题共同开展研究。

7.4 具有法人地位的非营利组织

相比以非法人属性开展融合科学的组织，具有法人地位且开展融合科学的非营利机构数量较少，但是在推动融合科学方面具有其特殊的机制优势。以下主要介绍怀斯研究所和美国霍华德•休斯医学研究所（The Howard Hughes Medical Institute，HHMI）两个案例。

7.4.1 怀斯研究所

怀斯研究所成立于2009年，初衷是促进与生物学相关的转化研究。一般而言，企业热衷于通过知识产权、专利保护，产品开发等使股东利益最大化，而往往回避高风险的探索性研究。与此相反，学术机构是创新和创造的源泉，但是其价值导向主要是发表学术出版物，而不是申请知识产权并将其转化为产品。这就导致了该研究所的科学研究进步难以产生社会影响。怀斯研究所自成立之初就试图成为一个兼具企业和学术机构特点的机构，并塑造出一种既崇尚学术自由，又关注知识产权、成果应用和产品商业化的机构氛围。因此，怀斯研究所将该研究所的生物相关技术能否被转让或者被商品化作为判断成功与否的标准。该标准进一步分解为学术标准和产业化标准两大方面：学术标准诸如，国际上是否认可其学术方面的领先地位，是否能吸引世界一流的教职人员和学生等；产业化标准诸如，专利分布情况、建立战略联盟的能力、专利许可协议、新孵化企业等（Tolikas et al.，2017）。

为了实现这个目标，怀斯研究所将融合科学作为其科学范式和组织模式，推动多种学科之间的交叉融合，推动知识产权的形成，以及原型的开发、测试和验证，从技术和商业两方面推动相关技术实现实用价值。基于此，怀斯研究所覆盖了哈佛大学的所有学科，并且于2013年正式成为一家具有非营利机构性质的法人组织。之所以要转变为法人组织，一方面是由于怀斯研究所希望在招聘、薪酬等人事制度上获得更大的自主性和独立性，另一方面是由于赞助方的明确要求。怀斯研究所的启动资金主要来自Hansjörg Wyss先生捐赠给哈佛大学的一笔1.25亿美元的慈善资金。此外，哈佛大学也为其提供了一定的启动资金。2014年，Hansjörg Wyss有意将慈善资金增加到2.5亿美元，但是前提条件之一是怀斯研究所成为独立法人（Ingber，2013）。

（1）治理结构

怀斯研究所目前是一个哈佛大学所有、董事会管理的非营利机构。董事会（所长委员会）负责研究所的整体治理，主席是哈佛大学教务长，成员来自哈佛大学工程与医学相关院系的负责人、艺术与科学学院的教职人员代表，以及外部机构（波士顿大学工程系主任、合作医院的首席执行官、企业代表）和个人（主要投资人 Hansjörg Wyss 先生及其代表）。运行委员会负责具体的资源分配及相关决策，成员来自六大使能技术平台的学术带头人。此外，研究所还设立了一个先进技术专家组，成员都是从企业界招聘而来的专家，具有丰富的技术商业化的经验。研究所的行政管理团队具有强烈的企业导向。在招聘行政人员时，既要求认同研究所在企业化、合作性和服务导向方面的组织文化，又要求具有高效的行政事务处理能力。这种企业导向使得该研究所的行政管理团队与初创型企业的管理团队具有很大的相似性，即特别重视通过满足教职人员和研究人员的需求来推动组织使命的实现。通过这种治理结构，怀斯研究所建立起了半自治的研究和行政系统，既与哈佛大学的管理政策相适应，又具有实现研究所目标所需要的灵活性和适应性。

（2）业务部门

怀斯研究所围绕生物相关的使能技术，建立了六个使能技术平台以及两个跨平台的计划，共同构成了八个重大技术主题（表 7-2）。每个重大技术主题都有若干团队参与，共同围绕一类新的使能技术，以期带来新的生物材料或设备的浪潮。这八个重大技术主题的形成并不是“自上而下”的，而是由研究所的人员结合自身研究兴趣和商业市场的技术需求自发形成的，并且可以随着人员的调整和外部需求的变化而进行演变。从本质上来看，这种自发形成的过程有赖于研究人员之间，以及研究人员与市场开发人员甚至是行政人员之间的思想流动和碰撞，同时也有赖于研究所鼓励探索和鼓励冒险的文化氛围。怀斯研究所利用自有资金（慈善资金）支持那些创新性强、风险大的开创性想法，这些想法往往因为不够成熟而难以获得外部资金的资助。一些想法可能会由于试验失败、团队变化等原因不能最终形成具体的研究方案；另一些想法在得到研究所的资助后取得了重要进展，并展示出良好的技术前景。对于后者，研究所将进一步投入来自政府或者企业的经费，并鼓励相关团队从外部申请研究资助，最终推动这些研究从最初的、模糊的概念构想发展出具体应用场景下的原型。

表7-2 怀斯研究所的八个重大技术主题

平台 / 计划名称	内涵
自适应材料技术	用于可持续发展的、能对生物等环境线索做出反应的仿生建筑材料
仿生柔性机器人	能够移动、适应并与人体无缝集成的柔性机器人系统和技术
仿生疗法与诊断	由微系统工程、分子工程、计算设计和体外人体实验技术实现的诊疗技术
免疫材料	能够在体外和体内调节免疫细胞以治疗或诊断疾病的材料系统
活细胞装置	将活细胞和生物电路重新设计成可用于医疗、制造和可持续性领域的可编程装置
分子机器人	具有自我组装能力的分子，这些分子可以像机器人一样编程，从而在不需要动力的情况下完成特定任务
3D（三维）器官工程	可以无缝集成到人体中的高性能、多尺度、带血管的器官移植技术
合成生物学	在从医疗保健到数据存储等多种应用场景下，实现核酸和蛋白质的读取、编写和编辑的突破性方法

资料来源：根据怀斯研究所网页整理 . https：//wyss.harvard.edu/.

（3）技术转化模式——技术创新漏斗

技术创新漏斗（technology innovation funnel）是怀斯研究所实现创新价值链全链条式技术发展的重要模式，推动该研究所的技术研发从最初的构想到实现产业应用（图 7-3）。具体来看，该模式中怀斯研究所对新技术的研发资助分为四个阶段：臭鼬工厂（Skunk Works）[①]、概念验证、技术筛选和商业化。①在小项目（臭鼬工厂）阶段，尽可能利用好学术界的创造性自由精神，通过小额项目资助的方式为技术创新漏斗提供丰富的“原料”，即有关原创性技术的新想法（new ideas）。②在概念验证阶段，一方面，最初的“原料”经过预研完成了自我筛选的过程；另一方面，有着产业界经历的人员以

①臭鼬工厂（Skunk Works）模式在美国商业界研发组织中有着丰富的历史，最早于 1943 年出现在洛克希德公司（现为洛克希德 • 马丁公司）。该模式最大的特色是减少研发过程中的官僚体制，一方面让用户直接介入研发进度，随时掌控研发方向和进展，另一方面让研发人员享有很大自主权，直接面对客户需求，及时将创新想法与用户沟通。

及研究所专门负责商业发展的人员，对“原料”的技术前景也会进行辨别。通过投入更大的资金，最终部分“原料”转化为具有一定可行性的技术概念。③在技术筛选阶段，最具市场价值或者能够带来变革性影响的技术概念将被筛选出来并进一步获得研究所的项目资助。通过项目资助，这些技术研究的技术风险和商业风险都将降低到可控水平，为最后的商业化提供可能。④在商业化阶段，进驻研究所的企业家或者研究所专门负责商业发展的人员将与潜在的投资者或商业伙伴进行接洽，最终将研究所具有商业化价值的技术进行转让或者孵化成公司。

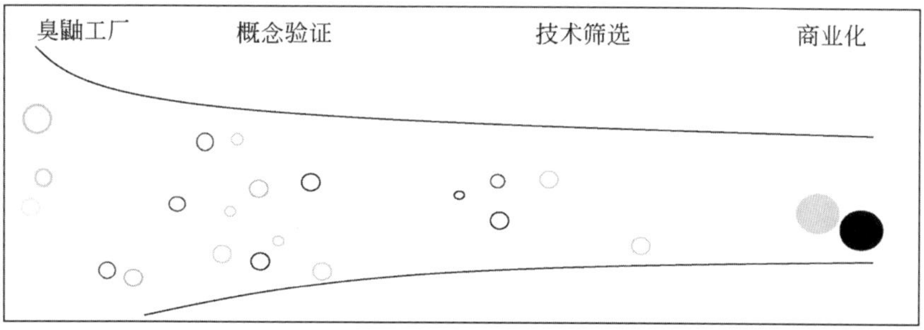

图7-3　怀斯研究所的技术创新漏斗

资料来源：Wyss Institute. Translation. https：//wyss.harvard.edu/translation/[2019-2-3].

7.4.2　美国霍华德•休斯医学研究所

美国霍华德•休斯医学研究所是美国最著名的非营利性机构和私人慈善机构之一。该研究所于 1953 年由美国航空大亨霍华德•休斯创建，总部位于美国首都华盛顿哥伦比亚特区附近的马里兰州切维蔡斯（Chevy Chase）郡。该机构主要支持优秀的科学家而非支持具体的科研项目，长期以来遴选全美乃至全球生物学界最有新颖想法和有影响力的科学家担任霍华德•休斯医学研究所研究人员，但他们的研究仍在原研究机构的实验室进行。截至 2020 年，该研究所共资助 531 位研究人员，其中，有 254 位霍华德•休斯研究员（HHMI investigator），65 位霍华德•休斯教授（HHMI professor）。1978 年以来，在霍华德•休斯医学研究所的支持下已有 32 名科学家获得诺贝尔奖，涉及物理、化学、生理或医药等领域。这些人员基本代表了美国生命科学及相关交叉学科领域最活跃、最富创新能力的研究力量。2006 年，霍华德•休斯医学研究所开始设立珍妮莉亚研究园区（Janelia Research Campus），招聘专职科研人员在园区开展以解决重大问题为导向、具有典型融合科学特点的研究。

（1）珍妮莉亚研究园区的研究组织模式

珍妮莉亚研究园区从设立伊始就设想以颠覆传统的新方式组织科研人员开展探索性的科研，通过一些战略性的改变突破技术和知识之间的壁垒，打开科学领域的大门。2006 ～ 2016 年，珍妮莉亚研究园区资助科研人员开展为期 10 年的长周期研究。2017 年，珍妮莉亚研究园区进入了 15 年期的研究资助模式，以吸引更多的外部科学家加入园区工作。目前，珍妮莉亚研究园区主要围绕机械认知神经科学这个研究主题进行研究资助。针对机械认知神经科学这个研究主题，珍妮莉亚研究园区的研究者试图利用和改变关于神经回路和行为的程序，以探究大脑的认知过程。该研究主题需要工具构建者、生物学家和理论家能够协作，以清除技术、概念和计算上的障碍。

自 2018 年以来，珍妮莉亚研究园区开始尝试通过开放的国际比赛来招聘人才并建立更多的研究领域。有意提交研究领域申请的人员需要具备以下三方面的资格标准：①具有医学博士学位或者其他相关博士学位；②曾经担任重要研究机构（学术、私人或工业）的研究组长；③具有在珍妮莉亚研究园区成为霍华德•休斯医学研究所全职员工的意愿。如果申请人提交的研究领域得到认可，将作为该研究领域带头人获得长达 15 年的支持，估计总预算约为 2.5 亿美元。并且，该研究领域带头人还可以进一步招聘最多 4 位高级组长和大约 10 位杰出青年科研人员，共同围绕该研究领域开展研究。像小型初创公司一样，珍妮莉亚研究园区为每个研究领域设立一个指导委员会（相当于董事会和科学咨询委员会的联合体）来帮助其确定科学方向，和项目科学家共同制定项目总体科学计划，促进技术和协议的改进，并监督进行试验的研究人员。

（2）珍妮莉亚研究园区科研团队的遴选和结构

珍妮莉亚研究园区聚集了由生物学家、计算科学家和工具制造者等组成的综合性研究团队，致力于研究少数具有潜在变革性影响的科学问题。按照职责区分，珍妮莉亚研究园区科研团队分为研究实验室团队、工具开发和理论团队、项目团队和支持团队四种。

其中，研究实验室团队是围绕珍妮莉亚研究园区选定的研究领域开展研究的小组，通常规模小且目标明确，目前共有 53 个团队。工具开发和理论团队致力于开发和传播有效的工具来更好地解决生物学问题。这些团队主要是通过开发工具或者建立理论分析模型来满足珍妮莉亚研究园区以及更大的研究社区内的各种挑战性需求，团队成员与珍妮莉亚研究园区内具有技术冒险精神的生物学家密切合作。这类团队主要包括两类：①分子工具及成像团队，主要包括一批来自物理、化学和生物学科的专家，他们为生物学中的问题开发出具有创造性的解决方案；②计算与理论团队，其主要在计算机科学、计算生物学和数学方面进行研究，并与珍妮莉亚研究园区的生物学家和工具制造者合作，寻找新方法以推动科学发现。项目团队是一种限期聘用的快速反应小组，解决特定问题或者建造单个科学家或实验室无法开发的工具。支持团队与各个研究实验室合作，提供定制的工具、软件和访问最先进设备及设施的方法，解决日常的技术问题。

通过这些不同团队的合作，珍妮莉亚研究园区的科学家可以在园区行政团队的支持下，应对生物医学研究中的重大理论和技术挑战。不同的实验室和项目小组共享显微镜、染料、传感器、遗传试剂、计算工具以及各类解剖数据，并对全世界的科学家开放共享。这项工作以及由此产生的科学互动，极大地推动了珍妮莉亚研究园区的发展。此外，通过与商业伙伴合作，珍妮莉亚研究园区的想法和成果在商业公司转化为新产品，研发形成的新工具也得以广泛应用并获得收益。

7.5 中国的相关实践

中国科学院是我国自然科学最高学术机构、科学技术最高咨询机构、自然科学与高技术综合研究发展中心，是集科研院所、学部、教育机构于一体的国家战略科技力量。全院共有 12 个分院、100 多家科研院所、3 所大学（含 1 所共建大学），建成了完整的自然科学学科体系，具有多学科的综合和建制化优势，在解决关系国家全局和长远发展的重大问题上发挥了不可替代的作用。

2014 年 8 月，中国科学院正式启动实施《“率先行动”计划暨全面深化改革纲要》。其中一项重要改革举措是，根据不同性质科技创新活动的特点和规律，对现有科研机构进行较大力度的系统调整和精简优化，开辟体制机制改革的“政策特区”和“试验田”，着力建设一流科研机构。此后，《中国科学院“十三五”发展规划纲要》中明确提出，面向国家重大需求，组建若干科研任务和国家战略紧密结合、创新链与产业链有机衔接的创新研究院；面向世界科技前沿，建设一批国内领先、国际上有重要影响的卓越创新中心；面向国民经济主战场，依托具有鲜明特色的优势学科，建设一批具有核心竞争力的特色研究所；依托国家重大科技基础设施，建设一批具有国际一流水平、面向国内外开放的大科学研究中心。这一改革动向与国际上融合科学的发展趋势相契合，也体现了中国科学院在组织模式、资源配置方式、人才人事制度、评价制度等方面的思考与实践。这里以脑科学与智能技术卓越创新中心，以及海洋信息技术创新研究院为例进行详述。

（1）脑科学与智能技术卓越创新中心

2015 年，中国科学院成立脑科学与智能技术卓越创新中心（以下简称为“脑智中心”）。脑智中心以中国科学院神经科学研究所和自动化研究所为依托单位，协同 18 家中国科学院院属研究机构和 21 家国内大学、医院和企业。脑智中心协同发展脑科学和类脑研究，在国际上首次实现了脑科学与智能技术领域的实质性融合，在战略布局、科研组织模式、人才培养等方面进行了探索（中国科学报社，2019）。

脑智中心以国家重大战略需求和前沿研究需要为导向，专门拿出一部分稳定经费，支持新颖、独特、有潜力实现重大突破的脑科学和智能技术交叉融合研究课题，遴选具有发展潜力的团队联合攻关。例如，“非人灵长类高级认知功能模型和机理研究”这一重大问题被认为是实现中国神经科学弯道超车的路径，因而作为脑智中心重点布局获得稳定支持。聚焦这一重大问题的攻关团队，不唯学位、不唯头衔，任人唯贤，吸纳各项技术环节的顶尖人才。例如，团队的领导者孙强没有留学经历及头衔；团队的首席兽医王燕只有高中学历，但是在训练猴子等方面经验丰富，被破格聘任为副高级专业技术岗位。在脑智中心的支持下，近年来该团队首次突破体细胞克隆猴技术，推动了基于非人灵长类疾病动物模型的构建，对全新医药研发产业链的形成有重要意义。

在促进不同学科的深度交叉与融合方面，脑智中心采取了“蹲点”制度。中心成员每年必须在其他共建单位全时工作（包括开课、讲座和实验）两个星期以上，通过接触本专业以外的研究领域，探寻跨学科深度合作的机会，促进产出具有融合特性的科研成果。例如，国家纳米科学中心研究员方英在中国科学院神经科学研究所“蹲点”时，与该所研究员李澄宇在讨论中产生了把柔性电极植入脑部的想法，方英团队设计电极，李澄宇团队做生物学实验，在高密度柔性神经流苏及活体神经信号稳定测量方面取得进展。再如，中国科学院计算技术研究所研究员陈云霁、陈天石是脑智中心的年轻骨干，他们在与脑科学研究人员交流中受到启发，借鉴脑科学神经网络的工作机理，研发出寒武纪深度学习类脑芯片。

在融合育人方面，脑智中心通过双导师研究生制度、多学科交叉授课和学术骨干融合工作机制，探索了脑科学与类脑智能技术领域的复合型人才培养模式。其中，双导师研究生制度是指每年选择 15 位研究生新生作为双导师培养的对象，由中心内部不同学科背景的 2 位导师共同指导，每年在两个导师的实验室分别全时工作 3 ～ 9 个月；多学科交叉授课则是在中国科学院大学未来技术学院脑科学与智能技术教研室设置前沿交叉课程，通过研讨课、案例分析课、现场教学及系列讲座等多种形式，培养具有交叉学科背景的人才；学术骨干融合工作机制要求中心所有成员必须定期深入参与共建单位的学术指导工作，内容包括开课、举办讲座和参与相关实验等，并将其作为对科研人员进行年度考核的重要指标。

（2）海洋信息技术创新研究院

海洋领域科技发展事关国家安全和海洋利益拓展的重大战略。但海洋核心装备和关键器件研究始终是我国的短板。2016 年，中国科学院海洋信息技术创新研究院（以下简称为“海洋创新院”）背负众望，应运而生。海洋创新院以中国科学院声学研究所（以下简称为“声学所”）为依托单位，由中国科学院沈阳自动化研究所（以下简称为“沈阳自动化所”）水下信息技术装备中心、中国科学院深海科学与工程研究所（以下简称为“深海所”）深海信息技术中心、中国科学院南海海洋研究所（以下简称为“南海所”）海洋环境信息技术中心共同构成（中国科学报社，2019）。

海洋创新院自组建开始便以国家战略需求为导向进行领域布局，打破原有的机构格局，同心铸鼎。其中，声学所主要致力于声学和信息处理技术学等方面的重大科技难题与系统集成的攻关，沈阳自动化所在“水下航行器”、深海所在“深海装备”、南海所在“海洋环境”等相关学科进行布局。在重大问题导向下，这些不同学科领域的团队通过相互配合和协同，形成解决问题的合力。例如，在“深海勇士”号载人潜水器的研制中，海洋水下信息体系建设是一项关键技术。水声通信主要依靠声波，而水下声波的传播又受到海洋环境变化影响。该研究问题高度复杂，涉及声学、信号与信息处理、地球探测与信息技术、电子与通信工程、物理学、海洋湍流等学科领域。在联合攻关中，声学所团队依托“池、湖、海、船”的科研支撑平台，着力解决水声通信算法等基础研究问题；沈阳自动化所团队在水下机器人技术、深海自动航行和悬停定位、安全系统控制等方面提供技术支撑；南海所团队负责监测并预报物理海洋环境，为水声通信系统中声场的变化提供可靠数据以服务声呐等应用。在此基础上，声学所、沈阳自动化所、南海所、深海所等单位，联合院内外多家单位，进一步发挥“集中力量办大事”的优势，共同承担国家重大任务，建设海洋环境观测系统。

在推动技术成果转化方面，海洋创新院先后与北京市、苏州热工研究院有限公司、中石化胜利石油工程有限公司、中国海洋石油集团有限公司、南京大学等签订了技术合作、成果转移转化、共建工程技术研究中心等方面协议。例如，在南海深水井场地质风险评价系统项目中，海洋创新院深海地球物理与资源研究室研究团队与中国海洋石油集团有限公司钻井工程专家充分沟通，了解油气生产的实际需求，在优化设计井点、评估深水井场海底稳定性方面提供理论及技术支撑，中国海洋石油集团有限公司湛江分公司负责施工作业，共同破解深水区石油勘探的技术难题，实现高端技术成果转移与转化，不仅满足了市场实际需求，也为国家能源安全保障工作奠定了基础。

7.6 小结

当前，国内外采用研究所 / 研究中心这一组织形态来推动融合科学的发展。该组织形态由原有的以开展学科交叉研究为特点的各类研究组织发展而来，但是在融合新趋势下具有更加鲜明的特色。

首先，这类研究所 / 研究中心以明确的重大问题研究为组织目标，是原有学科交叉研究中心面临新挑战和新机遇的转型。自 20 世纪中叶以来，国内外纷纷出现了一些以开展学科交叉研究为特点的研究中心。这些学科交叉研究中心在推动不同知识体系的碰撞、跨越不同知识领域的交流障碍方面积累了组织经验。但是，原有这类学科交叉研究中心主体上在组织目标上相对宽泛。面临当前经济社会重大挑战，新成立的以推动融合科学为目标的研究所/研究中心主要围绕明确的重大问题研究，是原有学科交叉研究中心面临新挑战和新机遇的转型。

其次，这类研究所/研究中心以非法人组织为主，少数研究中心开始朝着法人化方向发展。从法律属性上来看，目前开展融合科学的研究所/研究中心多数是以非法人组织的形式存在。这类非法人科研组织无论是以网络分布式的方式存在（分散型融合科学组织），还是集中在特定的物理空间（集中型融合科学组织），一般围绕特定目标开展相对长期的研发工作，人员、财务、资产管理相对独立。换言之，这类非法人科研组织相比传统的PI制更加具有重大问题的使命导向，相比国家科研机构则更具管理机制上的灵活性。与此同时，少数开展融合科学的非法人中心，由于投资方的要求（如怀斯研究所）开始朝着法人化的方向发展，另有一些非营利组织近年来也逐渐开展融合科学研究，成为目前开展融合科学的研究组织中具有法人地位的少数组织。

最后，政府资金是这类研究所/研究中心在筹建期和发展期的重要资金来源，政府定期对其进行评估，完成筹建目标后或转为非营利组织。从国际相关实践来看，无论是以项目资助的方式接受政府资助，还是以机构式资助的方式接受政府资助，开展融合科学的这类研究所/研究中心在早期一般依赖于政府提供的资金。政府在提供资金的情况下，通过定期开展项目评估或者中心评估的方式检查资金使用的效益和效果。这类研究所/研究中心往往与外部产业界和学术界建立了良好的合作网络，部分研究所/研究中心获得了产业界的信任，因而在政府项目完成后或者政府资助期限结束后转变为非营利组织，以自筹经费的方式（一般是产业界提供资金）继续与相关产业部门开展科研合作。

第8章　推动融合科学的人才机制创新

融合科学对传统学科分割体系下的人才机制尤其是人事和教育机制提出了新要求。本章首先梳理与服务国家需求相关的科研人员管理与教育制度的历史演变，进一步介绍在人才聘用和考核以及人才培养方面的国内外典型案例，如美国威斯康星大学麦迪逊分校和北卡罗来纳州立大学实行的集群式聘用；怀斯研究所和亚利桑那州立大学生物设计研究所实行的双聘制度；美国霍华德·休斯医学研究所和系统生物学研究所实行的企业式聘用；美国国家科学基金会、科罗拉多大学生物前沿研究所，韩国大邱庆北科学技术院、首尔国立大学，以及中国科学院、北京大学与推动融合科学相关的人才机制；等等。最后归纳出有利于推动融合科学的人才机制创新的基本特点。

8.1　重大问题导向的人才制度

8.1.1　19世纪以前的科研人员管理与教育制度

从世界科技发展史来看，科研人员管理及教育制度首先出现在大学，然后进一步扩展到科研机构。

最早成立的一批具有现代意义的大学——意大利博洛尼亚大学、法国巴黎大学、英国牛津大学、德国海德堡大学等，都发源于基督教修道院。由于中世纪教会垄断着所有的文化知识与教育，只有教士才拥有知识并具有从事教学与研究的能力，因此中世纪大学诞生之初，教师一般以教士或者修士为主。教会为这些教师提供教学补助资金，同时还控制着发放教师许可证和审核教师资格的权力。而且，教师们则常常身兼数职，在大学教书只是他们日常工作的一部分（勒戈夫，1996）。在教会的控制下，大学提供的教育主要服务于宗教，与现实社会关联性较弱。一方面，教会对学校的课程设置进行严格的监管，早期严禁学校传播亚里士多德、苏格拉底、柏拉图、希波克拉底、阿基米德、琉善等古希腊及古罗马帝国时代学者带有唯物主义色彩的观点和论著，后来则从服务于基督教的角度对这些著作加以改编并纳入大学课程之中。另一方面，从13世纪起，经教皇命令和大学法规确定，大学课程逐步趋于统一，一般设神学、医学、法学、文科四个学科，其中神学被放在首要位置，其次是法学和医学，文科（教学内容源自于古希腊的“七艺”，即文法、修辞、辩证法、算术、几何、音乐和天文学）则排列在最后面。学生一般需要首先学习文学院提供的基础课程，然后才能学习神学、法学或者医学这三个专业教育课程（韩洁，2012）。

15世纪起，文艺复兴运动使人文主义和科学思想在大学中开始孕育，欧洲各大学先后发生了朝着世俗化方向的变革。一是在课程设计方面，从宗教至上转向崇尚科学、理性以及实用主义，这就为后来科学研究转为服务于国家和社会重大问题开辟了空间。借助于课程的世俗化，大学获得了更大的生存和发展空间，并有效地推动了社会进步。二是大学教师开始职业化，政府提供的资金成为大学教师薪酬的一部分。由于教会提供的经费不再是大学经费的唯一来源，这就为政府代表社会向大学科研和教育提出诉求提供了可能。

17世纪和18世纪，英国皇家学会、法国科学院、德国国家科学院、俄罗斯科学院相继成立，标志着现代意义上国家科研机构的诞生，科学研究作为一种专门的社会建制确立起来。从此，国家科研机构成为与大学既相并存又相区别的科学建制，尤其是在完成国家使命方面，这些国家科研机构集中优秀科学家开展重大问题导向科学研究的模式成为各国竞相效仿的对象（白春礼，2013）。从人事制度来看，无论是法国科学院还是德国国家科学院，都主要以类似于公务员的方式来聘用和考核科研人员。

8.1.2 19世纪以后德国[①]的科研人员管理与教育制度

19世纪，时任普鲁士政府内务部教育厅厅长的洪堡启动大学改革，并带来了科研模式和人才培养模式的重大变革。洪堡建立柏林大学作为推行其改革思想的试验田。尽管柏林大学仍然沿用中世纪大学的做法设立了哲学、神学、医学和法学四个学院，但是，在洪堡倡议的“教、学、研究相统一”的

①本书将普鲁士王国、德意志帝国、德意志联邦共和国等统称为“德国”。

原则下，柏林大学不仅要求教师从事科学研究，而且规定每个学生都需要到实验室或研究所参加科学研究工作，并规定他们在毕业时必须提交研究论文。由此，推动了大学课程以及教师队伍的专门化和学术性。例如，哲学教授不再像过去的哲学教授（如康德）那样既开设哲学课、逻辑学课，又开设天文学、物理学与地理学课，而是只教授某一专门领域的课程。这就使得一般哲学教授中分出了数学教授、化学教授、物理学教授、天文学教授和生物学教授等。相应地，柏林大学开始招聘各专门学科的教师，而不再像传统的欧洲大学那样招聘哲学教师（李其龙，1980）。

洪堡的大学改革基本上奠定了德国大学的发展模式。尤其是洪堡大学哲学院建立起的哲学博士培养模式，延续至今成为德国最为典型的学术培养模式——师徒制。德国师徒制具有典型的手工作坊式特点，没有统一的入学选拔机制和课程体系，通过导师为学生开设研讨班的方式组织学生研讨，带领学生在大学设立的各研究所中开展科研工作。这种模式的优点是为学生提供了个性化的指导，尤其是 20 世纪初期德国教授往往在研讨班中引入最新科研成果，令很多在德国大学求学的美国学生印象深刻。斗转星移，20 世纪 90 年代之后，德国大学借鉴美英的学生培养模式建立了一批研究生院，成为师徒制的补充。时至今日，德国仍然有 80% 以上的博士生在师徒制的传统培养模式下学习（张帆和王红梅，2008）。

在国家科研机构方面，20 世纪尤其是后半叶以来，德国马克斯·普朗克科学促进学会（以下简称为“马普学会”）、弗劳恩霍夫应用研究促进协会、亥姆霍兹联合会等大型国家科研机构的人事制度，在主体沿用国家公务员的聘用和考核标准的基础上，引入了限期聘用人员。例如，马普学会的所长和课题组长一般等同于大学教授 C2 ～ C4 级别，属于长期聘用人员，但是一般研究人员当中则有大约 50% 的比例属于限期聘用人员。弗劳恩霍夫应用研究促进协会的研究所中，只有在研究所连续工作 10 年以上的骨干科研人员才能获得固定职位，其他人员一般为 3 ～ 5 年限期聘用。

8.1.3 20 世纪以来美国的科研人员管理与教育制度

美国大学的科研人员管理制度主要采用长聘（tenure）制度。这是一种分学科聘用的方式，由各业务部门 / 院系自行组成招聘委员会来寻找和聘用所需的专业人才。早在 1915 年，美国大学教授协会就发表了《关于学术自由和学术长聘制的声明》（*Statement of Principles on Academic Freedom and Tenure*），使得长聘制度作为大学人事制度的基本概念开始被接受。1940 年，美国大学协会和美国大学教授协会等组织联合发表《关于学术自由和长聘制的 1940 年原则宣言》（1940 *Statement of Principles on Academic Freedom and Tenure*），被认为是长聘制度在美国高等教育领域确立的标志（耿益群和高益民，2005）。此后，长聘制度在美国大学延续至今。尽管近些年来美国大学针对长聘制度的若干问题启动了相应的改革措施，诸如长聘后评审机制（post tenure review）的引入，但是并没有改变该制度主体上基于学科架构的状况。这种分学科聘用的方式与解决重大问题所需的跨学科人才的成长和发展之间存在一定的不相适应性。为此，美国一些大学开始尝试在学校层面建立不同院系之间人事制度上的协调机制，如最早起源于威斯康星大学麦迪逊分校的"集群制"，以及越来越多大学启动的"双聘制"等。

在国家科研机构方面，美国科研人员人事制度呈现多元化的特点。首先，大部分联邦政府所有的国家科研机构内部都有一些人员是联邦雇员。"国有国营"（government owned-government operated，GOGO）国家科研机构中联邦雇员的比例多一些，"国有民营"（government owned-contractor operated，GOCO）国家科研机构中联邦雇员的比例少一些。其次，少数国家科研机构（如美国国立卫生研究院）实施类似美国大学的长聘制度。最后，"国有民营"国家科研机构中存在大量项目合同制的科研人员。这种项目合同制的科研人员一般因具体的项目需求而招聘，直接服务于该项目，通常随着项目的结束也将离开机构。合同期内定期评价人员的绩效和履行职责情况，合同期满后如果项目尚未结束，则依据评价结果决定是否续签合同。

在教育体制方面，第二次世界大战之后美国研究型大学主要依托核心课程为本科学生提供通识教育。1945 年哈佛大学《自由社会中的通识教育》的公布被认为拉开了美国研究型大学通识教育改革的序幕。该报告对"通识教育"的概念进行了界定，并为通识教育的实行规定了必须学习的课程，即要求学生必须在人文科学、自然科学和社会科学三个领域各选一门全学年课程。1947 年，美国总统杜鲁门委任的美国高等教育委员会发表题为《美国民主社会中的高等教育》的报告，也对通识教育进行了专门论述，并且指出当时美国大学的本科教育被过度的专业化所割裂，但是并没有为其作为一个人、一个家庭和一个公民履行义务做好准备。这两份报告极大地推动了美国研究型大学本科课程由以专业课程为核心转向专业课程和通识课程相结合的体系，为培养融合科学所需的跨学科人才提供了基础。

此外，美国教育界自 20 世纪 90 年代兴起 STEM 教育理念，覆盖从 K12[①] 到大学以及职业教育的整个过程，为培养融合科学所需人才提供了一条完整路径。具体来看，STEM 是科学（science）、技术（technology）、工程（engineering）和数学（mathematics）的首字母缩写，基本教育理念是从融合科学、技术、工程和数学的知识来打造科技创新的新时代，并提高国家的竞争力。该理念打破了传统上分科学习、成绩至上的教育系统，以跨科统整的方式提高学生以跨学科的新思维、新方法解决复杂问题的综合能力。近年来，随着整个社会对跨学科复合型人才的日益重视，美国 STEM 教育理念进一步拓展成为一种基于多学科（不限于科学、技术、工程、数学）交叉融合方式培养复合创新型人才的一系列教育理念，如在原有 STEM 中分别引入电子、艺术、写作，从而形成 eSTEM、STREM、STEAM[②]等诸多分支。美国 STEM 教育理念落实为具体的课程设计，则主要有两种方式（Herschbach，2011）：其一是关联课程模式（the correlated curriculum），即将各科目仍保留为独立学科，但各科目教学内容的安排注重彼此间的联系，因而需要不同学科之间的教师对课程安排进行详细、周密的协调和计划；其二是广域课程模式（the broad fields curriculum），即取消了原有的相互独立的各科目，基于特定的活动目标（如建构和测试太阳能小车）将科学、技术、工程和数学等内容整合起来，形成结构化的课程，并引导学生通过活动进行学习。目前，广域课程也被称为“跨学科整合型课程”，是广泛研究和应用的一种 STEM 课程模式。

8.2 聘用制度

在聘用制度方面，最根本的是要消除或减少传统的分科制聘用带来的学

① K12 是 kindergarten through twelfth grade 的简写，指从幼儿园到高中阶段的教育。

② eSTEM 即加入了 electronic，STREM 即加入了 wRiting，STEAM 即加入了 art。

科之间的壁垒，探索最有利于开展融合科学的聘用方式。主要有两种改革路径：其一是对现有学科体系下的人事制度进行改良，在常规人事制度中嵌入有利于融合科学的若干政策，如集群式招聘或者双聘式招聘；其二则是彻底破除传统的学科体系下的人事制度，建立以具体问题为导向的人事制度。

8.2.1 集群式聘用

顾名思义，集群式聘用（cluster hiring）是指围绕一个特定的研究问题，同时聘用多个不同学科领域的研究人员，组成一个围绕该研究问题的研究集群。研究指出，对于解决重大科学问题或者是21世纪重大挑战相关的研究目标，集群式聘用是一种有效的方式（Flaherty，2015a）。这种集群式聘用最早于1998年出现在美国威斯康星大学麦迪逊分校。目前，国际上越来越多的大学正在尝试集群式聘用（Flaherty，2015b）。

从基本定位来看，集群式聘用一般被认为是对传统分科式招聘的重要补充，因而在实施集群式聘用的美国大学中，一般由学校层面来组织实施。从具体管理方式来看，一般由大学的教务长办公室或者副校长办公室负责启动和实施该计划，并负责与各院系的院长/系主任沟通，尽量说服各院系参加。对于参加该计划的院系，可自由组合形成以多学科交叉融合为手段的具体研究主题，由个人、团队、研究中心或者相关院系提交申请书。大学的教务长办公室或者副校长办公室负责组织专家对申请书进行评议，评议的最终决策权在教务长和主管科研的副校长。申请被批准后，以集群式聘用进入大学的新人员将被安置在各相关院系中，即人事关系仍然安排在各院系。但是，大学一般要求集群式聘用人员要定期进行沟通和讨论，举办相关学术会议，或者组成小组开展教学。此外，还会为每个集群配备一位联络员或者指定一位教职人员，负责推动该集群的日常性交流与沟通，确保该集群成员能够有效合作、共同实现集群目标。少数大学没有采用类似具体措施来推进集群式聘用人员开展集群主题的科研或教学工作，则导致这些大学的集群式聘用效果不尽如人意（Flaherty，2015b）。

从招聘对象来看，各大学的集群式聘用在具体操作过程中存在若干差异。各大学根据自身需求，限定了集群式聘用计划的目标对象。一些大学（如亚利桑那州立大学和佛罗里达国际大学）旨在通过这种招聘计划提升大学的研究卓越性，因此目标对象主要是高级别的研究人员；另一些大学则希望通过这种招聘计划推动不同学科之间的交叉融合，而青年人员往往在交叉合作方面更为活跃，因而其目标对象主要针对较低级别的研究人员。

大学层面对参与集群式聘用计划的院系提供两个方面的激励：其一是教务长办公室可以承担一部分工资成本；其二是通过该计划院系可以获得更多的招聘名额。从分摊工资成本的具体方式来看，目前美国相关大学主要形成了三种模式：分别是成本分摊模式（学校出 50%，院系出 50%）、集中模式（学校承担并集中管理全部费用）和分散模式（各院系承担全部费用）。早期实践的一些大学（如美国威斯康星大学麦迪逊分校）主要是由大学自筹资金来资助集群式聘用计划，后来逐渐转变为成本分摊模式甚至是分散模式。

针对美国大学多年来实施集群式聘用的成效和问题，2015 年美国一份专门针对集群式聘用计划的研究报告表明，实施集群式聘用计划的大学多数形成了更加有利于多学科交叉融合的校园文化。一方面，教职人员之间的科研合作较以往更加频繁，并且合作开设了很多新的课程，使得学生的科研和导师资源变得更为丰富；另一方面，集群式聘用的人员相比其他人员在科研产出上表现更加突出，最终获得长聘的比例更多；此外，集群式聘用的人员也更加积极地投入地方政府和产业界的合作之中（Urban Universities for HEALTH，2015）。主要存在的问题包括：由于集群式聘用的人员仍然要接受所属院系的考核和晋升要求，他们既要完成集群目标相关的工作，也要完成所在院系要求的科研工作，往往超负荷运转；大学层面在评审各院系提交的集群式聘用申请书时标准不公开不透明；集群目标相关的工作在长聘考核和晋升考核中不被认可；等等。可见，如何将集群式聘用的人员嵌入传统的长聘制度之中，如何确定集群式聘用占全部招聘计划的合适比例，如何确保集群式聘用的人员真正按照预定目标开展交叉融合研究，都是大学在采用集群式聘用制度时需要慎重考虑的问题（Flaherty，2016）。

（1）威斯康星大学麦迪逊分校

威斯康星大学麦迪逊分校是集群式聘用制度的发源地。该校的集群式聘用计划（cluster hiring initiative）起源于 1998 年，最初是由该大学与州政府合作，旨在打破现有的学科院系界限，围绕特定的问题推动合作性的教育、科研和社会服务，促进多学科交叉领域的形成。1998 年启动的第一期集群式聘用计划，通过多轮招聘共遴选了 50 个集群（涉及 150 余位教职人员）。由于经费缺位，直到 2017 年该校才启动第二期集群式聘用计划，目标是至少招聘 12 个集群。

1）基本定位和目标。提供一种有别于现有的基于学科院系的招聘制度，并通过额外的薪酬补贴为开展多学科科研和教学的集群式聘用人员提供激励。具体目标包括：鼓励大学将一定数量的教职人员投入需要跨院系合作的研究领域中；为新的科研生涯发展序列和合作机遇提供条件；瞄准当前面临的、具有挑战性的难题；通过跨学科的科研、学习和服务满足威斯康星州当地的社会需求；鼓励有实力的院系或教职人员之间开展合作；帮助大学实现其在多样性方面的使命。

2）聘用和薪酬管理。①进入集群式聘用计划的人员，同时也是大学某院系的雇员。对于新聘人员而言，可由个人、目标院系或者研究中心向大学教务长办公室提交进入集群式聘用计划的申请书。一般而言，每半年都可递交一次申请。②进入集群式聘用计划的人员都有一个 5 ～ 6 年的特殊政策期。如果是大学新聘的人员，在特殊政策期，基本工资由集群式聘用计划专用资金（central funds）支付；其间如果该人员因为各种原因获得了加薪，那么新增的工资成本由其所在院系承担。特殊政策期结束后，这些人员的起步工资将由集群式聘用计划和各院系按照 7∶3 的比例进行分摊，并且这些人员的工资增长将全部由各院系承担。

3）申请和遴选方式。①教职人员个人、研究中心、院系等都可以向大学的教务长办公室（负责部门）提出进入集群式聘用计划的申请书。申请书正文及预算页一般不超过 8 页，具体要求如表 8-1 所示。每一份申请书推荐来自大学不同院系的三个教职人员。这三个教职人员的研究兴趣可以有所交集，但是必须相互区别，且都是围绕该大学当前或者未来的重点方向。②该集群中的三个教职人员中至少要有两个助理教授，最多一个是副教授或者教授级别。需要指出的是，通过遴选进入集群式聘用计划的人员同时也要遵守该大学的其他人事政策（如长聘政策）。该集群中也可以包含一个达到 PI 水平或者高级科学家水平的学术雇员（即只从事科学研究、不从事教学活动的专职研究人员）。③集群式聘用计划的申请书需要明确提出该集群的研究主题，并且说明针对该主题如何开展不同学科之间的交叉融合研究，传统的、学科院系式的人事架构为何不能适用，以及该集群的研究工作可能产生的影响。④一般而言，集群式聘用计划的申请书可提出一个不超过 50 万美元的预算。如果预算超出上限，则需要说明超出部分由哪个院系承担。⑤大学教务长办公室将成立一个专家委员会（集群顾问委员会）对所有申请书进行评议，最终决定将由教务长和主管科研及研究生教育的副校长共同做出。专家委员会成员绝大多数来自本校各院系的教职人员。该委员会还负责定期（2 ～ 3 年）对集群式聘用计划进行整体评议，并提出意见和建议。

表8-1 威斯康星大学麦迪逊分校集群式聘用计划的申请书要求

材料	具体要求
封面页	该集群的名字、三个教职人员的名字、联系人（应为三个教职人员之一）的联络方式
研究主题	对该集群瞄准的研究主题进行描述，说明该研究主题的能力提升对威斯康星大学麦迪逊分校的可行性和重要性
成员简介	对三个教职人员进行简介，说明这些人员可能被安置在威斯康星大学麦迪逊分校的哪些院系或中心。明确该大学在该研究主题上现有的研究水平，说明这些人员的引进将如何使现有研究水平得到提升或对现有研究力量形成补充（如果该大学当前没有该研究主题上的布局，则说明这些人员的引进将如何创建该研究主题上的新布局）。此外，也要说明，新人员的引进如何补充或者强化其目标院系（这些人员将来隶属的院系）现有的研究力量
外部研究经费	说明该集群的三个教职人员将来从大学外部获取研究经费的可能性
工资成本预算	提出特殊政策期（最初的 5 ～ 6 年）的预算要求，说明该集群每位成员的工资成本预算。如果有大学内部或者外部的其他资金可以支付部分工资成本，应当进行说明
对多样性政策的落实	说明该集群能否提高威斯康星大学麦迪逊分校的人员多样性，说明招聘过程中将采用哪些措施来落实人员多样性的政策导向
院系经费支持	初步说明该集群成员的目标院系所能提供的资金支持
研究中心主任的支持信（备选）	如果该集群的成员将来隶属于某个研究中心（而不是院系），那么需要该中心主任提供一份支持该成员申请集群式聘用计划的信件

资料来源：University of Wisconsin-Madison. 2019. Cluster hiring initiative criteria and proposals. https：//facstaff.provost.wisc.edu/cluster-hiring-initiative/cluster-hiring-initiative-criteria-and-proposals/ [2019-12-3].

（2）北卡罗来纳州立大学

北卡罗来纳州立大学不是最早实施集群式聘用计划的大学，但是被认为是最为成功的大学之一（Urban Universities for HEALTH，2015）。北卡罗来纳州立大学的集群式聘用计划于2011年由当时的副校长兰迪•伍德森（Randy Woodson）从普渡大学引入。该计划从筹建之初就得到教职人员的大力支持，因此在具体实施过程中也采取“自下而上”的方式，直接从教职人员中征集申请书。2011年该校启动的第一期集群式聘用计划大获成功，2015年该校启动了第二期聘用计划。该校集群式聘用计划招聘的教职人员中，资深人员约占65%、青年人员约占35%。

北卡罗来纳州立大学的成功经验在于三个方面：①为集群式聘用计划的人员在长聘序列（tenure track）中建立相配套的人事制度（主要是晋升和考核方面）。通过集群式聘用计划进入各院系的人员，在咨询相关院系负责人的基础上，可以选择该院系常规的专家委员会，或选择一个多学科人员组成的专家委员会，作为其在长聘序列中的评议委员会。除了提供这种特殊的长聘序列政策，北卡罗来纳州立大学还要求各院系每年8月为新入职的集群成员举行一场见面会。在见面会上，各院系的人事部门与集群成员进行充分沟通，让集群成员明确院系的考核目标和具体的考核方式。②为集群式聘用计划的人员提供固定的空间和时间来推动交流和合作。北卡罗来纳州立大学为那些围绕某个研究主题而招聘进来的集群人员提供特定的办公空间，让同一个集群的人员可以在共同的区域办公。此外，其还定期举办一些学术活动（如年度的学术交流会等）为不同集群之间提供沟通和交流的机会。③在每个集群中设立一位专门的人员来协调和推动集群内部以及与其他集群或非集群人员之间的交流和合作。

8.2.2 双聘式聘用

双聘式聘用（co-recruitment）是指在两个机构当中同时聘用，其中一个机构为传统的大学或科研机构，通常采用长聘序列的人事制度，而另一个机构为瞄准特定问题而设立的融合科学新机构。以下以怀斯研究所和亚利桑那州立大学生物设计研究所为例进行说明。

（1）怀斯研究所

怀斯研究所所有的研究人员都采用双聘式的聘用机制。一方面，这些人员都在哈佛大学的某个院系担任教职人员，且大部分资深研究人员在这些院系都设有自己的实验室；另一方面，这些人员也受聘于怀斯研究所，在研究所中开展科研工作，并且采用该研究所作为非营利机构的相关人事制度。这种双聘式的聘用机制蕴含着怀斯研究所“成功的技术创新活动”的基本理念，即技术研发人员如果要做出一番有社会影响力的成就，那么他在大学实验室中建立自己的科研王国、追逐自己的研究梦想的同时，也应接纳一种完全不同的、高度合作的工作路径，以适应该研究所中类似于企业化的组织文化。

目前，怀斯研究所有大约350位全职人员，其中包括20位核心研究人员和16位副核心研究人员，以及从企业界招聘的约40位科学家和工程师。核心研究人员或者副核心研究人员以及所有学生都来自哈佛大学的不同实验室，按照具体的应用目标围绕六大类使能技术组建成研究组，由核心研究人员或者副核心研究人员牵头。从企业界招聘的人员带来了产品和市场方面的重要经验，不直接牵头科研工作，而是被安置在由核心研究人员或者副核心研究人员牵头的研究组中。对于核心研究人员和副核心的研究人员而言，一般在怀斯研究所的聘期分别为3年和1年，到期后均可续聘。如果不再续聘，那么将回到哈佛大学各自的院系中。

在研究问题的导向下，怀斯研究所的办公大楼按照研究组进行分配，同一个研究组的研究人员、学生和负责商业发展的人员集中在一个区域。研究组的负责人（无论是核心研究人员还是副核心研究人员）在怀斯研究所中没有独立的办公室。这些研究人员，既要接受传统的学术导向的评价（如学术期刊发表），也要接受目标问题导向的评价（主要是知识产权、企业合作、技术许可等）。这种评价制度一方面使得怀斯研究所的研究人员比哈佛大学其他研究人员的工作压力更大，另一方面使得怀斯研究所的文化氛围更接近于初创型技术公司而不是传统的学术机构。

（2）亚利桑那州立大学生物设计研究所

亚利桑那州立大学的双聘制是由原校长迈克尔•克罗（Michael Crow）引入的。他在任期内基于该大学原有的所有学科院系创建了23个符合“融合”

理念的新学院和计划，其中设立于2006年的生物设计研究所是一个典型例子。这种改革的初衷是为了创造一种区别于传统学科架构的科研新生态（Ingber，2013）。该研究所是亚利桑那州立大学的第一个融合计划，以推动知识和技术的融合为核心，在组织架构、人事制度和行政管理等多个方面进行了相应的改变。

在组织架构上，该研究所设立了大面积的、开放式的办公区域，中间以透明的玻璃挡板进行隔离（而不是分割为多个封闭的办公室），以方便不同人员之间能够相互看到。设施都围绕一个开放式的天井进行摆放，从而形成一个自然的交互式平台。来自不同院系的研究生可混合办公。此外，实验室的设计充分体现了移动性和灵活性，工作台和设备都可以按照项目的需要灵活地移动。该研究所的设计荣获了2006年《研究与发展》杂志的“年度实验室”奖。

在人事制度上，主要采用依托院系和生物设计研究所双聘的方式进行人员聘用。26位已经在各院系获得终身职位或者还在长聘序列的研究人员，在生物设计研究所的11个研究中心开展工作。涉及的院系主要包括生命科学学院，物理、化学和生物化学学院，电子、计算机和能源工程学院，生物和健康系统工程学院，可持续工程学院，计算机信息学和决策工程学院，物质工程、运输和能源学院，以及医药生物信息学学院等。此外，还有32位科研人员只受聘于生物设计研究所。

在行政管理上，所有长聘序列人员的聘用关系仍然是在各个院系，并且对大学教务长负责，研究生学位也是由各院系来授予。生物设计研究所的所长直接对大学校长负责，副所长负责研究所的日常管理，同时也是一家生物技术商业化转换公司的总经理。该公司是一家独立的有限责任公司，主要负责亚利桑那州立大学的知识产权和技术转化方面的事务。

8.2.3　企业式聘用

一些作为非营利组织的研究机构彻底废除传统的基于学科的人事架构，没有院系设置，也没有长聘制度，采用类似于企业的聘用方式，构建起问题导向（任务导向）的人事制度。以美国霍华德·休斯医学研究所和系统生物学研究所两个案例进行说明。

（1）霍华德·休斯医学研究所

霍华德·休斯医学研究所下辖的珍妮莉亚研究园区为有志于解决重大问题的科研人员提供一个包容的、全新的科研生态。这意味着，入职该园区的科学家愿意在一种有别于传统的、分科式的科研环境中开展符合融合科学特点的研究工作。该园区中，科学家的研究经费全部来自霍华德·休斯医学研究所，不需要去申请外部的研究资助。同时，园区要求这些科学家必须有75% 的工作时间要在园区办公，以便更好地沟通合作。

早期，当霍华德·休斯医学研究所筹备建立该园区时，很多人预料由于没有长聘制度可能会在吸引高水平人才方面遇到困难。但事实上，园区吸引了一批真正愿意承担风险、有意开展融合科学的生物学背景研究人员，以及一批在物理学、计算机科学、工程学领域受训的研究人员和相当一部分有着企业从业经历的人员。这些不同知识背景和从业经历的人员，围绕共同感兴趣的问题，形成若干研究小组。园区的管理层认为，这种不同于长聘制度的企业式聘用制度能发挥过滤器的作用，将那些不认可这种以解决问题为导向的组织文化和理念的科研人员排除在外，只留下真正有意解决重大问题的科研人员。

园区通常按照5年为一个周期对实验室（研究小组）负责人进行续聘考核，每次续聘时要重新谈判工资、福利、科研经费、支撑人员等各项资源。如果实验室（研究小组）负责人不再续聘，园区将为其提供进入传统学术界和生物技术公司的机会。

（2）系统生物学研究所

系统生物学研究所（Institute for Systems Biology）是一家坐落在美国西雅图的非营利性研究机构。该研究所成立于2000年，是全世界系统生物学的诞生地，由系统生物学最初的倡导者之一——勒罗伊·胡德（Leroy Hood）教授筹建并担任机构负责人。

胡德自20世纪80年代开始构建系统生物学的基本概念，并向联邦资助机构多次提交基于系统生物学思路的项目申请书，但由于与传统的生物学研究中每个项目针对一个基因或者一种蛋白质开展研究的做法截然不同，这些项目申请都被拒绝。此后，胡德对于从系统性、整体性的思路建立一种新的生物学研究范式（系统生物学）的想法日趋成熟，并且提出这种新的生物学研究范式需要整合生物学、工程技术和计算科学等不同学科。然而，传统上大学按照学科设立各院系的做法带来一套复杂的组织架构，并使得不同学科之间壁垒森严，不利于系统生物学的发展。胡德认识到，必须建立一种新的、简洁的组织架构来推动系统生物学的发展。在这样的背景下，胡德开始筹建该研究所（Institute for Systems Biology，2017）。

2000 年，胡德和其他两位教授先后从之前就职的大学辞职，正式成立该研究所。作为一家非营利科研机构，该研究所的人事架构完全不同于大学的长聘制度。具体而言，该研究所的职位分类（表 8-2）中，除了客座研究人员以及个别实验室负责人之外，其余人员都是采用非营利性组织的聘用制度，并按照研究主题分布在不同的实验室中。这就意味着，进入该研究所的研究人员放弃了传统的基于学科的长聘制度。具体而言，较低级别的研究岗位主要有研究人员（research scientist）或者研究助理（research associate），较高级别的研究岗位主要有首席科学家（principal scientist）和资深科学家（senior research scientist），最高级别的研究岗位是实验室负责人（faculty）。

表8-2　系统生物学研究所的职位分类

类别	职位	数量
科学家	实验室负责人	12 人
	首席科学家（除了实验室负责人之外，最高级别的科研人员）	3 人
	资深科学家	19 人
	研究人员	14 人
	研究助理	12 人
	青年学者及博士后	若干
工程师	高级研究型工程师	1 人
	高级软件工程师	11 人

续表

类别	职位	数量
工程师	软件工程师	2 人
客座人员	客座研究人员（来自于其他大学或科研机构）	20 人
学生	研究生	若干

资料来源：整理自 Institute for Systems Biology. https：//isbscience.org/[2019-12-5].

知识框：系统生物学

自从 DNA 分子结构被发现以来，生物学的研究就进入了分子生物学的时代。生物学家运用分子生物学手段开始研究基因对蛋白的分子调控关系，从而研究每一个基因与人类的病症等表型之间的关系。但是，人们发现即使发现了单个的调控关系，还是难以通过建立基因与表型之间的关系来解释复杂的生命现象。2000 年，人类基因组计划完成，人们逐渐开始关注系统性的研究思路。同年，美国和日本相继建立系统生物学研究所。不同于经典生物学研究关注单个基因，系统生物学是研究一组特定的分子，用高通量实验手段测定它们在体内的动态变化，并且建立计算机和数学模型模拟这些变化对细胞、组织、器官和人体的影响。从物理学到生态学，从数学到医学，系统生物学借助多学科交叉的方法从更系统全面的角度解释生物学表象。

系统生物学目前主要研究四个方面：基因表达、基因转换开关、信号转导途径，以及系统出现疾病的机制分析，并取得若干重大突破。例如，美国的系统生物学研究所的研究人员，在研究“受感染的宿主细胞中病原菌基因表达方法”这一项目中，开发出一种重要方法可以同时分析宿主和病原体的基因表达，并且可以在体内探索病原体的转录组。利用该方法，研究人员基于人类病原体结核分枝杆菌的数据发现了感染特异性调控网络。系统生物学比传统的分子生物学更依赖于技术、仪器的使用，尤其是大规模的基因组、高通量的发展都需要新技术、新仪器的支撑。

此外，对蛋白质及代谢物等的全面分析，以及如何分析和储存大规模的复杂数据也是系统生物学未来发展面临的挑战。

资料来源：

[1] 布杰德 . 2008. 系统生物学：哲学基础 . 孙之荣译 . 北京：科学出版社 .

[2] 阿隆•U. 2010. 系统生物学导论——生物回路的设计原理 . 王翼飞，等译 . 北京：化学工业出版社 .

[3] Institute for Systems Biology. What is Systems Biology. https：//isbscience.org/about/what-is-systems-biology/ [2019-12-3].

8.3 晋升考核

传统上，学术界的晋升制度（如长聘序列）往往侧重考量科研人员个人在特定学科范围内的研究深度和质量，而对处于多种学科边界上的交叉融合性研究工作的重视不足。其可能的原因在于，学科交叉研究以及融合科学研究相比单一学科的研究而言更加难以评价。晋升考核是个人层面重要的激励机制，因而也成为推动融合科学人才机制创新的重要方面。已有实践主要涉及两个方面，一是改革晋升考核专家组的成员构成，二是改革晋升考核所使用的考核指标。

8.3.1 晋升考核的专家组

一般而言，科研人员的晋升主要由同行专家组对其研究质量进行考量。传统学科范式下，晋升考核的专家组通常是以本学科内的小同行为主。这种专家组的人员结构导致其对融合科学的认同度较低，对开展融合科学研究的人员往往带来职业发展上的不利影响。因此，推动融合科学的人事制度改革，首要任务是改革晋升考核专家组的人员结构。已有实践包括：为开展融合科学的人员设立一个由不同学科背景的成员组成的晋升考核专家组，或是在常规的晋升考核专家组中增设若干位了解被考核人员的融合科学研究的专家，或是通过函评方式吸纳那些真正了解被考核人员研究工作或与其开展过合作的资深研究人员的意见。

以美国佐治亚理工学院帕克•H. 佩蒂特生物工程与生物科学研究所为例，该研究所由来自佐治亚理工学院多个院系的约130位研究人员共同组成。这些研究人员采用双聘式的聘用制度，一方面，人事关系保留在原院系；另一方面，在研究所中开展科研活动。这类人员的晋升考核仍然安排在原院系中，主体上仍然采用长聘制度，但是为了激励这些开展融合科学研究的研究人员，佐治亚理工学院允许相关院系对长聘序列的考核机制进行一定的调整。例如，为这些研究人员的晋升考核设立一个专门的领域专家委员会。该委员会通常有3～4位成员，成员可以来自于任何一个院系，根据被考核对象的具体研究工作，从相关院系中选择最适合评价这些研究工作的专家。可见，开展融合科学的科研人员的晋升考核虽然仍然在原院系进行，但是晋升考核专家组成员的遴选并不限定在本院系，而是根据研究工作的特点从不同院系中筛选，这对于被考核者而言显然是一种更为公正的做法（NAS，2014）。

8.3.2 晋升考核的指标

融合科学的多学科性使得其科研产出必然不拘泥于单一学科，其论文刊载的期刊也难以用特定的学科划分标准进行限定。传统上科研产出主要集中在论文和专利，对于其他产出来源的分析则很少；而在晋升考核中评价融合科学研究人员重在分析其对重大问题的解决效果，因而商业化产品和市场规模等数据的产出来源不可或缺。由此，改革科研人员晋升考核指标的相关实践主要集中在两个方面。一方面，在传统的论文和专利指标中体现对合作研究的鼓励。例如，按照一定的分配比例体现每一位合作者在合著论文或专利中的贡献和价值，并在晋升考核指标中加大对合作论文或专利的权重。另一方面，产出范围不再局限于若干主导学科及其相关期刊，而是扩展到更多的产出来源。为此，需要对其他学科的出版物署名习惯（合著者数量、合著者署名顺序等）和非期刊类的学术出版物（学术会议报告、会议论文、专著等）进行系统了解和梳理，并且要对技术转移类（技术许可合同、企业孵化等）、突出贡献类（为特定问题的解决提出了一种新的思路和研究方法等）等体现问题解决实际效果的指标进行落实细化，使之真正能够评价科研人员在融合科学范式下的贡献和成效。

2014 年，美国国家研究理事会发布的《融合：推动生命科学、物质科学、工程学等跨学科整合》报告中，甚至提出将电影艺术界的奥斯卡奖颁奖模式作为对开展融合科学研究团队各成员贡献的认可方式的参考。通常，一部成功的电影作品离不开编剧、演员、摄影、服装设计、灯光舞台技术和市场营销等各类人员的共同努力。奥斯卡奖作为业界对电影作品及个人的最高认可，既奖励成果（最佳影片），也奖励个人成就（最佳演员、最佳表演、终身成就）。借鉴这种激励机制，对于围绕特定问题开展融合科学研究的团队而言，一是应当按照问题是否解决作为考核的核心指标，二是应当奖励为解决该问题而做出不同贡献（如理论突破、方法创新、设备研制等）的每一个个体。换言之，如何在晋升考核的指标设计方面考虑到每一个个体的贡献和成就，是推动融合科学人才机制创新需要认真思考的问题之一。

8.4 人才培养

为了推动融合科学的持续性发展，不仅要在当前的科研群体中推动融合，更要重视培养下一代具有融合视角和融合能力的科研群体，使其将融合科学作为发现和创新的基本范式。换言之，有能力在多个学科交界面上开展重大问题导向的融合科学的研究人员，是一种新型人才，应当具备“了解多门学科的方法，有能力提出创新性的科学问题，在利用不同工具回答科学问题方面训练有素”“掌握多方面的能力，能够研究和探索问题，发现和评估各类数据和信息，与团队成员合作开展高效率的工作，将研究发现有效地对外转化或传播”等多方面能力（Colgoni and Eyles，2018）。

8.4.1 专项教育基金

美国联邦政府科技部门为培养具有融合科学视角和能力的青年科研人员，设立专门的教育基金，或者是在其他资助项目中将教育作为资助目标之一，引导高等教育机构开展新的教育改革探索。

（1）美国国家科学基金会博士生研究培训项目

美国国家科学基金会研究培训（NSF Research Traineeship，NRT）项目的前身是整合型研究生教育和研究培训（Integrative Graduate Education and Research Traineeship，IGERT）项目。IGERT项目被认为是美国国家科学基金会中具有代表性的多学科交叉培训项目，为美国攻读自然科学博士学位和工程领域学位的学生提供一种多学科交叉的能力培训（NSF，2015a）。1998年启动以来，IGERT项目共资助了278个申请者，为大约6500位研究生提供了培训。2013年，IGERT项目改革为NRT项目，其定位更加明确，即鼓励STEM研究生教育的改革，特别是优先资助多学科交叉或融合科学的研究生教育改革探索。

NRT项目要求申请书所针对的研究生教育应当聚焦于国家需求相关的多学科交叉或融合科学主题，特别是侧重美国国家科学基金会近年来推动的十大创新主题。通过鼓励与大学、产业部门、非营利机构、政府部门、国家实验室、观测站、教学和培训中心以及非正式的科学中心等之间的战略合作，该项目旨在广泛参与STEM人才的培养。NRT项目提供的培训将与研究生的常规教育体系进行合理整合，并不会额外增加学生获得学位所需要的时间。

该项目的管理事务由美国国家科学基金会教育与人力资源学部下设的研究生教育处负责，但是具体的研究主题则由美国国家科学基金会各科学部的专人负责。每年的11月25日到12月6日，申请人要向美国国家科学基金会提交意向书，第二年的2月6日之前提交完整的申请书（包括牵头单位的支持函和其他单位的合作同意函）。每年有大约15份的申请获得资助，资助期限最多为5年，资助额度为每年60万美元。并且牵头单位只能是美国境内的大学，申请书只能由牵头单位的教职人员作为负责人提交（NSF，2019）。

在提交的意向函中，要对提交申请的研究培训项目进行愿景和目标的简要说明。说明事项主要包括：①在选定的具有多学科交叉或融合科学特点的某个研究主题中，STEM研究生培养的目标是什么；②申请的这个研究培训项目对于当前的研究生教育体系而言将带来哪些价值；③除了牵头单位和参与单位，在全国范围内该研究培训项目的必要性；④该研究培训项目在研究生教育方面的创新性将如何扩展到更多的机构。换言之，申请人需要说明所选择的研究主题对国家的重要意义，并且要特别说明该研究主题下，如何整合科研和学生培养这两个方面的目标，特别是在课程设置、职业培训方法、教学材料等方面将产生的影响。

（2）美国国家科学基金会工程研究中心

美国联邦政府资助的开展融合科学研究的非法人组织，也多被赋予培养学科交叉人才的职责。以美国国家科学基金会资助的工程研究中心项目为例，该项目从启动之初就确定培养不同于传统学科教育的复合型人才是每个工程研究中心的重要使命之一。1984 ～ 1988 年担任美国国家科学理事会主席、通用电气公司副总裁的罗兰 • 施米特（Roland Schmitt）先生认为，工程研究中心项目应当让学生明白，工程师们开展研究工作并不仅仅是为了解惑（to know），而是为了实际操作（to do）（NSF，2015b）。因此，工程研究中心项目的教育功能旨在让学生了解从科研到创新的各个阶段，并将工程概念引入高中学生之中，以吸引更多学生进入工程类专业和职业，培养具有创造力的工程师。针对美国企业雇主的调查表明，工程研究中心项目的毕业生中绝大多数（占比 80%）被上司认为比其他毕业生更具有创造力，他们更懂得如何通过不同学科领域和管理团队的整合来推动技术的发展（NSF，2016b）。

8.4.2 课程改革

在开展融合科学方面，具备 T 形、π 形或梳形知识储备（图 8-1）的人才将具有天然优势（Dawson，2013）。已有研究表明，成功的系统集成研究者既要在核心领域具备深厚的专业知识，同时，随着时间沉淀他们又能了解和把握自己的核心领域与其他学科之间的交互性，有能力拓展他们的核心专业知识并将其应用于新的挑战之中。通过这个过程，这些集成研究者既能够将现有各学科领域的知识以一种新的方式进行集成，又能够在各类知识之间建立新的联络和认知节点。例如，针对知名跨国公司（如美国 3M 公司）的调查表明，那些具有某一学科领域深厚知识 / 技能的专业人士，往往比那些具有多种知识储备的 T 形、π 形或梳形复合型人才拥有更多的专利和更大的学术影响力；但是，后者往往能够将发明转化为产品，从而为公司带来真正的增值（Boh et al.，2014）。

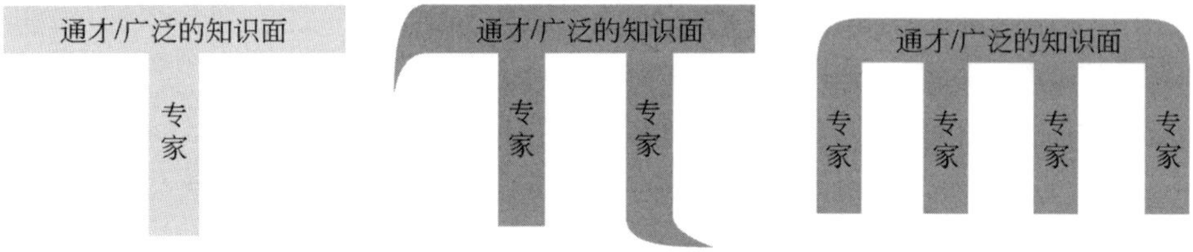

图8-1　T形、π形或梳形知识储备

资料来源：AAAS. 2014. Convergence Science：A Revolution For Health Solutions. https：//aaas.confex.com/aaas/2014/webprogram/Session7094.html[2020-3-4].

为培养具有 T 形、π 形或梳形知识储备的新一代融合科学人员，针对高等教育阶段的课程改革是最为核心的举措之一。以下以美国和韩国科研机构及大学的课程改革为例介绍已有实践。

（1）美国大学的实践

在推行融合科学范式下的课题改革方面，一个典型案例是美国科罗拉多大学生物前沿研究所（Bio-Frontiers Institute）为研究生开设的融合教育项目——跨学科定量生物学项目。该项目要求学生在正式开始博士学位课程之前具备多种学科的视野和基本常识，为其在博士学习阶段中开展问题导向的融合科学研究打下基础。具体而言，参加该项目的学生要在入学初期参加一个以计算机科学、生物化学、生物学和数学等学科为主要内容的短期训练营。通过该训练营，学生了解计算机、化学、数学等学科的基本概念和工具。此后，学生入学第一年的课程中主要学习定量分析相关课程和生物学相关课程，训练生物学基本技能。学生在掌握生物学基本技能并且具备多学科基本常识的基础上，再正式学习博士学位课程。

另一个典型案例是加利福尼亚定量生物科学研究所（Institute for Quantitative Biosciences，简称 QB3 研究所）。该研究所是由加利福尼亚州、私人企业、风险投资和加利福尼亚大学（伯克利、旧金山和圣克鲁斯分校）合作建立的一个具有显著融合科学特点的研究机构。该研究所的 250 多位研究人员利用物理学、化学、工程和数学等多学科的定量工具，探究从原子和分子到细胞、器官以及机体等多个层面的生物系统工作原理。与此相应，QB3 研究所致力于培养下一代科学家和企业家，使他们做好准备，迎接一个融合多学科方法来解决生物学巨大挑战的世界。基于此，QB3 研究所的教育课程设计既重视多学科融合能力的培养，又重视企业孵化能力的培养。

具体来看，一方面，QB3 研究所开设基于化学、计算、系统和合成生物学等多门学科的新学位课程，如为所有学科背景的博士研究生开设一门名为《计算和基因组生物学》的课程，并在此课程基础上新设立一个具有融合科学特点的新博士生项目——计算生物学博士生项目，以培养具备在计算科学和生物学的交界面上开展研究工作的博士生。此外，QB3 研究所还设有生物物理学研究生小组，这是一个设在加利福尼亚大学伯克利分校的独立的博士生项目，旨在培养具备在生物和物理科学的交界面上开展科研工作的博士生。另一方面，QB3 研究所作为一个开展融合科学的机构，为鼓励学生和博士后人员开展成果孵化，提供有关知识产权保护和创业的两年期培训课程，并吸引 1.5 亿美元的中小企业基金、天使投资、风险投资等帮助学生和博士后人员建立 140 余家企业，创造 300 多个工作岗位（Kelly，2013）。

（2）韩国大学及研究机构的实践

近些年来，韩国政府和大学高度重视融合科学相关的人才培养机制建设。韩国政府在 2016 年首尔举办的全球人力资源论坛上提出“融合能力人才”的概念（Global Human Resource Forum，2016），旨在培养具有人文视野，具备科学创造力，掌握多学科研究手段的高素质融合型人才。这类高素质融合型人才往往对于其专业背景有深厚的积累，同时具备解决复杂问题的能力、创造新价值的能力和全球领导力。在这种培养理念之下，韩国在本科生教育和研究生教育上都开展了一些颇具特色的实践。

1）本科生教育。以韩国政府 2004 年成立的大邱庆北科学技术院为例，该院于 2014 年成立跨学科研究学院，其被认为是韩国最具特色的本科生教育项目。该项目每年招收大概 200 位本科学生，生源主要来自于韩国境内在科学方面的知名高中。该项目并不按照传统学科划分方式设立各个院系，而是要求所有学生在入学头两年学习基础课程，如数学、物理、化学、生物和计算机，一些经过精心筛选的人文社科类课程（帮助学生具备一定的管理能力和企业家思维方式，部分课程由授课教师自己编撰），以及体育和音乐课程。

在第三年和第四年，学生将学习一些更为深入的科学和工程类课程，这些课程由专职负责本科教学的老师和研究生教学的老师共同讲授。此外，按照3～5个学生为一个小组，将所有本科学生（既有低年级学生也有高年级学生）分成若干个小组，每个小组有1～2位指导教师，围绕特定的研究主题开展研究。研究主题既可以由指导教师建议，也可由学生按照兴趣自由选择（Akbar et al.，2017）。

2）研究生教育。以首尔国立大学为例，该大学在韩国首尔南部新城京畿道的技术园区设立以开展融合科学为特点的融合技术高等研究院，以及开展融合人才教育的融合科技研究生院，距离首尔国立大学主校区大概30公里。自2009年成立以来，融合科技研究生院开展的研究主题涉及纳米科技、数字内容和信息研究、智能系统、生物医学、分子医学和分子药理学等多种学科，使学生能够和不同学科背景的人员进行日常性的交流和讨论，为学生接受融合式的学习开阔思路和眼界。此外，该研究生院鼓励学生自由地选择和调整其研究主题，真正引导学生从兴趣出发围绕共同关注的问题开展交流和合作。该研究生院的一个特色课程是《跨学科项目设计》（Roco et al.，2013），目的是培养学生具有跨学科合作的能力。具体来看，该课程首先要求不同学科背景的学生自由组成小组，每个小组都致力于解决一个所有成员都感兴趣的研究问题；然后，要求小组成员共同将个人掌握的不同学科领域内的知识和技术进行整合，制订一份解决该研究问题的技术路线图；之后，按照这个技术路线图，小组成员共同进行试验和开发，以验证该方案的合理性，并根据老师和同学的反馈进一步改进技术方案，从而得到一个最优方案。

8.5 中国的相关实践

8.5.1 人才聘用和考核

近些年来，随着中国与世界科技交流合作的日益广泛和深入，中国科技界的人事制度也在借鉴国际经验的基础上进行大胆改革。以中国科学院为例，在研究所分类改革中，其围绕解决重大问题而开展了一系列具有问题导向、鼓励交叉融合等特点的人事制度改革探索。

在人才聘用方面，一批具有多学科交叉融合特点的卓越中心先后实施了“双聘”制度。2015 年，依托中国科学院战略性先导科技专项（A 类）“变革性纳米产业制造技术聚焦”建设的纳米科学卓越创新中心（中国科学报社，2019）开始启动。该卓越创新中心由国家纳米科学中心牵头，中国科学院大连化学物理研究所、中国科学院苏州纳米技术与纳米仿生研究所、中国科学院固体物理研究所、中国科学技术大学共建。成立之后，纳米科学卓越创新中心对成员实行双聘制，即同时拥有在该中心的岗位以及原单位的岗位，保留在原单位的各项待遇；该中心从中国科学院以外聘用的工作人员，人事关系由依托单位管理，并签订三方工作协议。在成果共享方面，知识产权同时归属于纳米科学卓越创新中心及成员人事关系所属单位。与此类似，中国科学院研究所分类改革中启动的青藏高原地球科学卓越创新中心也实施了“双聘双享”的制度（中国科学报社，2019）。“双聘”指的是研究所科研人员加入卓越中心，既是原单位的人，同时也以特聘研究员的身份进入卓越中心，由卓越中心给予人员津贴。“双享”指的是针对发表成果归属的问题，特聘研究员的科研产出同时挂名原单位和卓越中心，两个单位共同享有成果归属权。

在人员晋升考核方面，由中国科学院上海药物研究所牵头建立的中国科学院药物创新研究院在推动基于重大产出和重大贡献的晋升考核制度方面取得了突出成效。该创新研究院于 2014 年筹建伊始就认识到新药研发和释放人才创新活力是关键。长期以来，中国科技界的评价体系以“出论文”为导向，研究所分类改革之前的中国科学院上海药物研究所也不例外。然而，新药研发周期很长，而且由于专利保护、行业竞争等因素，科研人员在新药研发过程中难以发表高水平的研究论文。可见，以“出论文”为导向的人员考核和晋升制度不利于实现药物创新的最终目标。为此，中国科学院药物创新研究院启动了人才考核和晋升的新政，打破唯“出论文”标准，围绕“出新药”目标，将新药研究人员的考核和晋升与临床批件、新药证书等重大成果挂钩。这就使得相关基础和应用基础研究人员、技术支撑人员、技术转化人员均有晋升机会。在这种以重大产出为目标的人才晋升和考核制度下，中国科学院药物创新研究院就职的一些青年研究者，由于为新药成果做出突出贡献而顺利竞聘为高级职称（中国科学报社，2019）。

8.5.2 复合型人才培养实践

中国政府（教育部）和大学长期以来主要采用分科教育模式培养人才，在各学科人才培养方面积累了丰富的经验。近年来，随着经济发展和社会转型，中国政府及大学将培养多学科交叉基础上的复合型人才作为大学人才培养改革的重要内容。相比传统上以培养具有某一门专门知识或技能的人才为目标的大学人才培养模式，复合型人才培养模式在培养目标、招生方式、课程设计、教师资格等多个方面都有所不同。为此，中国政府近年来多次发文提出指导意见和具体要求。例如，2010 年发布的《国家中长期教育改革和发展规划纲要（2010—2020 年）》明确提出，“优化学科专业、类型、层次结构，促进多学科交叉和融合。重点扩大应用型、复合型、技能型人才培养规模”。2015 年出台的《国务院办公厅关于深化高等学校创新创业教育改革的实施意见》（国办发〔2015〕36 号），明确提出“2015 年起全面深化高校创新创业教育改革”；“多形式举办创新创业教育实验班，探索建立校校、校企、校地、校所以及国际合作的协同育人新机制，积极吸引社会资源和国外优质教育资源投入创新创业人才培养”；“探索建立跨院系、跨学科、跨专业交叉培养创新创业人才的新机制，促进人才培养由学科专业单一型向多学科融合型转变”。2018 年教育部、财政部、国家发展和改革委员会印发的《关于高等学校加快“双一流”建设的指导意见》明确指出，“制定跨学科人才培养方案，探索建立政治过硬、行业急需、能力突出的高层次复合型人才培养新机制”。

高水平研究型大学学科门类全面并且具有雄厚的科研基础，在培养具有多学科背景的复合型人才方面具有得天独厚的条件。近几年，在上述国家政策引导下，以“双一流”大学为代表的研究型大学开始尝试建立多学科复合型人才的培养机制。例如，北京大学成立元培学院与前沿交叉学科研究院，中国科学院大学开设未来技术学院，浙江大学成立工程师学院，武汉大学设立博士研究生跨学科拔尖创新人才培养试验区，天津大学与企业合作探索新工科背景下人工智能与信息技术复合型人才培养模式等。这些大学在跨学科本科生培养和研究生培养两方面取得了宝贵经验，成为中国大学复合型人才培养的先行者。

（1）本科生教育（以北京大学为例）

北京大学在 2001 年开始实施“元培计划”，该计划以北大老校长蔡元培先生的名字命名，并在此基础上于 2007 年成立元培学院。元培学院与其他院系不同之处在于：按文理两大类招生，低年级不分专业，开设通识课程；学生在全校的学科范围内选择和安排自己的课程与知识结构；在导师指导下根据自己的能力和兴趣在全校各院系各专业中自主选择专业（北京大学，2010）。整个培养过程包括：入学时的全方位入学教育，大一时完成五大通识课程体系，大二时自由选择专业与课程，大三时接触研究课题，毕业前完成高质量毕业论文，最终培养具有综合素质能力、理论研究能力、工程实践能力和批判思维能力的综合性高水平研究型大学本科人才。下面重点介绍元培学院学生在专业选择上的自由性与学院跨学科专业建设两方面。

在专业选择上，元培学院学生在完成五大通识课程基础上有全校范围内自由选择专业的权利。为了防止学生在各种专业和众多的课程面前不知所措，元培学院要求新生参加暑期的新生训练营，学院会邀请各专业著名教授做关于学科专题的讲座，并在第一学期开设新生讨论班（每班不超过 15 人），设置富有特色的课程主题。此举不仅能拓宽新生的眼界，还可让他们了解相关学科群的思维方式，为他们以后的专业选择提供依据。此外，在本科时期的前两年，元培学院的必修课程学分总量（120 个学分）少于其他院系（140～150 个学分），目的是给学生留出时间思考自己最感兴趣的是什么、最擅长的是什么，同时也赋予学生大量自由探索的空间。此外，元培学院鼓励学生通过讨论班、学习小组等形式互相学习与共同探讨，且视作与课堂学习同等重要。

在跨学科专业建设方面，元培学院设立了若干新的面向未来的跨学科专业——数据科学与大数据技术、古生物学、政治学经济学业与哲学、外国语言与外国历史、整合科学等。以元培学院的整合科学实验班为例，该实验班的教学工作由北京大学从事生命科学跨学科研究的优秀教师参与，其中包括多位中国科学院院士、长江学者等。实验班课程实行小班教学且全新设计。不仅注重数理化生等基础课程，还重视不同学科的深度整合。此外，元培学院还实行跨学科专业的课程建设，如“社会正义与中国实践”这门课程由政治哲学、经济学、社会学三个专业方向的老师共同就同一问题进行讲解，学生通过这门课程可获得三种专业知识的融合。

（2）研究生教育（以中国科学院大学为例）

中国科学院大学于2016年成立未来技术学院，旨在探索研发着眼于未来的、能够重塑人类生活、工业生产、商业消费模式乃至全球经济革命性进步的技术。未来技术学院由中国科学院理化技术研究所牵头建设，中国科学院相关研究所（沈阳自动化研究所、西安光学精密机械研究所、北京基因组研究所、微电子研究所等）共同承建，建立学科前沿性与学科交叉性相结合的人才培养模式和科学研究平台，是中国科学院乃至国家面向未来技术领域培养复合型人才的重要基地。下面从遴选导师、招生入学、教学方式、专业研究主题等方面进行介绍。

未来技术学院从中国科学院不同研究所遴选导师，可授予多门学科的学位。截至2020年已在全院范围内遴选了171位博士生导师，其中有院士9位、长江学者2位、杰青①36位、优青②11位。学院还从全院17个研究所遴选了岗位教师98位，其中院士6位、杰青26位、中国科学院百人计划入选者③35位，优青3位。该学院可以授予学位的学科包括控制科学与工程、计算机科学与技术、光学工程、化学、材料科学与工程、化学工程与技术、物理学、生物学、动力工程及工程热物理、电子科学与技术等。

未来技术学院主要招收推荐免试研究生并统一组织考核，重点考察学生的科研基础、科研兴趣以及研究潜力。学院每年从中国科学院大学的专业院系中筛选优秀本科生作为直博生候选人，通过考核机制实现与其来源院系之间的学生流动。每年招收直博生130～200位，主要是从中国科学院大学大三、大四的本科生中筛选成绩优秀并且对从事未来技术研究感兴趣的学生。学生将在每学期结束后接受考核，不合格的学生将回到相关专业院系学习。

学生的专业研究主题主要聚焦于信息领域、材料领域、能源领域和生命科学领域的核心关键问题，并在领域之间的交界面确定研究方向。与此相应地，未来技术学院的课程依托于中国科学院大学提供的各专业课程，由学生根据兴趣及研究需要从相关院系中选课。同时，学院结合各专业研究主题开

①杰青：对“国家杰出青年科学基金项目”承担者的简称。

②优青：对“国家优秀青年科学基金项目”承担者的简称。

③百人计划入选者：对入选中国科学院“百人计划”的科技人才的简称。

设针对性课程，主要包括案例分析课、研讨课、现场教学以及系列讲座等。

（3）专业学位研究生教育（以浙江大学为例）

浙江大学为深入推进专业学位研究生教育改革，面向国家重大需求和未来产业发展趋势，培养更多高素质应用型、复合型、创新型工程技术和工程管理人才，在教育部和省、市政府的大力支持下，于2016年成立了浙江大学工程师学院（以下简称为“工程师学院”），对标世界顶尖工程类院校，着力开展研究生层次的卓越工程师培养。工程师学院秉持“政府主导、复合交叉、校企协同、国际合作”的办学方针，通过打破学科、专业（领域）归属，建立具有鲜明行业特色、与专业学院紧密依托又错位发展的教育教学体系，探索可复制推广的工程类专业学位研究生培养创新模式。

利用省、市专项经费，工程师学院建设了占地近150亩[①]的全新办学空间和8个一流水平的校内综合实训平台。浙江省和浙江大学共核定180个教师编制作为增量指标，学校还专门设置“工程教育创新”系列的教师岗位，集聚校内各专业院系应用见长的老师和校外相关行业头部企业总工程师等顶尖实务专家，推动建立一支专兼结合、兼职兼聘为主的高水平师资队伍，聚焦国家“卡脖子”工程技术问题，强化对研究生的专业实践和应用创新指导。

作为浙江大学产教融合、校企联培专业学位研究生的“试验田”“示范区”，工程师学院在推动培养模式改革、推进分类培养方面进行了有益探索。一是校企共建高水平实践教学课程体系，行（企）业专家参与制订培养方案并同堂授课，实践教学课程占比超过50%。二是推行“校内+行业”的双导师制，保证研究生有3个月以上时间立足企业真实项目开展专业实践训练。三是贯通工程专业学位研究生培养与行业职业资格评审机制，以人力和社会保障部门授权学院开展工程师职称评审倒逼课程、实践与学位论文质量提升，实现人才培养无缝衔接。四是面向产业，以项目为载体，围绕数字经济、人工智能、集成电路等前沿领域推行复合交叉的卓越专业学位研究生培养模式。项目采取申报评审制和滚动调整机制，设立首席专家、院士及资深教授领衔多学科导师团队，聚集多类别（领域）的工程专业学位研究生开展交叉研究、复合培养，配套实验设备和房产空间等资源，深度结合1～2家头部企业，校企共建集人才培养、协同创新、科技成果转化于一体的联合研发中心。五

---

① 1亩≈666.67平方米。

是面向战略合作的头部企业开展“订单式”人才培养项目，围绕企业需求设立工程硕士、博士联培班。六是结合国家、区域发展战略和浙江大学地方研究院的发展，在省内、国内布局地方分院，支撑当地支柱产业转型升级和战略性新兴产业发展。

8.6 小结

人才机制创新尤其是人事制度和教育制度创新是培养和激励符合融合科学要求的新型人才的重要举措。从现有实践来看，为推动融合科学，人事制度改革主要集中在聘用和考核两大环节，而教育制度的改革则主要是体现在专项教育基金和课程设计。总体上，有利于推动融合科学的人才机制创新具有以下几个特点。

1）传统的分科式聘用仍然是科技界主体采用的聘用方式，以问题为导向的聘用方式与分科式聘用方式相结合形成矩阵式人事架构，有利于推动融合科学的发展。由于问题导向具有一定的时效性，带来一定的人事变动风险，因而现阶段国内外实践多数采取的是对分科式聘用方式（如长聘制度）的调整和优化，而非对这种传统人事聘用方式的废除，具体形成了集群制和双聘制两种改良后的聘用方式。其中，集群制的典型做法是在校级层面确定一批跨越现有学系边界的跨学科知识领域，即“集群”，然后经由教务长领导的竞争聘任程序把新教师聘任到集群中，同时把新教师的行政归属安置在相关院系，并提供岗位资金支持。双聘制则意味着教师同时受聘于传统院系和跨学科研究中心，在两个部门同时承担科研和教学工作，且两个部门之间签署备忘录，明确各自对双聘教师的薪酬支持和绩效评价等方面的责任。可见，传统的分科式聘用仍然是集群制或双聘制的基础。当然，少数机构在获得独立法人前提下彻底破除原有分科式聘用架构，实际上已经形成了类似于企业的人事制度。

2）对科研人员的个人考核由论文导向转变为解决重大问题的导向，有利于激励科研人员开展融合科学研究。传统学科导向下的人员晋升或年度考核中，考核专家组的成员主要来自于同一专业领域，并以该领域的产出为主要考核指标。这种考核制度对于专业领域的学科发展具有很好的推动作用，能够激励研究人员在该专业领域的研究深入。然而，从激励科研人员开展融合科学的目的来看，现有学科导向的人员考核机制需要转变为重大产出导向的人员考核机制。一方面是根据所瞄准的重大问题从不同学科当中选择合适的考核专家，由考核专家从各自角度判断重大问题是否能够有效解决；另一方面是对考核指标进行调整，包括将产出范围扩展到所有有利于解决该重大问题的学科范围（而非仅限于特定的学科范围），以及指标设计聚焦于药品、产品、解决方案等实质性的终端产出（而非仅限于论文、专利等前端产出）。

3）以项目制改革分科制人才培养方式，推动从基础教育到高等教育的复合型人才的培养链条。解决重大问题所需的复合型人才，要求其既有某一领域的专业知识和技能，又具有与其他学科领域进行交叉融合的能力。前者按照传统的分科式教育可以实现，但是后者需要重新塑造人才培养体系。目前，人才培养体系改革的重要实践是以项目方式培养复合型人才。在本科教育阶段具体表现为打破原有的物理、化学、数学等各门学科的架构，以具有特定目标的项目为主线将这些课程内容融入完成项目的活动当中。在研究生教育阶段乃至青年研究人员的培养方面，则具体表现为在政府资助项目中（尤其是融合科学类的项目资助或机构资助中）将培养复合型人才作为项目目标之一。

第9章　推动融合科学的评价与奖励机制创新

评价与奖励在科学生态系统中发挥对特定对象（成果、人员、政策等）的有效性或价值进行判断和认可的作用。目前，推动融合科学的评价和奖励机制在全球范围都属于前沿问题。本章首先从历史发展的角度分析重大问题导向的评价与奖励实践的历史演进，进而分别梳理若干符合融合科学发展需要的评价和奖励案例，如英国 REF、中国科学院先行探索的融合科学领域态势分析方法、美国国家科学院“赛克勒融合科学奖”、麻省理工学院“融合创意挑战赛”、针对诺贝尔奖改革的思考等。最后，对有助于推动融合科学的科研评价与奖励新机制的特点进行小结。

9.1　重大问题导向的评价与奖励机制

近代科学诞生以来，科研评价与奖励经历了三个主要的发展阶段。在近代科学发展早期，科研评价主要用于科学共同体对研究成果的认定，包括通过科学出版物确立优先权、通过同行评议判断研究结果的真伪和质量等。与科研评价相类似，这一时期的科研奖励活动也是零星的、个人化的和非制度化的。例如，来自皇室的赏赐对于当时从事科研活动的人员而言，既是极高的荣誉又能带来很多的资金，而类似 1731 年英国皇家学会设立的世界上第一个具有制度化特征的奖励——科普利奖，则极为稀缺。这一时期可称为“自由评价和奖励时期”，科研评价及科研奖励处于发展雏形阶段，对以解决重大问题为目标的科研和以学科发展为目标的纯研究并没有进行区分，而是采取笼统对待的方式。

19 世纪末至 20 世纪中叶，科学研究逐渐完成建制化发展，科研评价和科研奖励在这一时期获得极大发展。从评价角度来看，以美国为首的西方国家从第一次世界大战和第二次世界大战时的集中式科研中获取巨大利益，因而政府在战后继续维持并逐渐加大对科学研究的资助力度，并且相应地由各联邦机构自发组织开展对具体学科领域的投入效益评价。例如，美国国家科学基金会在20世纪70年代成立评价办公室，率先开始探索评估基础研究及其影响力的定量方法。经济合作与发展组织的一些其他国家也自20世纪60年代起，积极尝试对政府支持的科学研究活动的投入、产出、成果和影响力等方面进行分学科式的评价。这些评价基本上是科技组织和科研管理部门自发进行的，政府层面并没有统一要求。从奖励角度来看，英国、美国、法国、日本、德国等国也纷纷设立一批具体学科领域的奖励。例如，19世纪70～90年代英国皇家学会在化学、地理和生物领域分别设立的戴维奖、巴克奖和达尔文奖，1901年起瑞典皇家科学院首次颁发的诺贝尔奖，1936年国际数学联盟首次颁发的菲尔兹奖，1946年美国慈善家在基础医学和临床医学领域设立的拉斯克奖，1966年美国计算机协会在计算机领域设立的图灵奖等（姚昆仑，2012）。这些科研奖励也是科研管理部门或者学术社团层面的自发行为。由此，这一时期的科研评价和科研奖励可统称为“自发式评价和奖励时期”。该时期科技界也自发形成了少数以解决重大问题为导向的评价实践和奖励。例如，美国DARPA就是以重大问题的解决为导向来评价和遴选科研团队。1901年起正式颁发的诺贝尔奖，也具有显著的重大问题导向，主要奖励那些对推动人类文明进步做出重大贡献的科学家。其中，物理学领域的诺贝尔奖呈现出基础研究和技术研究成果平分天下的局面，化学、生理学或医学领域的诺贝尔奖则更趋向于技术研究成果，涉及科学仪器与设备、分析测试方法、新技术和新工艺、医学诊断与治疗技术等（劳永新，2004）。

20世纪八九十年代以来，科研评价和科研奖励的制度化进一步增强，以解决重大问题为导向的科研评价和科研奖励制度成为提高国家竞争力的重要机制之一。从评价来看，以美国国会1993年通过的《政府绩效与结果法案》（The Government Performance and Results Act，GPRA）为标志，科研评价进入国家和政府层面的制度化评价阶段。该法案要求联邦机构每年提供将战略规划分解为定量化实施目标的年度绩效规划报告，并在年末对照年度绩效规划中的定量目标检查其完成情况，形成年度绩效评估报告。2002年，布什政府在《政府绩效与结果法案》框架下进一步提出项目评级工具（Program Assessment Rating Tool，PART），在机构预算、计划和评价过程的基础上建立一致的评估框架和标准。这个时期科研奖励也基本实现制度化，提名制度、回避制度、评审制度等相关制度建设逐渐完备。科研评价和科研奖励的制度化，一方面得益于新公共管理运动，另一方面得益于信息技术的应用普及，后者使得评价和奖励所需大量的数据采集、统计、处理与建模越来越简便易行，为科研评价和科研奖励的制度化提供了基础。

伴随着科研评价和科研奖励制度化，科研评价及科研奖励的价值导向从只注重学术价值转向学术价值和经济社会效用并重。例如，英国政府于 2008 年启动 REF，对原有的高等学校科研评估进行改进，在评价指标上新增社会影响（占比 20%）这一指标，目的是强调科学研究成果在学术价值以外的经济社会贡献。日本产业技术综合研究所基于“全链条研究”（full research）的评价理念特别强调科学研究对产业和社会产生影响，近些年在研究所评价中重视监测研究所服务产业的能力，要求研究所制定科研服务产业的路线图，确保研究所沿着路线图推进并最终满足产业界的技术需求。德国弗劳恩霍夫应用研究促进协会每年组织外部专家为下设的 60 多个研究所进行诊断评议，重点评价研究所服务企业的能力，并保持研究所在前瞻性技术研发中的领先地位。韩国为推动以解决重大经济社会为目标的融合科学，专门设立融合科学学会——韩国融合学会（Korea Convergence Society，KCS），其基本职责包括：开展融合科学、融合技术以及相关政策措施的评价研究；开展融合科学、融合技术相关的规划、监督和评价；奖励融合科学、融合技术相关研发活动中的突出成果；创办名为《韩国融合学会会刊》的专门期刊，征集和发表融合科学、融合技术以及产学合作相关的论文、报告等；举办融合科学、融合技术相关的系列讲座、教育培训、论坛和会议等；推动不同学科和技术之间的交流与合作等（Korea Convergence Society，2015）。可见，科研评价越来越凸显对重大经济社会问题的有效性评价。从科研奖励来看，近些年来出现了一些以解决重大问题为导向、不按照学科设奖的国际奖励，如以色列设立丹 • 大卫奖（Dan David）承认并鼓励创新与跨学科的研究，授予在科学、艺术与人文方面有突出贡献的个人与研究团体；美国国家科学院联合赛克勒基金会设置“赛克勒融合科学奖”（Raymond and Beverly Sackler Prize in Convergence Research），鼓励在跨学科领域研究中取得杰出成就的科学家；中国的国家最高科学技术奖，每年授予中国科学技术做出突出贡献的 1 ～ 2 位科学家，而不论其学科背景。可见，无论是科研评价还是科研奖励，当前的理念和实践都在朝着判断和认可解决重大问题有效性方面进行调整和优化。

9.2 科研评价制度

通过评价来推动融合科学，关键是要在评价方法中充分体现融合科学在解决重大问题、跨学科交叉融合、创新价值链衔接贯通等方面的价值导向，从国内外来看这都属于科研评价领域的前沿课题。

9.2.1 重大问题导向的评价

为了推动融合科学，在科研评价改革中首先要调整评价的目标导向，由以往强调科研成果的学术价值转变为评价科研在解决重大问题方面的效果，其关键是要打破学科壁垒，以问题解决为导向重新定义科研的产出范围。在这方面，主题聚类分析以及聚焦于重大问题的专家评议方法等为开展基于重大问题的科研评价提供了两种可能方法。

（1）主题聚类分析

主题聚类分析是文献计量学中的一种相对成熟的技术方法。近些年来，基于该方法开展国家层面、机构层面的科研评价，为以重大问题界定科研产出范围提供了可行的路径。

具体来看，聚类分析是将研究对象分为相对同质的群组（clusters）的统计分析技术，通过该类技术可实现“物以类聚”“人以群分”。该方法起源于数值分类学，是原有主观分类学当中引入数学方法后形成的数值分类中的一种。文献计量学中的主题聚类分析，一般以标准化的论文数据或者专利数据为数据源，包括引文分析、文献耦合分析、共被引分析和共词分析等多种具体的技术方法。其中，引文分析可通过大量论文之间的引用与被引用关系揭示科学研究的主题结构，最早可见文献计量学先驱尤金•加菲尔德（Eugene Garfield）于1963年发表的《有关社会和历史研究的分析》（Garfield, 1963）。文献耦合分析和共被引分析是相逆的两种方法。文献耦合分析的思想最早于1963年由迈克尔•迈尔•凯斯勒（Michael Myer Kessler）提出，是基于两篇论文中出现相同参考文献的频次度量论文的相似程度，即两篇论文共同引用了同一篇参考文献的情况越多，这两篇论文在内容上的相似度越大（Kessler，1963）。共被引分析最早于1973年由亨利·斯莫尔（Henry Small）提出，是基于两篇论文共同被其他文献引用的频次度量论文的相似程度，即两篇论文共同被同一篇文献引用的情况越多，这两篇论文在内容上的相似度越大（Small，1973）。与前面三种基于引用关系的方法不同，共词分析则属于内容分析方法的一种，其基本原理是对一组词两两统计它们在同一篇文献当中共同出现的频次，以此来度量这些词之间的亲疏关系，从而刻画出这些词所代表的学科或者主题的结构（Cozzens et al.，2007）。

近些年来，这些不同的技术方法被引入科研评价之中，实现了将看似杂乱无序的论文文献或者专利文献聚合成一个一个的主题，用以分析学科或者研究主题的结构，并基于此开展国家层面或者机构层面的评价或分析。例如，2014年以来，以文献计量学中的共被引分析方法为基础，基于美国科睿唯安公司的基本科学指标（Essential Science Indicators，ESI）数据库，中国科学院与美国科睿唯安公司连续多年合作发布每年的《研究前沿》报告。《2018研究前沿》遴选展示了10个高度聚合的大学科领域中的100个热点前沿和38个新兴前沿，较为完整地反映了相关学科的发展趋势，并有效覆盖了近年获得诺贝尔奖的研究领域。在此基础上，从贡献度和影响度两个角度，构建了国家层面的研究前沿热度指数，并以此评估了美国、中国、英国、德国等主要国家在诸多前沿的贡献和潜在发展水平，展示全球的科研进展和态势。报告显示，美国、中国、英国和德国在这些前沿领域研究最为活跃。在十大学科领域的100个热点前沿和38个新兴前沿中，美国研究前沿热度指数排名第一的前沿有82个，中国排名第一的前沿有32个，英国和德国分别有4个和6个前沿排名第一。中国的十大学科领域的发展多领域隆起，但仍有洼地，在化学与材料科学领域和数学、计算机科学和工学领域两个领域最为活跃，而在临床医学领域和天文学与天体物理领域的前沿贡献度方面表现明显不足（中国科学院科技战略咨询研究院等，2018）。

（2）重大问题导向的专家评议

专家评议起源于学术共同体的同行评议制度，是评价解决重大问题有效性的一种定性方法。当前，评价科学研究是否在解决经济社会重大挑战中发挥作用，或者是否在经济社会中产生重要影响，是融合科学时代科研评价的重要变革方向。在此背景下，用于评价解决重大问题有效性的专家评议制度，在评价者的筛选方面与传统的同行评议有所不同。传统同行评议中，评价者是科学共同体中“狭义的”同行，而在用于评价解决重大问题有效性的专家评议中，则以相关领域有广博知识和深入研究的专家为主体的同时，要根据特定的重大问题吸纳与之有关联的相关专家，如其他相关学科的科学家，政府科技管理部门的专家，以及相关产业界的专家、政府部门代表、社会公众代表等，他们往往代表着重大问题的利益相关方，对于科学研究是否有效解决了特定的重大问题具有发言权。此外，作为一种定性的评价方法，用于评价解决重大问题有效性的专家评议应重视评价标准的制定，这是保障客观性和公正性的重要机制。

以英国政府推动的 REF 为例。英国高等教育拨款委员会组织开展的 REF，其前身是 1986 年开始每五年左右针对大学科研开展的科研评估活动。由于考虑到各个大学的发展历史、学科特色和规模各有不同，科研评估活动并不对各个大学开展评价，而是采取以学科为单元的评价，由大学自主决定参加哪些学科的评价。2008 年之前，科研评估活动成为英国政府分配科研经费的重要依据。此后，随着公众和政府对于科学研究促进经济社会发展的期望越来越强烈，加上科研评估活动成本过高、占用评审专家大量时间等弊端，2008 年英国政府将科研评估活动改革为 REF，并于 2014 年正式推出，下一次开展 REF 的时间是 2021 年。

REF 将科研对经济社会的影响或贡献纳入评价体系中，并使这种针对科研影响的评价从方式和方法上都变得可行，比较集中地体现了重大问题导向下专家评议方式和方法的改革。具体表现在以下四个方面（徐芳等，2014）。

1）在评价内容的权重设置方面，REF 评价中科研产出质量、科研影响和科研环境三项内容的权重分别为 60%、25% 和 15%，这意味着科研影响在整个 REF 评价内容中占据了 1/4。

2）在针对科研影响的评价方法方面，REF 采用“案例 + 模板”的方法要求大学填报相关信息。从英国高等教育拨款委员会公布的 2021 年 REF 填报指南来看，大学可在填报系统中填报评估期间（2013 年 8 月 1 日至 2020 年 7 月 31 日）对经济社会产生影响的具体案例，支撑这些案例的基础研究应当是大学在 2000 年 1 月 1 日至 2020 年 12 月 31 日完成的。大学在填报案例时，需要按照 REF 评估委员会设计的模板填写相关内容，主要涉及大学在推动科研产生经济社会影响中的战略、途径和方式等。大学按照要求填写模板，并辅以案例和供参考的指标和定量数据作为证据，以供专家评估其科研影响。

3）评审专家组呈多层结构，且吸收有能力评价科研影响的特殊专家。其中，大组（学科）专家组负责为整个大组内部各小组（方向）之间评审标准的一致性，同时为小组专家提供更广的学科视野；小组（方向）专家组在大组（学科）专家组的领导和协调下，基于大学提交的材料完成各学科方向上的评估工作，并向大组（学科）专家组建议评估结果；此外，还专门设立额外的评审专家，由英国高等教育拨款委员会任命，或者是拥有专业知识和经验的行业代表，或者是科研活动的用户代表，主要参与对科研影响的评价。

4）以是否产生经济社会影响以及影响程度作为科研影响的评价标准。评审专家组将依据大学按照模板要求填写的案例及其支撑数据和指标，对科研影响产生的广度、深度和范围等进行分档，四个档次分别为：4 星（影响杰出）、3 星（影响很显著）、2 星（影响较大）和 1 星（影响较小或根本没有影响）。

9.2.2 对学科交叉研究的评价

随着科研活动从单一学科向多学科、跨学科和学科交叉融合的方向发展，对学科交叉研究的评价已成为科研评价理论、方法和实践中的一个重要主题，为通过评价推动融合科学的发展奠定了重要基础。以下介绍定量和定性两种方法在评价学科交叉研究方面的进展。

（1）学科交叉程度的定量测度

使用量化指标来测度学科交叉的程度，无论是从研究还是实践来看都是当前对学科交叉研究进行评价的重要方向。尽管严格来讲测度学科交叉的程度并不能对学科交叉研究的质量或者学术卓越性进行评价，但是有利于了解围绕特定主题不同学科之间相互关联的程度。

目前，不同学科之间的关联程度或交叉程度主要通过学科多样性（diversity）和学科聚合性（coherence）进行定量表达。学科多样性又可进一步通过学科数量（variety）、学科平衡性（balance）和学科差异性（disparity）来进行定量表达（图 9-1）。具体来看，学科交叉研究如果涉及的学科数量越多，不同学科在学科交叉研究中的重要性越均衡，涉及不同学科之间的差异性越大，则学科多样性越高（Stirling，2007）。同样，学科聚合性也可进一步通过学科关联密度（density）、学科关联强度（intensity）和学科关联差异性（disparity）来进行定量表达。具体来看，学科关联的密度越大，学科关联的强度越高，关联在一起的学科之间差异性越大，则该交叉研究的学科聚合性越高（Rafols，2014）。

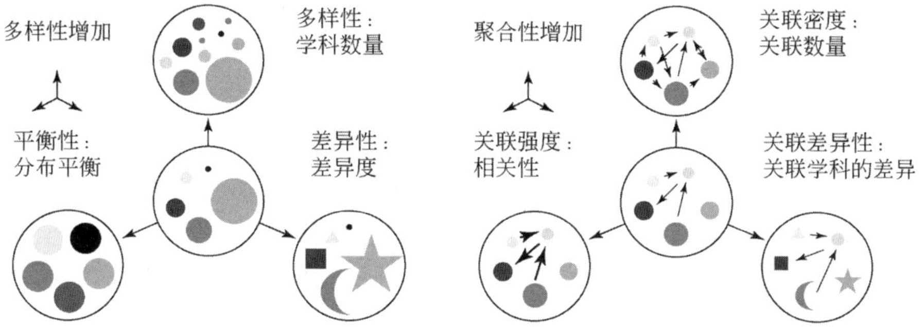

图9-1　学科多样性和学科聚合性

资料来源：Rafols I. 2014. Knowledge Integration and Diffusion：Measures and Mapping of Diversity and Coherence//Ding Y，Rousseau R，Wolfram D. Measuring Scholarly Impact. New York：Springer：169-190.

根据对学科多样性指标或学科聚合性指标的倚重程度的不同，测度学科交叉的具体方法（主要是文献计量学方法）也有多种。对学科多样性的定量测度主要通过文献计量学中的共类分析来实现。遵循共类分析的思路，最早出现也是最为简单的学科交叉测度方法主要是测算交叉研究中所涵盖学科的种类和比例，如波特（A. L. Porter）和丘宾（D. E. Chubin）提出的外类别引文分析法，把目标文献（或其引文）归属到两类学科（内学科和外学科），然后根据归属到外学科的文献所占比例来测度目标文献的学科交叉性（Porter and Chubin，1985）。此后，通过对交叉在一起的学科类别进行更为细致的分析，如平衡性（学科占比的均衡性）和差异性（学科之间的差异性），研究者发展并应用了更多的学科交叉测度指标，如 Brillouin 指数（Serebnick and Quinn，1995）、Reach 指数（Porter et al.，2007）等。对学科聚合性的定量测度主要通过文献计量学中的共现分析来实现。从共现分析（包含共词分析、共引分析等）的思路，已有研究和实践对共现单元（如关键词、共被引文献、作者等）在不同学科 / 领域的文献数据集中共同出现的情况进行频次分析、聚类分析或关联分析，来测度或表达学科 / 领域之间的交叉（Callon，1983；李江，2014；黄颖等，2016）。近年来，科学图谱分析工具可以更好地展现共现网络图，并启发学者将复杂网络系统中关于网络中心性和密度分析的指标和方法，如网络中间中心性（between centrality，BC）、网络密度（network density，ND）、网络平均路径长度（network path length，NPL）和网络分派指数（external-internalindex，E-I）等（Krackhardt and Stern，1988），大量应用于对学科交叉的分析，尤其是对学科交叉网络中不同学科联系紧密和相对重要性的分析（于洋等，2013；许海云等，2015）。此外，近年来国内外学者从综合考虑学科多样性和学科聚合性的角度又提出了若干综合测度指标，如 Porter 等（2007）提出的 Intergration 指标，Stirling （2007）提出的 Rao-Stirling 指标及陈赛君和陈智高（2013）提出的 Φ 指标等，以便更全面、更深入地展示学科交叉研究的特征。

需要指出的是，上述用于测度学科交叉的指标和方法都可以从关键词、引文、期刊、作者、机构和国家等多个角度或层面操作。例如，2016 年英国高等教育拨款委员会和英国医学研究理事会共同委托爱思唯尔公司，基于期刊的共被引分析，开展了有关英国及其他 8 个国家在学科交叉研究方面的国际比较（Elsevier，2015）。结果发现，英国的学科交叉研究在所有 9 个国家当中具有最高的学术影响力，中国和巴西作为两个新兴的创新型国家在学科交叉研究方面显示出巨大的研究实力。再如，2012 年拉福尔斯（Rafols）等（2012）针对英国爱丁堡大学科学、技术与创新研究中心进行了学科交叉研究的分析，主要基于论文的共被引分析揭示出该研究中心所具有的学科交叉特点。

（2）针对跨学科研究的专家评议

对跨学科研究进行专家评议是科研评价中的一个难点。从推动融合科学的角度来看，开展对跨学科研究的合理评价是推动融合科学的一个重要方面。与传统单一学科的专家评议相比，适合跨学科研究的专家评议对专家遴选、评价程序和评价标准等的要求有所不同。

如英国 REF 在总体上是按照学科领域分组评价，但是考虑到当前在很多学科领域都普遍呈现出的跨学科研究现象，而且很多跨学科研究都难以归集到特定的学科领域，因此，REF 在评价组织和评价方法上为使跨学科研究得到公平公正的评价进行了特殊安排。主要包括以下几个方面（REF，2019a，2019b）。

1）REF 专门设立了一个跨学科研究咨询小组（Interdisciplinary Research Advisory Panel，IDAP），为 REF 工作团队、REF 各学科方向评审专家组组长、四个英国高等教育资助机构等提供有关如何组织开展跨学科研究评价的建议，并且负责监督各学科方向评审专家组的跨学科评估，以确保各组采用商定的统一评估原则和程序。可见，跨学科研究咨询小组并不会对具体的研究成果进行评价，而是从评价组织、流程和方法上提出意见建议。此外，跨学科研究咨询小组将负责在 REF 结束后对其中跨学科研究成果的评价得分开展分析。当前，在为支撑 2021 年 REF 而成立的跨学科研究咨询小组中，剑桥大学物理学教授达姆·阿西妮·唐纳德（Dame Athene Donald）担任组长，其他成员来自英国各地，均为有丰富的跨学科研究和评估经验的人员，并按照提名程序任命。

2）在各学科方向的评审专家组当中，至少安排两位专家担任跨学科研究顾问，为本学科方向评审专家组评估跨学科产出提供指导，使其能够进行更为有效地评估。指导的具体方式包括为产出的分配和评分的校准等提出建议。跨学科顾问不一定要亲自评估提交给他们所在小组的所有跨学科产出。这些顾问将与其他小组的跨学科研究顾问形成一个合作网络，该网络将在评估阶段的关键节点举行专门会议，主要是为各学科方向评审专家组提供平台，进行两个方面的研讨：①评价跨学科研究成果的组织安排；②评价跨学科成果所要求的更广泛知识。各学科评审专家组可以通过这个平台，就这两方面的考虑和实践进行交流研讨。

3）为跨学科成果进行特殊的标注。通过与跨学科研究咨询小组合作，REF 组织方制定了跨学科研究的定义，以更好地指导高等教育机构（大学）在提交成果时确定哪些是跨学科成果。该定义具体内容为：出于 REF 的目的，跨学科研究被理解为取得了通过单一学科框架无法实现的成果（或新方法），其特点是两个或多个学科之间存在明显互动，通过应用或整合其他学科的研究方法并突破既有的学科框架。高等教育机构（大学）为每一项跨学科成果都标注上跨学科标识符，以便引起评价专家组的关注，并允许各学科方向的评审专家组与其跨学科研究顾问合作，考虑评价这些跨学科成果的最佳方法。在实际评价过程中，各学科方向的评审专家组也可将符合上述定义但是没有被大学标注的成果标注上跨学科标识符，也有可取消某些不符合上述定义但是已经被标注成果的跨学科标识符。事实上，通过对跨学科研究成果标注跨学科标识符，也有助于资助机构进一步对2021年的REF跨学科研究进行事后分析。

9.2.3 对政产学研用协同的评价

从推动融合科学的角度来看，产学研协同是融合科学解决重大问题的关键因素之一。与此相应地，科研评价改革要从传统上囿于学术界延伸到整个创新价值链，以如何评价价值链上游和下游各类科研创新活动之间的贯通和衔接为重要内容，才能成为融合科学的推动力。当前，国内外缺乏政府和用户等权益相关方在科研创新中的作用和效果的相关数据，难以有效支撑对政产学研用等各权益相关方之间协同性的评价。相比之下，针对产学研结合的绩效评价，以及创新价值链上知识转移的测度研究都较为丰富，无论是学术界还是评价实践界都开展了大量工作。其中，对产学研结合的绩效评价重点放在了产学研结合的效果和效率上，而关于创新价值链上知识转移的测度研究则在一定程度上从过程角度探索了对各类权益相关方协同性的评价，这些都为通过评价改革推动融合科学奠定了基础。

（1）针对产学研结合的评价

针对产学研结合的绩效或者效果开展的评价研究和实践，主要有三个视角。

1）将重点放在产学研结合的结果端进行评价。最早提出系统评价产学研合作模型的博纳科尔西（Bonaccorsi）和皮卡卢加（Piccaluga）认为，产学研合作绩效包括知识的产生、传递和衍生三个方面，可采用客观测度和主观评价相结合的方式开展。其中，对绩效的客观测度指标有新产品数量、研究者数量、出版物数量、专利数量等（Bonnaccorsi and Piccaluga，1994）。此后，研究者从不同方面推进了对产学研合作的绩效评价指标和方法，但是总体上是以对产学研合作结果的评价为基调。

2）基于应用数据包络分析（data envelopment analysis，DEA）方法开展

产学研结合的投入–产出效率评价。DEA方法是运筹学、管理科学与数理经济学等学科交叉融合的研究领域，最早由美国运筹学家沙尔纳（A. Charnes）和库珀（W. W. Cooper）在1978年提出。该视角不仅将产学研合作的结果纳入评价，而且将产学研合作的投入也纳入评价，以此作为效率分析的基础。例如，有研究者基于DEA方法建立产学研合作创新效率的评价指标体系，并对我国部分省市的产学研合作创新效率进行了实证分析（王秀丽和王利剑，2009）；此外，也有大量研究聚焦于特定行业开展产学研合作创新效率的评价分析（应向伟，2018；江岩和曹阳，2019）。

3）从合作有效性、和谐度、协调度等角度开展对产学研结合中各方协调性的评价，以推动产学研结合的可持续性。例如，有研究针对产学研合作过程有效性提出了评价指标体系，聚焦于资源利用情况、合作共建情况、协调分配情况、合作保障情况四个方面，对评价产学研合作过程的有效性开展了实证分析（李庆满和林海松，2012）；有研究基于和谐管理理论，从系统素质、系统实力、系统结构、系统功能、系统控制、系统内部环境和外部环境七个方面对产学研合作的系统和谐性开展评价（祝爱民等，2019）；也有研究针对企业、大学、科研机构等主体组成的系统整体的相互协作对产学研合作创新成效的影响，采用复杂系统理论方法确立产学研创新系统协调度测度方法（李彦蓉和郭鹏，2012）。

目前针对产学研结合的评价已经通过多个视角开展。其中，从协调度、和谐度视角的分析与推动融合科学所需的政产学研用协同性评价最为相关。

（2）针对知识转移的测度及实践

与创新价值链上下游之间协同性评价的相关研究起源于对知识流动（知识转移）的研究。1977年美国学者蒂斯（D. Teece）在探讨跨国技术转移时首次提出了知识转移的概念（Teece，1977）。此后，国内外学者对于知识流动的概念、特征等开展了大量研究，其中，亚当·贾菲（A. Jaffe）是利用专利引文数据考察知识流动的开创者（Jaffe，1986）。贾菲认为，被引用专利代表了施引专利的知识基础，这种引用与被引用关系反映了知识流动的轨迹。因此，除去复杂的引用动机或社会影响等因素，专利引文是测度知识流动的一种重要而有效的方式。在贾菲的开拓性研究基础上，国内外学者进一步通过对专利数据的向前关联（与论文数据关联）和向后关联（与产业数据关联），形成了“科学研究–

技术创新”关联性分析、“技术创新－产业发展”关联性分析这两类研究。

在“科学研究－技术创新”的关联分析方面，纳林（Narin）等（1995，1997）开创了对专利引用非专利文献的分析方法，其通过统计美国专利引用的期刊文献的来源，发现美国大学、政府研究机构或其他公共研究机构对美国工业技术发展起着非常重要的作用，而且这种重要性还在持续加强。迈尔（M. Meyer）通过比较不同领域专利引用期刊文献的数量关系，表明专利的非专利引文反映出基础研究与技术创新之间的相互关联，且不同领域的关联强弱、互动方式不同（Meyer，2000）。基于专利引用非专利文献的分析方法，一些表征科学与技术关联性的指标也开始出现，如平均每个专利所引用的非专利文献和施引专利的份额等指标（OECD，2011）。近些年，国内学者对国际上专利引用非专利文献的分析方法进行了综述和探讨（赵黎明等，2002；刘立和王耀德，2003；李睿，2010），并在农业、化学等个别领域开展了一些实证分析（文晓芬，2011；吴菲菲等，2013；程妮和刘航，2014；程妮等，2015）。

在“技术创新－产业发展”的关联分析方面，一种间接分析方法是从专利的共同署名入手，分析学术界与产业界合作申请专利的情况（Hicks，1995；Breschi and Catalini，2010；江洪等，2014）。这种方法仅能揭示学术界和产业界的专利合作情况，对于这种合作如何延展到更为下游的产品开发和市场环节则无法分析。一种更为直接的方法是以专利数据为基础，将专利数据与创新价值链下游的产品/产业数据进行关联。这种向后关联分析的难点在于专利数据和产业/产品数据之间没有直接的对应关系。因此，国际上自 20 世纪 60 年代起对专利分类和产业/产品分类的映射关系进行了大量研究，如科马诺（Comanor）和舍雷尔（Scherer）基于美国专利分类体系的开拓性研究（Comanor and Scherer，1969）、科图姆（S. Kortum）和帕特南（J. Putnam）等针对国际专利分类体系（IPC）的首次系统性研究（Kortum and Putnam，1997）、莱伯特（T. J. Lybbert）等首次通过计算机实现自动化映射的研究等（Lybbert and Zolas，2014），基本形成了专家判定、交叉检索、概率计算三类映射方法（田创和赵亚娟，2016）。国内在这方面的研究起步较晚，仅有少数学者在生物医学、发光二极管（light emitting diode，LED）、风能等一些细分的产业分类中进行了初步尝试（王淼等，2011；王根，2012；黄鲁成和黄斌，2014），适用于我国专业与产业分类映射的系统化研究极少（田创和赵亚娟，2017）。

如上所述，目前“科学研究－技术创新”及“技术创新－产业发展”的关联性研究都已经开展，为开展创新价值链上下游之间协同性的评价提供了一定基础。

9.3　科研奖励制度

传统科研奖励制度是以分学科设奖为主，分门别类地奖励个人或者成果。融合科学的特点决定了需要另设一类以解决重大问题为导向、体现多学科交叉融合特点的融合科学奖励，如美国国家科学院设立的“赛克勒融合科学奖”和麻省理工学院设立的“融合创意挑战赛”。事实上，由于重大成果越来越难以归为某一个学科的成果，传统科研奖励（如诺贝尔奖）如今也开始朝着破除学科界限的方向改革和发展。

9.3.1　美国科学院联合体设立的“赛克勒融合科学奖”

美国科学院联合体自2015年起设置由赛克勒基金会捐赠并命名的一项奖项——“赛克勒融合科学奖”，该奖项每年颁布一次，奖金为每项40万美元，旨在奖励那些将数学、物理、化学、生物医学、生物学、天文学、地球科学、工程和计算科学等两个或更多学科交叉融合在一起，并取得重大成就的科学家（表9-1）。需要特别说明的是，该奖项每年侧重的主题有所不同，例如，2018年该奖项的主题是推动人类健康方面的融合科学成果，而2017年的主题是农业、能源、环境等相关方面（如成像、纳米技术、机器人技术、通信或计算）的融合科学技术或成果。

表9-1　2015～2018年美国科学院联合体“赛克勒融合科学奖”的颁奖情况

年份	获奖者	获奖成果
2015	查德·米尔金（Chad Mirkin）（西北大学）	将化学、材料科学、分子生物学和生物医学紧密结合在球形核酸和新型纳米结构的开发中，这些纳米结构广泛应用于传染病和许多其他人类疾病（包括癌症和心脏病）的快速和自动化诊断，以及抗药性细菌的检测

续表

年份	获奖者	获奖成果
2016	斯蒂芬·奎克（Stephen Quake）（斯坦福大学）	其在微流体和基因组学方面的创新技术，使得在单细胞和单分子水平上检测各种疾病的新的非侵入性诊断程序成为可能，如脑肿瘤和移植器官的排斥，以及遗传病产前诊断
2017	弗朗西斯·阿诺德（Frances Arnold）（加利福尼亚理工学院）	在酶的研究工作中具有开创性，开发了一种名为定向进化的技术，该项技术可以“繁殖”具有理想特性但很难活不可能设计的蛋白质，可广泛应用于制药、生物燃料、塑料、研究试剂、诊断学和其他专业，每年能产生 20 亿美元的产值
2018	约瑟夫·德西蒙（Joseph DeSimone）（北卡罗来纳大学教堂山分校）	基于化学、物理学和工程学等学科的交叉融合，发明了对纳米医药和 3D 打印技术具有重要影响的技术平台

9.3.2 美国麻省理工学院设立的“融合创意挑战赛”

2016 年 5 ～ 6 月，麻省理工学院为鼓励更多的研究者参与到融合科学之中，发起名为“融合创意挑战赛”（convergence idea challenge）。任何学科背景的研究者都可提交他们最富创新性的、多学科交叉融合的创意方案。挑战赛的裁判由融合科学的杰出学者组成，包括诺贝尔得主菲利普·夏普（Phillip Sharp）、麻省理工学院名誉校长苏珊·霍克菲尔德（Susan Hockfield）和科赫研究所所长泰勒·杰克斯（Tyler Jacks）等。通过评选，2016 年 7 月 1 日“融合创意挑战赛”主办方公布了 3 个最具影响力的创意方案。

获得第一名的是由加利福尼亚大学尔湾分校（University of California, Irvine）拉赫尔·罗森茨魏希（Rachel Rosenzweig）、埃琳娜·艾里斯·良（Elena Iris Liang）和玛丽·诺拉·迪克森（Mary Nora Dickson）三人共同提交的一份关于新型人工视网膜的创意方案 [图 9-2（a）]。现有的人工视网膜技术只能使患者感知物体的移动或者最多能够看清大字号的字母，并且需要配备笨重的且有可能使患者产生不良反应的外部电源。为了解决人工视网膜技术的电源以及提高其视觉精度，拉赫尔·罗森茨魏希等利用一种成本低廉、具有生物亲和性的（不会引起排斥反应）纳米材料设计了一种有机太阳能电池板。

该电池板将被置于那些与视网膜进行神经交互的神经元上面，通过感知光线来触动神经冲动并最终激活视觉系统。而且，这种纳米材料制成的人工视网膜由于在单位面积内可以放置更多的发光二极管而大大提高了视觉精度，有助于患者获得更清晰甚至是彩色的视觉体验。该创意团队成员来自材料科学、化学工程、生物工程等不同学科背景，并且对通过新技术和新途径提供健康医疗新方案都具有极大热情。在挑战赛中获奖之后，该团队计划与加利福尼亚大学尔湾分校加文・赫伯斯（Gavin Herbert）眼科研究所的合作者一起，将他们的人工视网膜技术进行临床试验。

获得第二名的是由来自哈佛大学和麻省理工学院联合建立的健康科学和技术研究所的穆罕默德・纳吉亚（Mohamad Najia）、什丽娅・斯里尼瓦桑（Shriya Srinivasan）、兰德尔・布里格斯（Randall Briggs）和埃里克・范威克（Eric vanWyk）四人共同提交的一份关于便携式凝血功能检测仪的创意方案[图 9-2（b）]。正常的人体凝血功能对维持生命健康具有重要作用，凝血过快将阻碍血液在身体里的平稳循环，凝血过慢则导致失血过多。传统上凝血功能的检测是通过静脉抽血的方式，因而一般需要在医院进行。目前市面上的家用检测仪器价格非常昂贵，且需要内置或者外接电源。在许多缺乏基本医疗设施的贫困地区，如何方便且低成本地进行凝血功能检测是一个难题。穆罕默德・纳吉亚团队通过考察南非发现，尽管贫困乡村的基本医疗设施很不完善，但是绝大多数人口都拥有手机。因此，该团队开发了一种利用智能手机检测凝血功能的技术。用户只需在安装于智能手机上面的一个小容器中滴入几滴血液，等待几分钟后就能获得检测结果。其基本原理是正常流动的血液与凝结的血液具有不同的反射光特征，因而通过对比就能测出血液凝固所需的时间，并最终转化为临床上的凝血功能指标。穆罕默德・纳吉亚团队认为，拥有不同学科背景的成员并不意味着融合科学项目一定会取得成功。该团队在研发便携式凝血功能检测技术的过程中，从项目最初的概念构想阶段就开始构建了一个共享的知识库，以便不同学科背景的团队成员能够快速了解或掌握其他学科的文献或技能。基于这个共享知识库，相互沟通和学习促进了团队成员之间真正的融合。

获得第三名的是由约翰斯・霍普金斯大学凯特琳・萨德勒（Kaitlyn Sadtler）提交的一份通过免疫治疗促进组织再生的胶原蛋白支架的创意方案

[图 9-2（c）]。人类如何获得像蜥蜴一样的组织再生功能是这份方案所要解决的问题。基于蜥蜴和老鼠胚胎的已有研究表明，巨噬细胞在组织再生中发挥关键作用。此外，人体免疫系统在肢体受损后激发巨噬细胞发挥作用方面也至关重要。凯特琳·萨德勒在其方案中提出了一种通过操控胶原蛋白分子来刺激免疫细胞，进而诱发巨噬细胞发挥组织再生功能的新方法。该方法以工程学和免疫学的交叉融合为基础，基本原理是通过工程学方法先将胶原蛋白研磨成粉末并塑造成微型的立方体或圆盘（胶原蛋白支架）。当这些胶原蛋白支架被放置在肢体断裂的伤口处时，人体免疫细胞（尤其是其中的Ⅱ型辅助T细胞）将受到激活并诱导巨噬细胞发挥组织再生作用。未来，凯特琳·萨德勒认为免疫学和工程学学者应当进一步就胶原蛋白支架的结构和成分进行更精确的研究，以便为不同类型的损伤定制不同的组织再生方案。

(a) 新型人工视网膜　(b) 便携式凝血功能检测仪　(c) 促进组织再生的胶原蛋白支架

图9-2　2016年麻省理工学院融合科学挑战赛获奖方案

资料来源：MIT Washington Office. Convergence Idea Challenge Winners. http：//www.convergencerevolution.net/[2019-2-3].

9.3.3　现有奖励（如诺贝尔奖）的改革趋势

当前，越来越多的科研成果早已不囿于单一的学科，往往是多学科交叉融合的产物。为此，许多科学家呼吁改革现有的奖励制度，只要是最好的研究就应当得到认可，而无须事先将研究结果归为某个具体学科来进行评选。以诺贝尔奖为例，尽管诺贝尔奖是分学科评选和颁奖，但事实上很多获得诺贝尔奖的研究都涉及了多个学科，越来越难单独归为某一个领域的成果。以 2018 年诺贝尔三大自然科学奖项（生理学或医学奖、物理学奖和化学奖）为例，该年度诺贝尔物理学奖和诺贝尔化学奖都授予了学科交叉研究的重大成果。仅以该年度的诺贝尔物理学奖来看，该奖项由亚瑟·阿什金（Arthur Ashkin）、杰哈·莫罗（Gérard Mourou）和唐娜·斯特里克兰（Donna Strickland）获得，表彰他们在激光物理领域的突破性发明，其中颁给阿什金的表彰理由是“光镊及在生物中的应用”，而颁发给杰哈·莫罗和他的学生唐娜·斯特里克兰的理由是其发明了一种产生高强度和超短脉冲的方法，有助于在医学领域以超短超强激光派生出许多新的医疗技术，用于疾病的早期诊断与治疗等（黄青，2018）。

自 1901 年诺贝尔奖开始颁发以来的 100 多年的时间里，授予学科交叉融合研究的自然科学奖项数量越来越多，很多获奖者都具有多学科或跨学科的背景。有研究者专门针对诺贝尔奖的学科交叉比例进行统计分析（张春美等，2001；冯一潇，2010；周文娟，2010；惠森，2014），尽管统计标准有所差异，但是多数研究都表明：20 世纪后半叶以来，诺贝尔自然科学奖获奖成果中涉及学科交叉融合的奖项比例达到 40% ～ 60% 的水平，高于 20 世纪前半叶的比例（20% ～ 30%）；从获奖者学科的角度来看，具有多学科背景的诺贝尔获奖者占全部获奖者的比例也很大，特别是生理学或医学奖（申玉，2005）。

可以预见，融合科学范式下诺贝尔奖级别的重大成果的形成将越来越依赖于多学科交叉融合。针对这种特点和趋势，诺贝尔奖未来的改革和发展成为科技界当前关注的一个重要问题。2018 年 11 月《自然》杂志刊发有关这一问题的一项研究。匈牙利布达佩斯中欧大学网络与数据科学系的迈克尔·塞尔（Michael Szell）等分析了 Web of Science 近 10 年来被引次数最高的前 1 万篇论文，结果发现，在这 1 万篇论文中，影响力最高的 220 篇中多数都属于跨学科研究，尤其是新兴的人工智能（16 篇）、网络科学（18 篇）、信号处理（11 篇）。几位作者还通过数据揭示，由于诺贝尔奖是按照学科进行奖励，生命科学和化学的交叉研究，以及物理和化学的交叉研究，都有显著比例被授予了诺贝尔化学奖。例如，2011 年诺贝尔化学奖得主丹·谢赫特曼（Dan Shechtman）关于准晶体的获奖工作最初是于 1984 年发表在《物理评论快报》上，截至 2018 年该文章已经被引用了 3000 多次。这些施引论文 52% 发表在物理期刊上，27% 发表在工程领域的期刊上，只有 10% 发表在化学领域的期刊上（图 9-3）（Szell et al.，2018）。

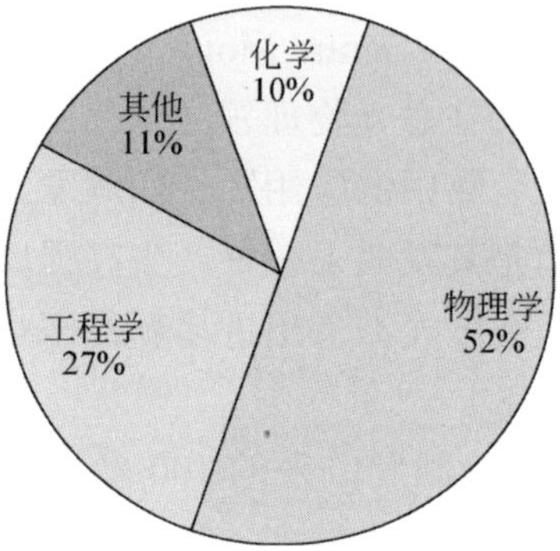

图9-3　丹·谢赫特曼于1984年关于准晶体的论文的施引论文学科分布

由此，迈克尔·塞尔（Michael Szell）等建议，应当建立一种新的奖励制度，只认可最好的研究，而不是按照学科进行奖励，或者是在诺贝尔奖中专设跨学科奖，使得人工智能这样跨学科领域的成果有更多的获诺奖机会。

9.4　中国的相关实践

近些年来，随着中国科技迈入新的发展阶段，中国科技界积极探索新时期的科研评价。从与推动融合科学的相关性来看，中国科学院近年来推行的重大产出导向的评价改革，以及从融合视角试点的重大领域态势分析，都是符合融合科学发展需求的典型案例。以下对中国科学院的这两方面实践探索进行介绍。

9.4.1　中国科学院重大产出导向的评价

"十二五"（2011 ～ 2015 年）期间，在中国科学院整体部署下，各研究所制定"一三五"发展规划，进一步明确定位，明确重大产出和重要方向，突出特色、核心竞争力和不可替代性。具体来看，在"定位"方面，要求各研究所明确主要研究领域、特色和核心竞争力，明确在国内外同类研究工作或机构中要达到的地位，避免与其他研究所的同质化；在研究所“重大突破”方面，结合自身基础和优势，从重大科学问题、开辟新方向、关键核心技术、系统解决方案、重大社会经济效益和重大影响咨询建议六个方面，明确未来5年有望做出的基础性、战略性、前瞻性重大科技创新贡献；在研究所“重点培育方向”方面，主要是凝练和部署体现研究特色、有望成为未来竞争优势和重大突破的方向（中国科学院，2012）。

与此相应，中国科学院在“十二五”期间改革了原有的评价方法，建立了重大产出导向的研究所评价体系（白春礼，2012），目的在于引导研究所和广大科技人员，注重重大产出，突出科技创新的原创性、突破性和实际贡献。该评价体系突出了研究所特色，由“两个环节一个基础”构成，其中两个环节包括5年一次的“一三五”专家诊断评估和“三个重大突破”目标完成情况验收，一个基础是研究所关键指标年度监测。其中，在专家诊断评估环节，中国科学院组织国内外战略科学家对研究所进行现场考察和集中评议。为了明确专家诊断的价值导向，中国科学院研究制定了重大产出的内涵和标准。这套重大产出的评价方法，相比于国内外以往的专家评议，更加集中地体现了瞄准重大问题解决的评价导向。

9.4.2 中国科学院重大创新领域融合态势分析方法研究

2016年，在中国科学院发展规划局支持下，中国科学院管理创新与评估中心牵头开展了一项研究性课题，针对中国科学院在“十三五”发展规划中提出的八个重大创新领域（基础交叉前沿、先进材料、能源、生命与健康、海洋、资源与生态环境、信息、光电空间）的战略部署（中国科学院，2016），选择其中的能源、生命与健康这两个重大创新领域为试点对象，探索从融合科学视角进行态势分析的新方法，并运用这些新方法从国家、机构、团队三个层面分析中国科学院在上述两个重大创新领域方面相比于国际同类机构的竞争优势和不足。中国科学院文献情报中心相关团队参与此次态势分析方法研究，此外，国内外科技评估专家、科技政策专家以及20多位领域专家参与研讨。相比于原有的态势分析方法，融合科学视角的态势分析新方法重点突出融合科学范式的主要特征，如重大问题导向、跨学科融合、创新价值链融合、多元主体融合等。以下，对研究形成的主要方法及部分结果进行介绍。

（1）针对解决重大问题有效性的态势分析方法研究

围绕解决重大问题有效性的态势分析，遴选出领域中的重大问题，进一步研究和实践了基于多类产出来源的全景分析、“地铁图”分析两种具体方法。

1）遴选重大问题及其关键词。首先从能源、生命与健康这两个重大领域中遴选若干具有融合科学特点的重大问题，提取和凝练表征这些重大问题的关键词。以生命与健康领域为例，遴选该领域具有融合科学特点的重大问题的具体程序和方法如下：首先，对生命与健康领域有影响力的国内外战略规划文本和项目部署情况 [如《“十三五”国家科技创新规划》《国家自然科学基金“十三五”发展规划》《中国至 2050 年人口健康科技发展路线图》、美国国立卫生研究院重大计划部署情况、欧盟“第七框架”重点资助内容（健康领域）等]，进行文本分析和项目统计，初步提出生命与健康领域具有融合科学特点的若干重大问题；其次，组织生命与健康领域的战略科学家，结合文本分析和项目统计情况，由战略科学家筛选并最终确定了 18 个重大问题；最后，由战略科学家和文献计量学专家共同提出分别表征这 18 个重大问题的关键词。

2）基于多类产出来源的全景分析。该方法以重大问题为基本导向构建产出的关键词，通过这些关键词搜索所有可获得的各类产出数据，包括论文、专利、标准、原型、产品、市场规模、企业利润和进出口额等，开展大数据分析（表 9-2）。这种做法一是摒弃了先划定学科然后在该学科中寻找产出的做法，以关键词为线索在所有学科中寻找产出；二是尽可能扩充了产出来源，特别是重视那些与重大问题解决关联更为紧密的产品和市场数据。

以生命与健康领域为例，结合领域的特点，构建了知识类、技术类、临床类、产品类、奖励类和重大突破类六大产出来源，覆盖了生命和健康领域从基础研究到成果产出的全链条产出。例如“肿瘤”这一重大问题，通过六大产出来源，可以揭示从肿瘤致病基因和病理分析、肿瘤检测和诊断工具、肿瘤靶向药物开发到肿瘤治疗方案这一整条创新价值链上的产出。

基于上述六大类产出来源，对 18 个重大问题进行论文、专利、临床研究和产品数据、重大突破和奖项的全景扫描，并分别比较中国科学院和比照机构在该领域 18 个重大问题上的产出情况。此处仅以 2006 ～ 2015 年系统生物学作为这 18 个重大问题的代表展示比较的结果（表 9-3）。

表9-2　生命与健康领域的全景产出来源

产出类型	界定方法	数据库或资料来源
知识类	学术期刊论文	Web of Science 数据库
技术类	授权专利	IncoPat、Thomson Innovation 等数据库
奖励类	该领域国际重大奖项	沃伦·阿尔珀特奖（Warren Alpert Prize）、保罗·埃尔利希－路德维希·达姆施泰特奖（Paul Ehrlich and Ludwig Darmstädter Prize）、盖尔德纳奖（Gairdner Award）、路易斯·简安特医学奖（Louis-Jeantet Prize for Medicine）、罗伯特·科赫奖（Robert Koch Prize）、拉斯克奖（The Lasker Award）、诺贝尔生理学或医学奖（Nobel Prize in Physiology or Medicine）等
临床类	临床试验研究	ClinicalTrial 数据库
产品类	进入市场的医药产品	Cortellis 数据库
重大突破类	权威期刊评选出的年度十大突破	《自然》《科学》《麻省理工技术评论》

3）基于“地铁图”分析方法的研究布局比较。传统上科研态势分析主要比较不同机构在特定领域的产出，而从融合科学视角进行态势分析则要具体比较不同机构在该领域的哪些具体主题上形成了优势布局，从而揭示解决重大问题的优势和不足。

以生命科学研究为例，深入更为具体的研究主题进行布局分析，揭示中国科学院以及中国其他科研院所的优势力量在具体研究主题上的分布情况。具体而言，首先根据表 9-4 所示的高被引论文标准，筛选生命与健康领域顶尖期刊《自然》《科学》和《细胞》期刊中发表的与生命科学研究相关的高被引论文共 3125 篇；进而对这些论文进行人工阅读，并找出论文之间存在的三种关联关系（论文之间的引证关系、论文之间共有的关键词、论文作者属于同一个团队）；最后，根据关联关系，绘制关联图谱（图 9-4），其中每个节点表示一个研究主题，节点之间的连线代表主题之间的关联关系。该图直观地展示了当前国际上生命科学研究的主要研究主题，并且清晰地展示出中国科学院（实心三角形）以及中国其他科研机构（实心圆）的优势团队在生命科学研究主题上的分布。

表9-3　2006～2015年系统生物学领域国际重要机构成果产出情况

研究机构	SCI 论文 /篇	发明专利 /个	临床研究 /个	产品开发 /个	重大突破 /项	国际奖项 /项
美国国立卫生研究院	6241	9	230	0	0	0
美国哈佛大学	7407	57	2	0	1	0
中国科学院	5528	346	2	0	0	0
德国马普学会	3873	70	1	0	1	1
法国国家科研中心	7127	153	0	0	0	0

表9-4　生命科学研究关联图谱分析的高被引论文筛选标准

论文发表年份	论文被引频次	论文发表年份	论文被引频次
2007	1000 次及以上	2012	500 次及以上
2008	900 次及以上	2013	400 次及以上
2009	800 次及以上	2014	300 次及以上
2010	700 次及以上	2015	200 次及以上
2011	600 次及以上	2016	100 次及以上

注：被引次数统计时间为截至 2017 年 4 月 20 日。

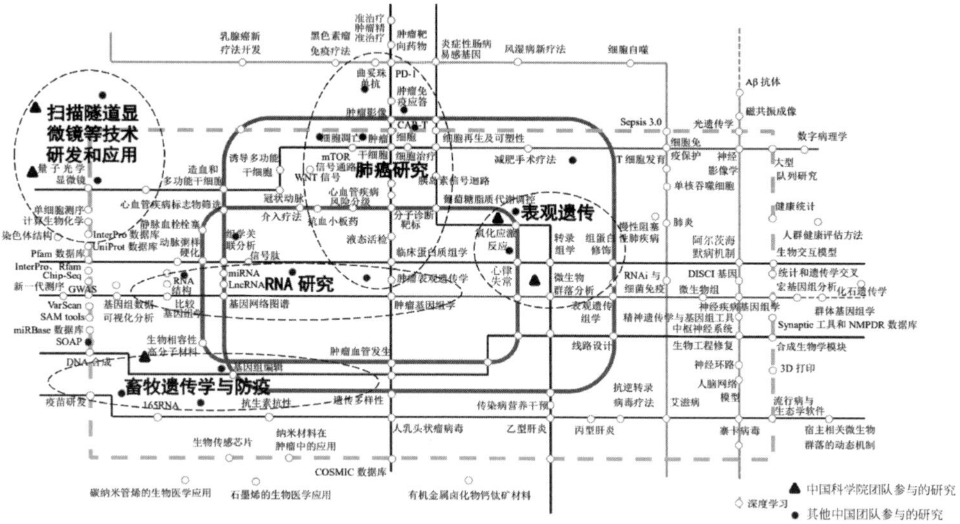

图9-4　中国科学院及中国主要优势团队在生命科学研究主题上的分布

（2）针对跨学科融合性的态势分析方法研究

以论文为例，借助论文之间的关联性进行回溯分析来判断学科之间的融合程度，对跨学科融合性态势分析方法进行探索。具体来看，利用表征重大问题的关键词检索出相关产出（核心产出集），进而利用核心产出集数据中包含的引证关系（如论文数据中的参考文献、专利数据中的参考专利和参考文献等），进一步检索出为核心产出集提供了理论或技术支撑的相关产出（第一层引证产出集）；依此方法依次检索出下一层的引证产出集，直至引证产出集的数据收敛；对核心产出集和多层的引证产出集进行学科分布分析，从而判断跨学科融合性（图 9-5）。

以能源领域的子领域等离子体物理为例，首先根据相关关键词在 Web of Science 数据库进行全库检索（1986 ～ 2016 年），共检索出 58 713 篇论文，形成核心论文集。进一步，基于发文期刊所对应的学科 [依据《期刊引用报告》（Journal Citation Reports，JCR）学科分类体系]，对核心论文集所涉及学科（数量）变化情况进行机构层面的统计分析。进一步分析等离子体物理前沿研究的背后有哪些学科提供了基础性支撑。通过检索上述核心论文集的参考文献，共得到 185 030 篇参考文献，构成参考文献论文集。基于参考文献的

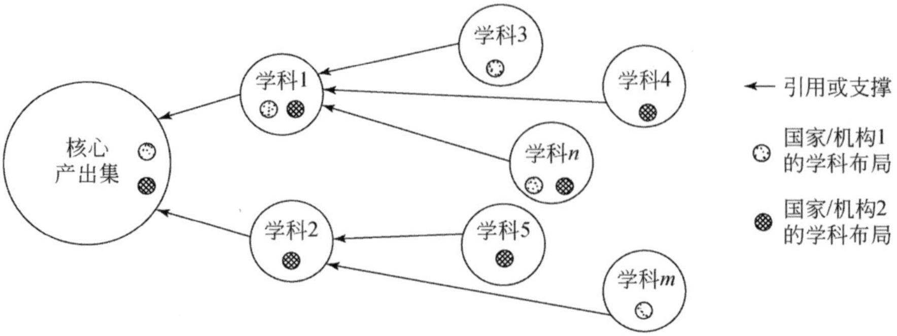

图9-5　跨学科融合性态势分析方法的框架示意图

发文期刊所对应的学科（JCR 学科分类体系），对参考文献论文集所涉及学科（数量）变化情况进行统计分析，考察等离子体物理前沿研究背后的支撑性学科的变化情况。结果发现，等离子体物理前沿研究除了大量引用本领域所需的基础理论、材料和仪器等学科（包含核科学技术、流体和等离子体物理、力学、应用物理等学科）的知识外，还较多地引用和吸收了仪器仪表、多学科材料科学、多学科物理研究、数学物理、计算机科学多学科应用等学科的知识（图 9-6）。并且，从 1986 年到 2016 年，等离子体

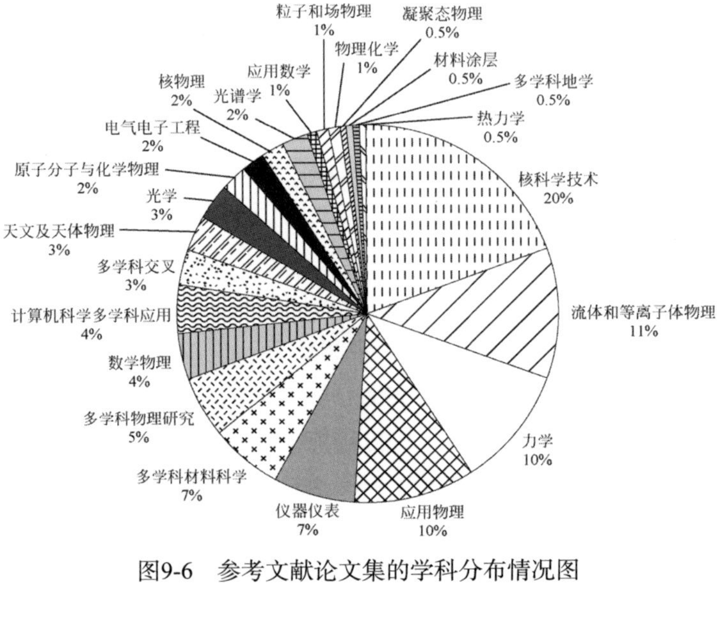

图9-6　参考文献论文集的学科分布情况图

物理前沿研究论文参考文献的来源越来越广泛，表明等离子体物理前沿研究正在吸收、融合越来越多学科领域的研究成果，从而推动本领域的研究不断取得新的进展（表 9-5）。

表 9-5　等离子体物理前沿研究论文参考文献对应学科数量　（单位：个）

年份	学科数量	年份	学科数量	年份	学科数量	年份	学科数量
1986	61	1994	67	2002	105	2010	113
1987	59	1995	88	2003	100	2011	108
1988	56	1996	78	2004	101	2012	111
1989	62	1997	84	2005	94	2013	122
1990	62	1998	99	2006	103	2014	116
1991	76	1999	92	2007	108	2015	112
1992	89	2000	85	2008	108	2016	113
1993	69	2001	90	2009	102		

（3）针对创新价值链融合性的态势分析方法研究

传统的科研态势分析方法对各创新子系统（特别是对于基础研究或技术开发这两个子系统）的效果评价已经积累了广泛的研究，但是，如何评价各创新子系统之间的融合 / 协同程度是一个需要研究的问题。已有关于知识转移的测度及实践为开展融合科学创新价值链融合性的评价提供了很好的方法基础。在此基础上，研究针对创新价值链融合性态势分析的新方法进行了探索，并以转基因玉米主题为案例开展实证分析。

1）基础研究 – 技术开发 – 产业发展的融合性图谱。以农业领域转基因玉米这一重大问题为例，首先，利用转基因玉米相关的主题词在 Web of Science 数据库中进行检索，其中文献类型设置为“Article”“Letter”“Review”三种类型，时间为数据库入库年到 2015 年，共检索到转基因玉米相关文献 7947 篇，其对应的参考文献为 121 794 篇。从 Thomson Innovation 数据库共检索到数据库入库年到 2015 年转基因玉米相关专利文献 4596 篇，对应的参考文献中包括 5670 篇专利文献和 2616 篇非专利文献。在非专利参考文献中，剔除了来源于基因数据库的基因序列、网站信息以及书籍等参考文献后，在

Web of Science 数据库平台匹配上了 980 篇论文文献。对专利参考文献的分析揭示了转基因玉米基础研究与技术开发的融合性。进一步对上述专利文献的施引专利进行检索，共获得 9334 条施引专利。通过施引专利文献的分析，可以了解转基因玉米技术和知识的扩散情况及关联产业。最后，通过对专利数据和论文参考文献进行学科分类，得到了基础研究 – 技术开发 – 产业发展融合性图谱（图 9-7）。

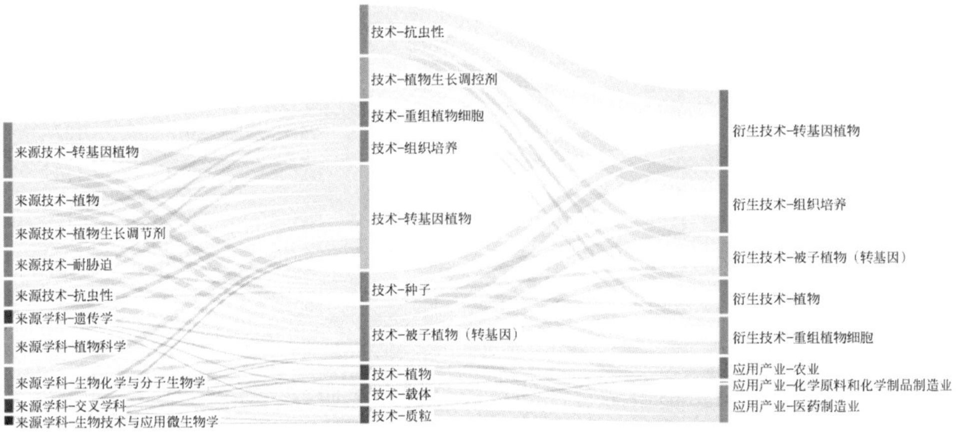

图9-7　转基因玉米的基础研究 – 技术开发 – 产业发展融合性图谱

图 9-7 表明，转基因玉米研究呈现出基础研究 – 技术开发 – 产业发展融合的特点。从基础研究与技术开发的关联来看，转基因玉米技术既有遗传学、植物科学、生物化学与分子生物学、交叉学科以及生物技术与应用微生物学等学科研究论文的支撑，也有转基因植物、植物、植物生长调节剂、耐胁迫、抗虫性等专利的支撑。其中，转基因植物技术的融合情况最为典型，专利文献数量最多，且几乎融合了上述所有的技术和学科。从技术后续扩散和关联产业分析来看，转基因玉米的专利总体应用范围没有变化，主要应用在医药制造业、农业以及化学原料和化学制品制造业等产业中。其中，在医药制造业产业分布最多，其主要的技术来源包括了转基因植物、载体、质粒等。

2）国家 / 机构层面的创新价值链融合性比较分析。通过比较不同国家在基础研究 – 技术开发 – 产业发展的关联数据，进一步对比了中国和其他国家在转基因玉米主题上的创新价值链融合性。在转基因玉米专利所引用的参考文献中，近一半的引用参考论文来自美国；从机构来看，论文来源不仅有研究所、大学等公益性科研机构，还有孟山都集团、杜邦集团等大型跨国企业，其中，加利福尼亚大学（包括各分校）、美国农业部、孟山都集团和杜邦集团的论文数量位居前四（表 9-6）。

表9-6　转基因玉米专利的参考论文主要来源国家和机构

国家	论文数量/篇	占来自全球的所有参考论文数量的比例/%	机构	论文数量/篇	占来自全球的所有参考论文数量的比例/%
美国	473	48.3	加利福尼亚大学（包括各分校）	50	5.1
英国	97	9.9	美国农业部	46	4.7
日本	62	6.3	孟山都集团	32	3.3
德国	49	5.0	杜邦集团	32	3.3
法国	36	3.7	约翰英纳斯中心	28	2.9
中国	31	3.2	法国国家农业研究院	23	2.3
瑞士	30	3.1	北卡罗来纳大学	20	2.0
加拿大	30	3.1	马普学会	20	2.0
澳大利亚	29	3.0	爱荷华州立大学	20	2.0
荷兰	24	2.4	康奈尔大学	20	2.0

转基因玉米专利引用的专利文献中，80% 以上的专利文献来自于美国；从机构来看，数量排名前 10 位的机构均为企业。其中，杜邦集团和孟山都集团的专利数量最多，这两个企业的专利文献数量的总和占了近一半的数量（表 9-7）。

从“融合科学”新范式所倡导的解决重大问题的导向出发，分析技术开发到产品开发之间的贯通和衔接，是评价“转基因玉米”这一研究主题的科研实力所不可缺少的环节。数据分析表明，近年来中国转基因玉米的育种水平与跨国种业公司相比有较大差距。截至 2016 年，全球共有 149 个转基因玉米的转化事件获批商业化生产，涉及耐除草剂、抗虫基因、耐非生物胁迫、高产、品质和授粉控制系统等性状。从国家来看，美国的公司和转化事件的数量均最多，其转基因玉米转化事件占比为 62%，其次是瑞士，占比为 32%。中国也于 2009 年批准了奥瑞金科技股份有限公司的转基因植酸酶玉米的安全证书，但未进入商业化种植。从机构来看，先正达集团、孟山都集团、杜邦集团、陶氏益农公司、拜耳公司和雷内森（Renessen）公司六家大型跨国公司几乎垄断了转基因玉米的商业化研发，这些跨国公司获批商业化的转基因玉米数量总和占比超过了 97%（表 9-8）。

表9-7　转基因玉米专利的参考专利主要来源国家和机构

国家	专利数量 / 项	占来自全球的所有参考专利数量的比例 /%	机构	专利数量 / 项	占来自全球的所有参考专利数量的比例 /%
美国	2890	81.7	杜邦集团	818	23.1
德国	290	8.2	孟山都集团	933	26.4
中国	240	6.8	先正达集团	83	2.3
日本	174	4.9	陶氏益农公司	92	2.6
加拿大	170	4.8	孟德尔生物技术公司	42	1.2
瑞士	147	4.2	拜耳公司	157	4.4
法国	133	3.8	巴斯夫公司	33	0.9
比利时	116	3.3	日本烟草公司	32	0.9
英国	88	2.5	塞雷斯公司	30	0.8
荷兰	69	2.0	Hexima 公司	23	0.7

综上所述，转基因玉米是一个典型的具有融合特点的科研和创新主题。上述全价值链评价结果表明，美国在转基因玉米主题上的研究和应用都已经非常成熟，特别是在“基础研究 – 技术开发 – 产品开发 – 市场发展”等价值链多个节点上协同发展的实力远超其他国家，美国大学、科研机构、企业以及政府等多个利益主体在协同合作中发挥各自作用，使其在价值链的后端（商业化种植和生产中）处于垄断性地位。相比之下，中国在基础研究支撑转基因玉米专利研发方面具有一定实力，即基础研究和技术开发之间的贯通和协

同较好，但是价值链前端与后端的协同性较弱，企业有待与研发机构加强合作提高育种水平，政府有待通过政策引导产学研并在转变公众意识方面发力，推动转基因玉米的商业化种植。

表9-8　商业化种植转基因玉米的研发情况

机构	国家	转化事件数量
先正达集团	瑞士	55
孟山都集团	美国	46
杜邦集团	美国	35
陶氏益农公司	美国	26
拜耳公司	德国	6
雷内森公司	荷兰	2
巴斯夫公司	德国	1
Genective S. A. 公司	法国	1
奥瑞金科技股份有限公司	中国	1
斯泰恩（Stine）种子公司	美国	1

（4）针对多元主体融合性的评价

融合科学涉及政产学研用等多类权益相关方，各方围绕共同关注的重大应用问题进行互动与合作，发挥各自作用。此次方法研究主要在微观层面探索实施了虚拟国际大会（virtual congress）（周建中和代涛，2013）和发展脉络分析，局部分析了产学研等不同权益相关方在融合科学中的融合性。具体来看，首先通过产出分析、专家鉴别等多种途径鉴别出重大问题解决中的优势力量，进而比较这些优势力量在科研机构、大学、企业等不同权益相关方的分布，并对中国科学院以及比照机构在权益相关方融合性方面的布局情况进行比较。

以作物科学为例，虚拟国际大会方法识别重点团队的基本步骤是：确定首批该研究方向的 10 位杰出科学家；请这些专家想象自己作为这个领域的国际会议组织者，每人推荐国际上该领域的国际知名科学家 10 位（第一轮推荐）；联系首批专家推荐的知名科学家，请他们想象自己作为该领域的国际会议组织者，再请这些专家每人推荐该领域国际知名科学家 10 位（第二轮推荐）；分析两轮推荐获得的所有知名科学家信息。最终，共有来自国内外 31 个机构的 48 位研究人员被提名，提名最多的机构是中国农业科学院，共 9 位；其次是康奈尔大学、加利福尼亚大学戴维斯分校和中国科学院，均为 3 位。其他提名机构还包括中国农业大学、华中农业大学、日本农研机构作物研究所、约翰英纳斯中心、国际玉米小麦改良中心。

发展脉络分析是通过对产出进行回溯分析，针对要解决的具体问题，构建从问题提出到问题解决的发展脉络，并以此找出该问题解决过程中发挥了关键作用的团队和个人。以第三代基因编辑技术（CRISPR/Cas9 系统）为例，通过相关专利技术的引用关系进行分析，并组织基因组编辑相关的专家进行专题研讨，共同绘制 CRISPR/Cas9 系统的技术发展脉络图（图 9-8）。

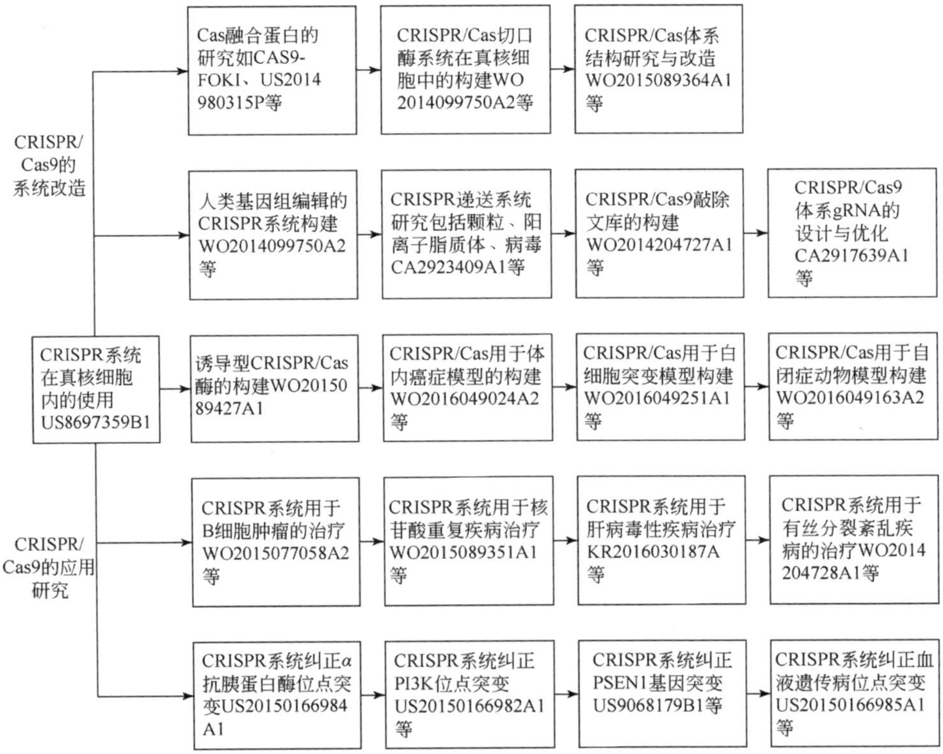

图9-8 第三代基因编辑技术（CRISPR/Cas9 系统）的发展脉络图

梳理该脉络图中的专利归属机构发现，CRISPR/Cas9 研究主要参与者中，大学主要有麻省理工学院、哈佛大学、加利福尼亚大学、宾夕法尼亚大学等，研究机构主要有布罗德（Broad）研究所、怀特黑德（Whitehead）生物医学研究所等，企业主要有桑加蒙生物科技（Sangamo Biosciences）公司、陶氏益农公司、Cellectis 公司、Recombinetics 公司等，医疗机构主要有麻省总医院、加拿大多伦多病童医院等。中国科学院虽然已在基因编辑领域取得了很多成就，但从世界范围内来看还未占有足够的优势，在基因编辑体系的完善及应用领域有上升的空间。

9.5 小结

传统的科研评价和科研奖励都是以学科分类为基本框架，以判断和认可在推动学科发展方面的突出成果为主要目标。为推动融合科学，科研评价和科研奖励要彻底打破这种学科导向，树立起以解决重大问题有效性为判断和认可标准的价值导向。从现有实践来看，有利于融合科学发展的科研评价和科研奖励具有以下特点。

1）融合科学范式下科研评价和奖励创新的基本任务是判断和遴选在有效解决重大问题方面的突出成果、人员和机构。传统上科研评价和科研奖励的基本目的是推动学科的发展，但是学科的发展只是当代科学技术体系中的基础架构。在科学技术服务经济社会发展越来越受到重视的新形势下，各国高度重视在学科发展基础之上，围绕重大经济社会问题而进行的科研布局和组织。这是融合科学范式诞生和发展的初衷，也决定了评价和奖励不能停留在学科发展层面，而需进一步升华到重大经济社会问题层面。因此，如何判断和遴选出在有效解决重大问题方面的突出成果、人员和机构，是国家层面更好地以科学研究解决重大经济社会问题的关键所在，因而也成为评价和奖励融合科学的基本任务。

2）融合科学范式下科研评价和奖励创新的重要前提是破除传统上的学科分类架构。传统的科研评价和科研奖励都是以学科分类为基本框架，基本做法是将参与评价或者奖励的成果限定在特定的学科范围（如物理学、化学、数学等）。但是，融合科学为了解决重大经济社会问题，需要会聚多种学科的研究力量，通过不同学科知识的相互碰撞形成新的、不属于任何一个学科范围的研究框架和研究产出。这就决定了相应的评价和奖励应以集合所有学科范围内与重大经济社会问题有关的产出为前提。换言之，只要是有助于该重大经济社会问题解决的科研产出，无论其在传统的学科架构中归属于哪一个学科，都应当予以认可并且重视其价值。为此，需要在支撑评价和奖励的具体方法和手段上进行变革，尤其是在产出数据集合方面要吸纳所有学科。

3）融合科学范式下科研评价和奖励创新以实现创新价值链上的关联贯通为根本目标。如前所述，机构层面或者国家层面组织开展融合科学的最终目的是解决重大经济社会问题，即通过融合科学范式衔接基础研究、应用研究、试验发展、样品开发等创新价值链不同节点，人、财、物、平台等各类创新要素能够在研究主题的牵引下在创新价值链上自由流动，从而最终实现解决重大问题这一终极目标。与此相应地，为了推动融合科学，科研评价和奖励的根本目标就是推动这种创新价值链上的关联贯通，为重大经济社会问题的解决奠定基础。因此，支撑评价和奖励的产出和成效数据不能局限于论文和专利数据，还需纳入创新价值链后端的产出和成果数据（如商业化产品、市场规模等），并通过测度基础研究、技术开发、产品开发、市场推广等创新价值链上不同子系统的产出和成效及相互关联性，来判断创新价值链上不同创新活动之间的融合性，推动重大问题的有效解决。

4）融合科学范式下科研评价和奖励创新以体现权益相关方之间的协同合作为重要视角。传统上科研评价和科研奖励评价主要囿于学术界，无论是评价和奖励的组织和实施者，还是评价和奖励的对象，都主要在学术界内部。融合科学范式下，一方面，科研工作本身需要各权益相关方的协同合作，特别体现出在解决重大经济社会问题的共同目标下，政府、科研机构、大学、企业、医院、社区等各方面的合力；另一方面，在评价和奖励制度中要积极引导和鼓励各权益相关方之间的协同合作。这意味着要鉴别问题解决过程或技术发展过程中发挥重要作用的权益相关方，分析各方发挥各自作用并相互协作的效果，进而对各权益相关方之间的融合性进行评价。与此相应地，评价和奖励应大力吸收科研投资方、执行方、用户方等作为评价主体，这将有利于通过评价和奖励推动融合科学的发展。

第10章　融合科学的未来趋势与展望

随着融合科学的理念进一步深入人心、相关实践进一步推广，可以预见，未来的科学研究模式必然迥异于当前。本章首先梳理美国、英国、日本、韩国四国和欧盟地区推动融合科学的战略框架，进而，描绘融合科学未来发展的愿景，涉及科研组织模式、基础数据架构、优先权确权方式、学术交流共享机制等方面，以及这种未来愿景对科研基础设施（硬）和科研基本制度（软）提出的新要求。最后，结合中国国情，提出了中国推行融合科学的基本原则和可选择的政策工具集，为推动融合科学在中国生根发芽提供研究支撑。

10.1　主要国家和地区推动融合科学的战略框架

融合科学的发展对于国家科技发展和国家创新能力的提升具有重要的意义。因此，近些年美国、英国、日本、韩国等国家和欧盟地区高度重视推动融合科学的发展，纷纷出台了一系列具有导向性的战略框架。

10.1.1　国家层面的战略框架

（1）美国

从美国来看，在国家层面主要由美国科学院联合体、国家科学基金会、国立卫生研究院等发布有关融合科学的政策报告和规划部署。

近年来，美国科学院联合体代表美国科学界发布多份推动融合科学的政策报告。2014 年国家研究理事会发布题为《融合：推动生命科学、物质科学、工程学等跨学科整合》的政策报告。此报告指明了“融合”趋势将为人类带来全新的图景，倡议科技界要以此为契机，形成一种以解决重大问题为导向的科研组织新形态，并大力推动与融合趋势相符的新的战略规划、经费资助、人才培养等机制（National Research Council，2014）。2019 年，美国科学院联合体从重塑科学文化的角度，发布题为《推动科研中的融合文化》的政策报告，指出“融合”是一种文化的改变，也是一种生态的改变（National Academies of Sciences，Engineering and Medicine，2019）。2020 年，美国科学院联合体发布题为《无止境的前沿：科学的未来 75 年》的报告，将融合科学上升为美国未来科技政策纲领性建议中的重要内容，是保持美国在全球的科技领导力的关键措施之一。为此，要重新认识科学研究的国家使命特征，建立适用于融合科学的科技政策体系，积极探索相适应的融合型人才培育方式、项目资助机制、科研管理模式和科技评价机制（National Academies of Sciences，Engineering，and Medicine，2020）。

2016 年，美国国家科学基金会在资助战略层面上将融合科学纳入主要的战略目标。当年，美国国家科学基金会提出了影响该机构乃至整个美国科技界的发展战略——“十大创新举措”（NSF，2016a）。这“十大创新举措”的前六项均对经济社会具有深远影响的重大科学问题，分别是驾驭面向 21 世纪科学和工程的大数据、塑造新型人 – 技关系前沿、预测生物体的显性性状、量子跃迁、探索新北极圈和多信使时代的天体物理学。“十大创新举措”的后四项则是有关资助和管理的改革举措，分别是推动融合科学、中等规模的研究基础设施、面向 2026 年战略规划和包容性人才计划。其中，“推动融合科学”被置于美国国家科学基金会四项中长期战略举措之首。进一步，美国国家科学基金会指出“推动融合科学”这项改革举措的关键在于四个方面：如何构建评估潜在研究挑战的标准和指标，以符合融合科学模式的特点；如何调整项目评审标准和程序，以确保优秀的融合科学项目得到资助；融合科学模式能使哪些具有挑战性的重大项目或哪些领域受益；如何通过进一步增强联邦机构和私有部门之间的关系，使融合科学利益最大化。

美国国立卫生研究院作为全美在生物医学领域最大的科研及资助机构，是最早关注融合科学发展趋势的美国联邦机构，目前仍然是融合科学最主要的倡议方和资助方之一。具体来看，国立卫生研究院主要将院长办公室主管的公共基金（common fund）作为资助融合科学的主要渠道。该公共基金于 2004 年创建，在国会通过的 2006 年国立卫生研究院改革法案中，被授权专门资助变革性、跨领域、跨机构（指国立卫生研究院下属的 27 个研究所或研究中心）的项目。时至今日，通过国立卫生研究院的公共基金来资助融合科学，已经成为该机构解决重大经济社会挑战相关科学问题的一种重要手段（National Academies of Sciences，Engineering and Medicine，2019）。通过借鉴 DARPA“海尔迈耶之问”的经验，国立卫生研究院院长弗朗西斯•科林斯（Francis Collins）于 2010 年组织召开了一次公共基金战略研讨会，旨在打破传统的科研和资助范式，为国立卫生研究院公共基金乃至整个机构指明新的战略方向。在此次战略研讨会的基础上，国立卫生研究院明确了其公共基金将致力于资助融合范式的项目，并提出了融合科学项目的五大战略资助方向：高通量技术；转化医学；健康护理改革（包括有竞争力的研究、疾病预防、精准医疗、健康研究经济学、基因测试等）；全球性健康事件；激发生物医学研究群体的活力（Collins，2010）。

（2）英国

2017 年，英国政府科学办公室发布题为《技术和创新的未来》的政策报告（UK Government Office of Science，2017），以“融合”这一发展趋势为基本论调，这是英国政府层面发布的推动融合科学的重要政策报告。此份报告是英国政府科学办公室发布的第三份关于技术和创新的未来的报告，此前英国政府分别于 2010 年和 2012 年发布第一份和第二份关于技术和创新的未来的报告。在前两次的报告中，英国政府都指明了若干个重要的、多用途的技术发展方向，但是 2017 年发布的第三份报告并没有具体辨别出未来的新兴技术或领域。2017 年的报告明确指出，不同技术之间以及各类数据集之间的互动不断增加，这将使英国更具创造力、英国的公共服务更高效。该报告强调，未来最大的机遇在于使现有技术和新兴技术能够彼此融合和交互（convergence and interact），以及增强公众对技术融合成果的可获得性；这种技术之间的融合及其成果应用可能会打破和取代现有的商品和服务市场；如果兼容性和安全共享的问题得到圆满解决，那么通过汇总消费者数据以及其他数据并进行数据挖掘，也将有可能对现有的商品和服务市场带来颠覆性的冲击。

2017 年的这份报告还提出，政府长期以来仅善于与现有的技术和部门合作，未来政府应该采取更积极主动的方式，如搭建新兴技术平台，加强与更广泛的部门之间的协调，以更加系统地支持新兴技术的发展。具体来看，报告指出政府应当发挥好以下九个角色的作用（表 10-1），以更好地支持新兴技术发展，解决市场失灵问题，并最终推动创新。

表10-1 《技术和创新的未来》报告针对英国政府提出的九个建议措施

角色类型	政策内涵
催化剂	开展创新价值链的分析，确定哪些技术为英国带来了机遇和长期价值
监管者	确保监管足够灵活和宽松，以实现技术互动和创新应用
智慧的采购方	建立一个鼓励大企业与中小企业共同签订公共产品合同的采购环境，以便让中小企业展示能力及建立商业联系
创新推动者	创建测试平台，用于开发人员在真实环境中测试应用程序、评估可伸缩性并与公众接触
标准制定者	利用“生活实验室”的启发来制定英国标准——通过“展示，而不是讲述”来制定全球议程
平台提供者	扩大在国家基础设施、国民保健系统和其他公共服务领域的成熟技术的平台部署
技能规划者	为不断增长的多学科技术工人需求做好准备，减轻由于机器人和机器学习取代非熟练人员和研究生级别人员而带来的（负面）影响
财政激励者	运用金融和其他财政机制来刺激创新和市场增长

资料来源：UK Government Office of Science. 2017. Technology and Innovation Futures. https：// assets. publishing. service.gov.uk/government/uploads/system/uploads/attachment_data/file/584219/technology-innovation-futures-2017.pdf[2020-3-12].

顺应这种融合的趋势，英国政府于 2018 年正式将英国研究理事会总会与英格兰高等教育拨款委员会和英国创新署重组为新的英国研究与创新署，以更好地促进跨学科合作和国际合作，使英国成为欧洲新技术研发的最佳地方。换言之，新成立的英国研究与创新署有利于更好地整合现有技术和原始创新，以发挥英国在纯科学和应用科学领域的优势，从而使英国保持在市场和产业的前沿位置。

2020 年 7 月，英国政府发布《研究与开发路线图》，目的是进一步提升本国科研实力，使英国成为全球科学家、研究人员与企业家生活、工作和开展创新的最佳地点。该路线图是英国首相鲍里斯·约翰逊开展新冠肺炎疫情后经济复苏“新政”的组成部分，表明保守党在脱欧后将优先考虑发展科学的雄心壮志，希望通过该路线图帮助英国经济复苏并巩固英国作为科学超级大国的地位。根据该路线图，英国政府将要采取的举措包括加大科学基础设施投入、吸引更多顶尖科技人才、增加公共研发资金支持等多个方面。其中，在增加科研资金支持方面，既要继续对英国研究与创新署的研究机构和资助方式进行调整和优化，也要新建一个独立的资助机构。该新建的资助机构将采用一种更有效、更灵活的资助和管理方式，目的是消除跨学科研究的障碍，推动技术交叉融合创新，实现变革性技术突破，以帮助政府、行业和社会应对所面临的最复杂和最紧迫的挑战（张宇麒，2020）。

（3）日本

日本政府的《科学技术基本计划》以及《科技创新综合战略》，共同组成推动日本国立科研机构、大学和企业展开合作，推动以跨学科、强交叉的新路径解决国家和社会重大问题的重要战略框架。

自 1996 年启动第一期《科学技术基本计划》以来，每一期《科学技术基本计划》都以关注当前和未来面临的社会问题，提高公民生活福利，推动日本经济社会的繁荣富强为目标。随着时代发展，基本计划越来越关注问题导向的研究，注重学科深度交叉融合和从基础研究到技术应用价值链的贯通，尤其是第三期至第五期的《科学技术基本计划》都将推动融合科学解决重大经济社会问题作为主要内容（表 10-2）。

表10-2 日本《科学技术基本计划》（第一期至第五期）

科学技术基本计划	关注的重大问题	主要内容	投入资金 / 万亿日元
第一期（1996～2000 年）	人口老龄化、产业空心化、生活水准恶化，解决增进健康、防治疾病和预防灾害等生活需求问题，以及环境、食品、能源和资源短缺等挑战全球的发展问题	1）进行体制改革，建立全新的科研体系，营造灵活和竞争性的研究环境； 2）增加政府研发投资	17.6
第二期（2001～2005 年）	工业竞争力下降、就业减少，因人口老龄化和低出生率而导致的劳动力减少、保健费用和社会安全支出增加等问题	1）科技理念和重要政策； 2）明确综合科学技术会议的使命	25

续表

科学技术基本计划	关注的重大问题	主要内容	投入资金 / 万亿日元
第三期（2006～2010年）	世界性科学技术竞争的激烈化、少子高龄化、安全和稳定问题与全球性课题	1）成为依靠知识创造和技术的灵活运用为世界做出贡献的国家；必须加强跨学科和交叉领域的研究促进研究和发展； 2）成为具备国际竞争力的可持续发展的国家； 3）营造安全舒适、生活质量高的国家	25
第四期（2011～2015年）	人口老龄化、人口下降及其造成的社会经济活力下降	1）继续延续第三期中的主要内容； 2）重视科技外交，提高全球问题应对能力； 3）掌握关键技术、发展科技前沿维护国家安全； 4）为公众提供富足而高品质的生活，增强日本的产业竞争力	25
第五期（2016～2020年）	人口老龄化、疾病、防灾、能源等世界性议题，打造超智能社会“社会5.0”	1）以制造业为核心创造新价值和新服务； 2）积极应对经济和社会发展面临的挑战； 3）强化科技创新的基础实力； 4）构建人才、知识和资金的良性循环体系	26

资料来源：王达．2020. 日本面向未来的特定科技领域技术预见分析．今日科苑，5：1-9；胡明辉．2012. 从《科学技术基本计划》看日本科技发展战略．科学管理研究，30（2）：116-120；魏龙．2009. 日本实施科技创新立国发展战略的措施．技术与创新管理，30（4）：424-427；杨书臣．2005. 近年日本科技政策浅析．日本研究，3：30-34；日本第三个《科学技术基本计划》的重要政策摘要.2005-10-28. http：//www.nsfc.gov.cn/publish/portal0/tab440/info59632.htm[2020-1-19]；日本政府拟修订“第四期科技基本计划”．2011-04-25. http：//www.most.gov.cn/gnwkjdt/201104/t20110420_86163.htm[2019-10-24].

其中，第三期《科学技术基本计划》规划了生命科学、纳米技术与材料、信息通信、环境及其复合学科四个基础研究重点领域，要求整合自然科学、人文与社会科学各领域知识，强调根据经济社会的需要进行科研命题，首次提出基础研究项目可以来自科学家自由设想，也可以瞄准特定政策目的。

从第四期《科学技术基本计划》开始，国际竞争环境发生巨变，加之国内发生福岛核电站事故和大地震，日本迫切需要提升国际竞争力，推动社会变革。日本政府改变了以往以科技领域为主的研发重点，强调以解决问题为目标。提出重视科学技术与不同领域（如社会科学、人文科学）的融合，要有效应用科学和技术解决全球性的问题与挑战，如“绿色创新”和“生活创新”等。

第五期《科学技术基本计划》提出发展信息通信技术，实现超智能社会“社会 5.0”（Society 5.0），应对第四次产业革命带来的重大变革，力争将日本建设成为全球最适宜创新的国家。超智能社会的愿景不局限于制造业领域，将横跨物联网、大数据解析、网络安全、人工智能、农业、能源、健康、医药、护理、自动驾驶、制造、物流 / 商业分布、基础设施、防灾、地球环境、海洋、太空等多个领域，通过网络空间和现实空间的融合，创造新的产业与服务。同时，强调了推进开放科学，加快公共部门和私营部门数据的标准化和平台建设，加强科研数据的立法保障、管理和利用（如与国外数据库的对接）。

根据《科学技术基本计划》，日本政府每年通过内阁府综合科学技术创新会议发布的《科技创新综合战略》，将战略性创新创造项目（Strategic Innovation-drive Project，SIP）和变革性研发推进项目（Impulsing PAradigm Change through disruptive Technologies Program，ImPACT）作为主要的支柱。其中，战略性创新创造项目（冯海玮，2019）是在综合科技创新会议的协调下建立的跨越省厅及学科、产业领域的横向联合型项目。该项目设置项目主管，通过政产学研各方主体的参与打通从基础研究到商业化的全链条，旨在提升研究推动力，建立核心创新模式，解决社会性难题，并为就业和强化产业竞争力做出贡献。在资助方式上，该项目被列入内阁府的“科学技术创新创造推进费”，各课题的额度由综合科学技术创新会议决定，2017 年项目预算为 500 亿日元。变革性研发推进项目（冯海玮，2019）则主要资助高风险、高挑战性、高回报、非连续、跨越式的创新研究开发项目，项目周期为 5 年，预算为550亿日元。该项目以加速实现“世界最适宜创新国家”为目标，参考DARPA体系设计，采用项目管理制，各领域设有项目经理，他们作为研究项目负责人，主要负责本领域内研究人员和研发机构的任务分配以及项目的管理。在资助方式上，由国立研究开发法人科学技术振兴机构设立的“变革性新技术研究开发基金”提供支持。

此外，日本政府自2007年开始启动的“世界顶级研究基地计划”，旨在依托大学和国立研究机构等开展国际化、高水准的交叉融合研究。截至2020年7月，日本政府共建立了13个“世界顶级研究基地计划”基地，这些基地不区分研究者的领域、研究室之间没有明显区别，通过扁平化、开放型组织方式促进不同领域研究者间的密切合作，推动融合科学研究成果的产出，如数学和材料科学融合进行玻璃结构分析、动植物学与合成化学融合以应对寄生植物等（日本学术振兴会，2019）。

（4）韩国

2003年，当时的韩国科学技术部启动实施了“技术融合”开发规划（张琳和黄颖，2019），该规划由韩国政府特设的高新技术融合发展促进企划委员会制定。李明博政府时期，韩国政府已认识到，全球已进入激烈竞争时代，单靠一种技术难以取胜，必须融合两种以上的技术，加快技术的发展。因此，李明博政府高度重视“技术融合”的战略规划和布局，将信息技术产业技术与非信息技术产业接轨的融合技术作为一项雄心勃勃的计划。首先，2007年韩国政府提出在2012年以前向融合技术共投入1兆韩元的预算研发，这些融合技术包括生物信息处理（信息＋生物）、智能型微机电系统（信息＋生物＋材料）、机电一体化（信息＋机械）、生物亲近性材料技术（生物＋材料）等。2008年首先投入706亿韩元，以汽车、造船等五大主要产业为主，致力于移动通信、嵌入式系统软件等技术融合的研发，主要项目包括智能型汽车、智能型船舶、加强国防战力以及U-city等（上海外国语大学，2015）。

进一步，2009年，韩国科学技术创新政策的最高决策机构——韩国国家科学技术委员会通过了《国家融合技术发展基本计划（2009—2013）》，对融合技术的研发及产业化发展做出系统规划。该计划由韩国七个政府部门联合制定实施。该计划指出，技术融合是纳米技术、生物技术、信息技术和认知科学这四种科学的有机结合，代表着下一个世纪的主要研究领域，并将对人类的发展产生重大影响。根据该计划，韩国政府主要采取以下六个方面的政策措施：加强创意性技术融合研究；加强创意性研究人才的培养；发掘新的融合性产业，建立国际技术融合研究区、商务区；依靠融合技术提升现有产业水平，创造高附加值产业，增加就业机会；加强科技与人文社会、文化间的联系，加强国际合作，建设开放型研究氛围；政府完善法规，成立尖端、融合、复合型技术发展促进委员会，成立部门间合作协调机制（科技部，2009）。

朴槿惠政府时期，韩国政府于2014年在当时的未来创造科学部下面成立了韩国国家科学技术研究理事会，统管韩国中央政府资助的国立科研机构，以便于破除不同国立科研机构之间的壁垒，推动跨学科领域之间的融合科学，形成重大研究产出。该理事会自成立起一方面牵动下辖的国立科研机构以及外部的科技界和产业界力量，跨机构、跨界成立了若干个融合研究中心，由理事会提供经费支持；另一方面则资助了若干类融合科学项目，如创造性的联合项目、高阶融合研究项目、军民融合研究项目、融合集群研究等。

2017年4月，韩国科学技术信息通信部和韩国科学技术计划评价与规划院发布《韩国第五次科学技术预见2016—2040》报告。该报告由执行委员会、未来预测委员会及未来技术委员会完成，其中，未来技术委员会包含六个小组，制造和融合技术是其中之一，其他五个小组分别是社会基础设施技术、生态系统和环境友好技术、交通和机器人技术、医疗和生命技术、信息和通信技术。与此相应地，该报告从社会基础设施技术、生态系统和环境友好技术、交通和机器人技术、医疗和生命技术、制造和融合技术、信息和通信技术这六个领域分别提出了对韩国未来有重要影响的40个主要问题，并从科技角度给出了相应的解决方案。其中，制造和融合技术这个领域的主要问题和可能的解决方案如表10-3所示。进一步，该报告还提出了制造和融合技术领域未来可能出现的48项未来技术，并从实现方式（政府资助、基础设施建设、政策支持）、资助方（企业、学校、研究机构）、创新性和不确定性、重要性和竞争力等角度进行了定量分析，为未来相关技术发展的具体政策制定提供了基础（表10-3）（张超星，2018）。

表10-3　制造和融合技术领域的主要问题和可能的解决方案

领域	主要问题	科技角度的解决方案
制造和融合技术	提高娴熟的精准制造技能和先进制造技术的重要性	先进精准制造技术的专业化
	加速产业和技术的融合	促进纳米、生物、信息、技术的融合研究
	新材料和纳米材料的安全性	新材料对人和环境安全性检测技术
	韩国主要技术和产业竞争力地位被取代的可能性	通过模拟和数字产业的融合拉开差距
	传统制造业的转型	3D 打印材料技术的改善

此外，近些年韩国科学技术信息通信部发布的年度工作计划中也将推动融合科学作为重要的工作计划。例如，2019 年工作计划中提出三大战略：推出全球首个 5G 移动网络，在全球市场中获得竞争优势；投入 20 万亿韩元研发，促进创新带动增长，提高生活质量；培育 4 万个第四次工业革命的新人才。其中，后两项战略的具体举措中都有与融合科学相关的内容，如生物技术和信息与通信技术的融合被认为是未来有前途的关键原创技术，因此，需要大力推动生物技术和信息与通信技术的融合；再如，引入灵活的教育课程，如跨学科和融合研究，培养将引领 STEM 教育改革的“STEM 研究型大学”（黄健，2019）。

10.1.2　欧盟地区的战略框架

早在 21 世纪初期，欧盟就开始关注技术融合对经济社会发展的促进作用。2004 年 1 月，欧盟执行机构——欧洲委员会发布了《融合技术：塑造欧洲社会的未来》（*Converging Technologies*：*Shaping the Future of European Societies*）报告，基于欧洲社会发展现状、目标和挑战，指出技术融合对于促进科技发展、增强经济竞争力以及推动社会进步都具有重要意义，并明确提出将发展技术融合作为实现欧洲知识社会的战略举措（Nordmann，2004）。

欧盟研发框架计划（framework programme，FP）作为欧盟投资最多、涉及领域最广的科研开发计划，致力于促进单一成员国无法做到的研发活动，高度关注人类社会发展的重大问题，通过不断整合和集中欧洲层面的资源、计划和战略，突出重大社会和经济问题导向，重视科研机构和中小企业在研发活动中的作用以及技术成果转化，凸显了典型的融合科学特征。例如，第四期框架计划首次将新技术传播与整合中小企业列为重要项目，以促进成果转化，从而减小欧洲与美国和日本之间的差距。再如，自第五期框架计划开始增加了优先领域遴选的新准则：关注并突出科研活动在解决重大社会和经济问题中的作用，传递欧洲的附加价值，提高科技解决社会问题的能力。

第七期框架计划（1984 ～ 2013 年）结束后，近些年欧盟实施的第八期框架计划——“地平线 2020”和第九期框架计划——“地平线欧洲”，更加凸显解决重大问题的导向，在领域遴选和资助机制等方面更加符合当前融合科学的发展趋势，成为欧盟层面上推动融合科学发展的重要机制。

（1）“地平线 2020”计划

“地平线 2020”计划于 2014 年启动，该计划重新设计了整体研发框架，基于融合科学的原则进一步整合了欧盟科技创新资源（Roco et al.，2013），要求欧盟所有的研发与创新计划都要聚焦于卓越科学、工业领袖和社会挑战三个共同的战略优先领域，每个优先领域都分别部署多项行动计划，另外单列了四项不便分类的资助计划。

卓越科学战略优先领域（244.41 亿欧元）重点支持多学科深度交叉融合的项目 / 主题，通过欧盟各成员国政府、企业、科研机构 / 大学等多个主体的参与，旨在使欧盟研究和创新体系在全球范围内具有更强的竞争力。该优先领域具体通过四个渠道来部署，分别是欧洲研究理事会、未来和新兴技术计划、玛丽•居里计划和基础研究设施建设资金。其中，未来和新兴技术计划鼓励科学研究和前沿工程等跨学科之间的探索性合作，又分为开放计划、前瞻计划和旗舰计划，分别支持新思维、培育新兴领域和长期挑战的需求。

工业领袖战略优先领域（170.16 亿欧元）着力于创新价值链的后端，通过对未来工业和创新型中小企业的支持，加快技术和创新的发展，跨越基础研究与产业应用之间的鸿沟。该领域包括领先的使能和工业技术、风险融资通道、中小企业创新计划三个计划。其中，领先的使能和工业技术计划针对性支持解决社会挑战性问题和对重点发展领域产生显著影响的问题，如跨领域、跨部门、跨国的关键使能技术，信息通信技术和空间技术等。

社会挑战战略优先领域（296.79 亿欧元）关注欧洲乃至全球关注的重大问题，汇集了社会科学和人文科学的各个学科的知识、技术，覆盖了从研究到市场的整个链条，更加关注样机、示范和试验平台等后端的创新活动，鼓励不同参与主体通过跨领域合作探索解决方案。该领域包括健康、人口变化和福利，粮食安全、可持续农业、海洋海事和内陆水研究及生物经济，安全、清洁和高效能源，智能、绿色和综合交通，气候行动、环境、资源效率和原材料，包容性、创新型和思考型的欧洲社会，以及安全社会七个子领域，各子领域包含多个研究主题和关键目标。

（2）“地平线欧洲”计划

2018 年 6 月 7 日，欧盟委员会发布了“地平线欧洲”（2021 ～ 2027 年）计划提案（European Commission，2018a）。该计划将实行使命 / 重大任务导向型研发创新政策，提出了使命导向型研发的六个遴选标准：①具有广泛的社会意义；②目标明确，有针对性、可衡量性和时限性；③假设大胆，有切实的研究和创新行动；④促进跨学科、跨部门和跨主体的创新；⑤多种“自下而上”的解决方案；⑥对欧盟有较大的附加值。通过“使命”促进跨学科、跨部门和跨主体的知识流动，改变过去框架计划纵向主题过于宽泛、资助项目多而分散、谷仓效应（silo effect）明显的局面。同时鼓励公民密切参与科研与创新活动，发挥设计与决策的作用。

“地平线欧洲”计划将重点关注开放科学研究、全球挑战与产业竞争力、开放创新三大支柱，以此来加强欧洲研究区：

开放科学研究（258 亿欧元），进一步明确了出版物、数据和研究数据的管理计划，突破现行的开放获取政策，进一步促进开放科学。

全球挑战与产业竞争力（527 亿欧元），重点关注五个主题集群，包括：卫生健康（77 亿欧元），包容和安全的社会（28 亿欧元），数字与产业（150 亿欧元），气候、能源与交通（150 亿欧元），粮食和自然资源（100 亿欧元），以及其他资助方向共 22 亿欧元。同时，“地平线欧洲”计划提出了具有明确的研究目标和完成期限"射月"（moonshot）式研究任务——专项任务。专项任务在欧盟委员会相关部门、成员国、欧洲议会和利益相关方协作的基础上设计和确定，同时鼓励公民参与。在资助方面，专项任务没有单独预算，通过工作计划分配，可以从多个主题集群中获得资金支持。在实施方面，专项任务采用"政策组合"方式，以系列行动的形式被评估、遴选和管理。主题集群围绕专项任务建立全面的项目组合，通过专项任务的方式聚焦欧盟和全球关注的重大领域，突破学科、部门和政策领域间的界限，通过多种合作解决重大问题。"地平线欧洲"计划设立的五大任务专项分别是：气候变化适应，癌症，健康海洋、沿海及内陆水域，气候中立与智慧城市，土壤健康和食品。

开放创新（135 亿欧元），重点支持面向市场的创新和成果转化，其重要举措包括设立欧盟创新理事会。该理事会预算超过 100 亿欧元，其使命是提供资金，将有潜力、突破性的新技术推向市场。具体来看，该理事会为研究人员和企业提供两种资助工具：一是先进研究探路者计划，资助从概念验证、技术验证的早期技术阶段到早期商业阶段；二是加速器计划，资助产品开发和市场部署阶段，包括示范、用户测试、商业前生产、规模扩大等。通过投资创业公司，扩大其混合融资的规模，帮助企业跨越从基础研究到产品市场化的"死亡之谷"。

10.2　未来愿景

当前，人类面临气候变化、自然灾害、重大疾病、社会经济体系治理等全球性重大挑战，其有效解决与否直接决定着人类文明能否向前延续和可持续发展。在这种背景下，解决全球性重大挑战背后的核心科学问题已经成为包括中国科技界在内的全球科学共同体的重大使命和责任。在这种使命和责任的牵引之下，21 世纪的科研已经与以往大不相同，无论是科学研究的内容、方法还是范畴，都已经发生了根本性变革。以下场景听起来像天方夜谭，却是基于融合科学范式可以预见的未来。

2050 年，全球已经形成一张跨越学科、部门和国家的科研网络。全球任何一个科研人员都可通过注册在该网络上拥有一个独一无二的标识，从而成为该网络平台的一个节点，并在该平台上开放共享自己的研究数据和资源。某月，某地突发一种不明原因引发的传染性疾病。当地政府科技主管部门立即在全球科研网络上启动需求机制，触发该网络上的智能搜寻，迅速锚定了一批具有相关研究基础的科研人员，并对其中归属于该国的科研人员提供经费支持。这些科研人员来自不同的学科和产学研部门，通过问题牵引形成了一个分布式的联合攻关组。该联合攻关组的成员之间可以进行在线的或者线下的交流，共同制定解决问题的路线图。联合攻关组的所有数据、结论甚至实验过程都实时共享，任何一位成员都可以远程查看其他成员的实验过程和实验数据。与此同时，联合攻关组也可根据研究需要或者政府资助方的要求选择将该问题的研究进展共享到全球科研网络，以便更多地吸取其他科研人员的意见和建议。该科研网络上的所有数据生成和交换事件都将以数字化的方式记录和公开，这些数字档案不可更改也无法磨灭，既可用于回溯整个研究过程，也可用于分析每个科研人员在研究过程中的贡献。由此可见，融合科学时代科研基础数据架构、科研组织模式、优先权确权方式、学术交流共享机制等都迥异于当前。

上述这种可期的未来，为中国等发展中国家展现了一幅激动人心的新画卷。融合科学范式为这些发展中国家解决当前及未来在经济社会发展中面临的重大问题提供了机遇。事实上，中国科学界已经意识到这种先机。例如，中国科学院白春礼指出，大数据深刻改变科技创新研究范式，通过大数据技术的应用，科技创新的研究方法和手段得到了极大提升，研究对象、范围和层次得到了极大拓展，高效协同成为科技创新的主要组织模式（白春礼，2017）。国家自然科学基金委李静海提出，科学范式的转移意味着研究内容由静态平均过渡到动态结构，由局部现象扩展到系统行为；研究方法由传统的定性分析逐步向定量预测转变，从单一学科不断发展为学科交叉，从数据处理延伸到人工智能；研究范畴由学科分割的知识区块拓展到知识体系，从传统理论上升为复杂科学，从追求细节发展到尺度关联，从多层次的分科知识演变到探索共性原理（Li and Huang，2019）。总而言之，融合科学对于中国科技界而言既是机遇也是挑战，中国科技界对此已经形成了一定的认识，为未来推动融合科学在中国的发展奠定了基础。

10.3 基础性建设

上述融合科学未来愿景的实现，需要在科研基础设施和科研基本制度方面进行彻底变革。其中，科研基本设施变革的根本目的是在技术层面实现融合科学网络的并行、共享、协同等要求，而科研基本制度最根本的变革在于从政策层面真正调动科研人员开展融合科学的主动性。

10.3.1 科研基础设施的建设

科研基本设施建设的目标是形成开放的、分布的、协同的物理管理和应用架构，以支撑未来融合科学在科研基础数据架构、科研组织模式、优先权确权方式、学术交流共享机制等方面的根本性变革。受限于当前信息、通信和人工智能技术的发展水平，现有国内外开展的融合科学还远没有实现科研基础设施上的变革。可以预见，人工智能、区块链等新技术的发展和成熟，将在不久的将来为实现融合科学所要求的新型科研基础设施提供技术上的可能。

（1）网络架构

为了实现融合科学，首先要建立起一种分布式的科研网络架构。现有的科研组织方式都具有典型的集中化特点。例如，大型科研设施、科研数据中心、科研实验中心等都是各类科研资源的聚集中心，这类组织中的科研资源都由组织来进行集中式的管理，由组织来进行资源的输入和输出。再如，现有开展多学科交叉的研究组织大多致力于将不同学科背景的人员聚集在一起，即便是通过虚拟网络开展的多学科交叉合作，也多有一个中心团队起到主导和汇总作用。事实上，受限于现有支撑技术，以美国麻省理工学院科赫研究所为代表的一些机构仍然采用将人员集中的方式来开展融合科学。长期以来科学研究的这种集中化传统带来的科研系统的脆弱性和局限性是明显的。一方面，集中化系统如果遭遇黑客攻击，将使整个科研系统瘫痪；另一方面，集中化科研系统能够网罗的各类人才相对有限，势必从主观或客观上遗漏掉有可能做出重大贡献的科研人员，这些潜在的贡献者无法及时了解和参与相关研究。

未来，在区块链等新技术的支持下，融合科学将主要以分布式的方式开展，即科研网络系统中不设立中心服务器，全部科研资源和科研服务都可分散在网络系统中的所有节点上，且每个节点上都存储对全网数据的索引，以实现不借助任何第三方的点对点交易。换言之，每个科研人员都是融合科学网络上的一个节点，都可以在该网络中根据科研工作的需要进行点对点的交流与合作。由于不存在集中化的科研系统，任何一个节点都只是网络中的局部，其破坏并不会对整体科研系统造成致命的伤害。同时，分布式科研网络将赋予每一个科研人员知情权和参与权，为真正有能力参与重大问题研究的科研人员打开了通道。可见，未来具有分布式基础架构的融合科学网络将更加安全而有效。

需要特别指出的是，这种分布式并不是简单的分散化，而是保留协同能力、将处理能力进行分散化。在融合科学网络中，这种分散化的处理能力是指基于单一学科的研究能力，即各学科背景的人员基于各自的学科范式开展的理论研究、实验研究、数据分析等。这样不仅保持了集中化的既有优势，还降低了系统的脆弱性，提高了科研系统的安全和有效。

（2）数据环境

分布式的基础架构赋予融合科学网络中每个节点的知情权和参与权，但是各节点要真正参与到协同研究之中，还需要实现基于自由公证的数据开放和共享环境：一是需要获取科研网络中所有具有公共属性的数据和信息；二是要确保各网络节点上信息的可靠性（静态的可靠性）以及数据传输过程中的可靠性（动态的可靠性）。当前，区块链技术的发展已经实现了分布式网络中的可靠数据管理，该技术通过一种链式数据结构，按照时间顺序将数据区块依次组合而成，并通过密码学方式确保其不被篡改和伪造。借鉴区块链技术，融合科学网络为了实现基于自由公证的数据开放和共享，在技术层面上需要实现以下三个核心要素。

1）时间戳。系统中每一次节点间的数据交换都由时间戳来标记其发生的时间和地点，而且数据信息一旦被写入就不得更改或撤销。即便是某节点执行了数据“删除”的操作，也并不会使数据在网络中完全消失，而是以增加“节点用户删除了该条字符”这样的方式来进行记录。换言之，每一个时间戳都能有效证明什么时候发生什么事情，相当于在网络中扮演着公证人的角色，也实现了数据的可追溯性，从而有利于提高科研人员的诚信意识。

2）同步机制。融合科学网络中所有具有公共属性的数据内容（例如全网数据的地址索引）都是完全公开透明的，而且任意节点间发生的公共数据交换（带来的地址更新）都可在极短时间内实现全网同步。涉及私密信息的数据交换，也可以在加密私密字段的基础上，公开数据交换行为，使网络中每个节点都能回溯所有的数据交换行为，并可通过公开接口进一步查询原始数据。

3）加密机制。融合科学网络各节点不仅存储了大量具有公共属性的数据内容，而且还以加密方式存储了部分具有私密性质、不宜公开的数据内容。这些加密数据往往涉及个人隐私或者关系国家、行业安全的数据，因而需要一种可靠的加密机制来保障这类数据的安全。如何平衡好隐私保护和数据交换的畅通，对加密算法的研究而言既是挑战也是机遇。

（3）存储技术

要实现融合科学网络中的分布式数据存储，首先需要在每个网络节点上存储该节点的所有科研数据，不仅包括传统意义上的科研数据，还包括全流程的科研数据和资源，即从提出研究问题、科研方法设计、科研数据到最终科研结果公开整个链条所涉及的实验室笔记、研究数据、实验视频、计算模型、论文初步分析结果、下一步研究计划、同行评审报告、与同事的沟通或交流记录或实验室样本等实物资源等。同时，也要实现在每个节点上都存储对全网数据的地址索引，以便实现不借助任何第三方的点对点交易。

这意味着，需要新的存储技术来实现上述融合科学网络中的分布式数据存储，而现有技术在存储和管理上述全流程数据方面捉襟见肘。具体来看，一方面，所有数据要以标准化的方式进行存储，这可在当前已经广泛应用的FAIR 原则的基础上进一步发展，即可查找、可获取、可相互操作和可再利用。另一方面，存储技术要想实现安全、智能和海量，可依靠生物技术和信息技术的融合。例如，已初现端倪的 DNA 数据存储技术作为分子级的生物存储技术，相对于传统数据存储具有存储密度大、能耗低、安全稳定等优点，有望成为一项满足海量数据存储需求的颠覆性技术（汪洋等，2020）。再如，类脑芯片技术仿照人脑结构中神经元（计算）和突触（存储）单元集于一体，能够随传递的信号强弱和极性调整并保持传递效率，以极低功耗进行数据的异步、并行、低速和分布式处理，与融合科学网络中每一个节点的智能化要求（既能存储又能计算）相符合，有望支撑融合科学网络的分布式架构。

（4）协同规则

融合科学网络的根本目的在于整体协同、联合攻关。未来，随着人工智能技术的进一步发展，融合科学网络中的每一个节点都将成为一个自主和自治的智能体，并且具备一定的感知、推理和决策功能。该智能体通常由科研人员和人工智能共同组成，科研人员负责提出创新性的想法，人工智能负责从融合科学网络中获取相关数据并执行基础性的计算和实验工作。该网络中的协同规则实际上是智能化规则和自主化规则的集合。在重大经济社会问题的导向下，网络中的不同节点将通过智能化规则和自主化规则相结合的方式组成各式各样的任务集群并开展联合攻关。

其中，智能化规则是指数据环境下以数字形式表达的规则，一旦输入满足规则代码的要求，就会自动执行约定的活动，从而避免由人来执行时可能存在的作弊行为和低效行为。最广为人知的智能化规则是 1994 年计算机科学家和密码学家尼克 • 萨博（Nick Szabo）首次提出的“智能合约”，目前在特定的区块链中（主要是以太坊）已经进入实际应用阶段。融合科学网络中的智能化规则有多种应用场景，例如，重大经济社会问题导向下，根据数字化表达的任务需求（如关键词），自动化地匹配融合科学网络中的各节点信息，如果节点具有解决该重大经济社会问题相关的知识、技能或经验，则将自动启动特定活动，如给这些符合条件的相关节点发送需求请求，从而将跨学科、跨部门的科研力量凝集起来。

自主化规则是指融合科学网络中需要科研人员根据自己的意愿进行自主选择的规则。例如，节点接到系统自动发送的联合攻关请求后，将由节点来自主决策是否同意加入。再如，科研人员可以通过自主化规则更新研究进展：首先，科研人员根据自己的研究思路检索国内外的已有研究进展；然后，通过开展自己的实验或数据分析对某个研究结论进行修订或者更新；进一步，通过请求机制向原研究结论的负责人申请结论更新，原负责人可以维持原有结论，也可以同意修订。如果原负责人选择维持原有结论，则新的研究结论将由其发现者作为自己发起的数据公布在网络中；如果原负责人选择根据新的分析结果对原研究结论进行修订，则系统中也将标注是由谁提供了新的数据或结论。

10.3.2 科研基本制度的建设

科研基本制度的变革最根本的在于从政策层面真正激发科研人员开展融合科学的主动性。这些基本制度与融合科学的基本设施变革相匹配，两者相辅相成，分别从软件和硬件两个方面共同推动融合科学未来愿景的实现。

（1）学术交流机制

未来，融合科学网络中的学术交流机制将不再以在学术期刊上发表论文的方式为主，而是通过开放数据链的方式作为学术交流的主要机制。具体来看，每一次新的科研事件（提出想法、完成实验、形成结论等）发生后，此次事件的原始数据将由发生这件事件的科研人员存储在本地。同时，这件事件将由系统自动记录为一个带有时间戳的数据区块，该数据区块记录的是这件事件已经发生的事实，以及原始数据在本地的存储索引（地址），并将被存储在融合科学网络中各节点共享的一条索引数据链上。事实上，该网络中各节点上发生的科研事件的索引将按照时间先后顺序依次连接到该索引数据链的尾端，从而成为一条记录解决问题全流程中所有科研事件的索引数据链。这条索引数据链存储在每一个网络节点，而且通过即时同步机制可实现瞬间的全网同步，从而将最新的科研事件信息实时传递到每一个网络节点，具有极高的传播效率。同时，任何科研人员都可以通过该数据链上的索引找到这次新的科研事件的发生者，同时向发生者提出访问其本地数据的申请，并在得到同意之后将可以调取和引用这些数据。可见，融合科学网络中全网实时同步的索引数据链是学术交流的载体。

（2）优先权确权方式

融合科学网络中全网实时同步的索引数据链，同时也是进行科学发现优先权确认的重要依据。如前所述，未来在融合科学网络中，一条以时间先后顺序依次记录解决问题全流程中所有科研事件的索引数据链，将可在全网所有节点中实现瞬间的同步。换言之，一项科学发现由谁最先提出核心思想、由谁完成实验验证等都会在这条索引数据链上留有证据。这就解决了科学研究中最基本的激励问题——优先权的确认。

（3）影响 / 价值评价方式

融合科学网络中科研人员以开源的方式开展科研。具体而言，科研人员将研究成果背后的算法、程序、数据和操作流程等在融合科学网络中进行共享，其他科研人员可以通过索引数据链找到所需的算法或程序，并将其应用于自己的研究工作中。在研究工作中可以对该算法或程序进行改进，并将改进后的算法或程序在融合科学网络中进行共享。由此，科研人员的科研影响（价值）体现在其共享的算法、程序、数据或操作流程被他人关注并应用于他人研究工作的情况。例如，某数学算法最早由科研人员 A 提出，早期并没有很多人关注，但是经科研人员 B 进行改进后，改进后的新算法广泛应用于多个不同的场景，即 B 改进后的新算法产生了很大的科学影响（价值）。因此，对融合科学网络中科研人员的评价既应考量其在解决重大问题中的直接作用，也要考量其在融合科学网络中发挥的基础性作用（如基础算法的改进）。

10.4 政策工具集

融合科学作为一种新的科学范式，是实践和理念并行发展的产物。已有的国内外实践奠定了推动融合科学的政策基础，为中国进一步完善相关政策提供了他山之石。基于对融合科学的理论分析，结合国际经验和中国国情，未来中国推行融合科学相关政策应当遵循以下基本原则。

原则一：处理好融合科学与传统科学之间的关系。传统科学的发展是根基，是蓄水池，是支撑融合科学的基础。换言之，发展融合科学并不意味着摒弃传统科学，融合科学应当是在传统的学科发展之上以重大问题为主线对优势力量的进一步组织和凝练。尤其是对于中国等发展中国家而言，某些学科发展还存在明显短板，适宜采用传统科学发展和融合科学发展并举的策略。

原则二：处理好创新价值链上公、私部门之间的关系。公有部门（政府、国立科研机构、公立大学等）和私有部门（企业、非营利组织、公众团体等）在国家创新体系中具有各自的优势，对融合科学的发展都是不可或缺的重要力量。中国以往在传统的科学发展过程中公、私部门的定位不清，没有形成合力。在推动融合科学解决重大经济社会问题时，中国应理顺两者的关系，使之相互衔接，贯通整个创新价值链。

原则三：继承和发扬中国举国体制的传统和优势。中国现有的举国体制为推行融合科学奠定了重要的基础。但是，举国体制应用于科学研究领域，需要以国际上融合科学新范式的兴起为契机，构建符合未来科学发展需要的新型举国体制。例如，科学数据、资源、平台的开放共享是这种新型举国体制的重要方面，也为会聚跨部门、跨学科力量开展融合科学提供了数据基础。

遵循上述原则，基于对融合科学的规律和特征分析，以及国际上已有实践经验，将国家宏观层面以及中微观机构层面可供中国选择的政策工具梳理如下（详见附表）。

（1）国家宏观管理

在国家科技创新相关文件中明确阐述融合科学在国家创新体系中的定位和作用，引导科技界和社会公众认识融合科学的未来发展趋势及对公众、国家乃至全人类的重要意义。

以融合科学新范式的兴起为契机，构建新型举国体制。一是要建立国家科技相关部门的跨部门协作机制，特别是在国家重大计划的设立和遴选中，以国家需求为导向，打破学科壁垒和各部门利益分割，完善跨部门、跨行业的协调和合作机制，并制定问题解决的路线图；二是要围绕重大问题推动公私部门多主体的协同资助，发挥政府科研资金、企业研发资金和市场风投资金各自的优势，提供覆盖创新价值链全链条的资金渠道；三是要推动国家层面科研数据和资源的开放共享，实现全学科、全流程和全景式的数据和资源开放；四是要搭建覆盖全国的融合科学网络，引导全国各学科的科研人员通过注册获得唯一标识符，为开展基于网络平台的科研交流与合作提供条件；五是要树立以解决重大问题的有效性为标准的评价和奖励导向，对科研人员在重大问题解决中做出的实际贡献进行认可。

（2）政府科技资助部门

在现有学科资助体系基础上增设融合科学项目资助类型，完善符合融合科学特点的研究主题遴选机制，既要主动建立与需求方的紧密合作，抓准国家、市场和民众的具体需求，又要通过多种公开渠道在科学界广泛开展研讨并征集意见建议。设立符合融合科学特点的项目评审标准，评审环节重点甄别开展融合科学的必要性和可行性。

建立权力和责任相符的项目主管制。项目主管应具有战略眼光、管理能力、责任意识并熟知需求，以解决问题为目标主动搜罗、部署不同学科及部门的优势力量，并通过组织研讨推动不同方面开展合作直至问题解决。

在资助融合科学项目和专题研讨的同时，资助符合融合科学特点的新型机构建设、合作网络搭建、数据开放共享平台建设和融合科学人才培养，提升在重大问题解决方面的发展潜力和综合实力。

（3）政府科研机构和大学

转变机构内部治理架构，建立符合融合科学发展需要的决策体系，建立常态化的用户导向和问题导向，吸纳来自政府、企业、公众以及主要业务合作伙伴的代表共同组成咨询委员会，为融合科学在机构内部的顺利开展提供支撑。

建立符合融合科学特点的业务组织和管理，对融合科学和传统学科式的科学研究进行合理的规划和布局，自主部署高风险创新性强的融合科学项目，支持多学科团队申请国家层面的融合科学项目。

变革机构内部的人事制度，为从事融合科学的研究人员制订符合其工作特点的聘用方式、薪酬体系、考核机制和晋升通道，扫除其开展融合科学研究的后顾之忧。

塑造有利于推动融合科学的组织文化，采用多种灵活方式推动不同学科背景的人员之间的交流与合作，如开放实验室、举办跨学科公开研讨会、邀请不同学科背景研究者参加的午餐会、开辟公共交流区域等。

变革学生培养方式，为青年学生开设能够培养其融合思维和能力的课程，吸引企业界人士来校授课、鼓励学生在企业界交流和实习。

（4）企业

与国家科技相关部门共同建立融合科学的资助和管理联盟，与科研机构和大学共建联合攻关组，发挥企业的资源优势和制度优势；鼓励和支持企业、科研机构、大学互派研究人员进行交流与轮岗，支持科研机构和大学对融合科学课程的设立和人才培养；在不侵犯企业商业机密的前提下对科研机构和大学开放一定范围内的企业科研数据和资源。

10.5 小结

目前，面临能源、资源、人口、海洋等一系列全球重大挑战对全人类可持续发展造成的紧迫压力，包括中国在内的所有国家对融合科学的推动还远远不够。就中国而言，目前中国推行融合科学正当时：举全国之力解决国家面临的重大问题，是中华人民共和国成立以来宝贵的历史经验，且这种中国特色的举国体制经验与融合科学具有很强的耦合性；中国主要科技部门（中国科学院、科技部、基金委、教育部等）在推动多学科交叉融合方面已经进行过不同程度的探索，使得多学科交叉融合研究在学术界占据了一定的位置；国际上已经推行的有效措施也为中国提供了诸多可以选择的政策工具；中美贸易战以来，满足国家战略需求被提高到前所未有的战略高度；凡此种种。

但是，中国在进一步推行融合科学方面也将遇到困难与挑战。例如，科研机构治理模式相对僵化，人事制度管理固定在法人制度里面；科研起步晚，创新性较弱，科研评价在短时期内难以摆脱论文专利这类基础性指标，特别是对于科研水平较低的机构和人员而言，以解决问题有效性为标准的评价并不适用；面临当前严峻的生存环境，企业创新动力和能力不足；政策之间的协调性长期以来没有受到足够重视，固守部门利益不利于凝聚各方力量解决重大问题。未来，我们有赖于资助机制、治理模式、人事制度、评价机制、教育体系等多方面协同的制度创新，实现中国融合科学的稳步发展。融合科学的兴起将成为中国科技发展史上继 40 年前“科学的春天”之后又一个宝贵的发展机遇。我们相信，作为一个人口庞大的发展中国家，中国积极拥抱融合科学时代的到来，既将为中国带来前所未有的发展机遇，也将为全人类实现可持续发展贡献不可缺失的重要力量。

参考文献

阿儒涵，吴丛，李晓轩 . 2020. 科研数据开放的国际实践及对我国的启示 . 中国科学院院刊，35(1):11-18.
白春礼 . 2012. 以重大成果产出为导向改革科技评价 . 中国科学院院刊，27(4):407-410.
白春礼 . 2013. 世界主要国立科研机构概况 . 北京：科学出版社 .
白春礼 . 2017. 大数据 : 塑造未来的战略资源 . 电子政务，6:2-6.
北京大学 . 2010. 北京大学元培学院 . 高等理科教育 . 2:131.
布兰彼得 W. 2005. 美国科学政策的法律和历史基础 . 科学学研究，3:289-297.
蔡兵，马跃 . 2008. 交叉学科研究的动力机制分析 . 西南交通大学学报（社会科学版），9(1):75-80.
陈赛君，陈智高 . 2013. 领域交叉性分析指标与方法新探及其实证研究 . 情报学报，32(11):1184-1195.
陈统渭 . 1987. 现代宇宙学的崛起——谈自然科学的分化和综合 . 实事求是，1:64-67.
陈雪飞，黄金霞 . 2014. 国外开放资源建设案例研究 . 数字图书馆论坛，12:23-28.
陈振明 . 1999. 当代西方社会科学发展的整体化趋势：成就、问题与启示 . 学术月刊，11:41-49.
程妮，刘航 . 2014. 基于专利引文的农业知识转移研究现状——2011 年中国“收获和割草”专利分析 . 现代情报，34(6):79-86.
程妮，熊洋，官世强 . 2015. 基于专利引文的知识转移研究——以我国“乳制品加工”领域为例 . 图书馆学研究，18:96-100.
樊春良 . 2006. 战后美国科学政策的形成 . 科学文化评论，3:38-72.
冯海玮 . 2019. 日本综合性科技创新计划概述 . http://www.istis.sh.cn/list/list.aspx?id= 12028 [2019-12-26].
冯一潇 . 2010. 诺贝尔奖为何青睐交叉学科 . http://news.sciencenet.cn/sbhtmlnews/2010/2/228710.html[2019-12-26].
高丰 . 2015. 开放数据 : 概念、现状与机遇 . 大数据，1(2):9-18.
耿益群，高益民 . 2005. 美国高校终身教授制度的历史演进 . 比较教育研究，7:32-37.
馆野义男 . 1997. 信息生物学的现状与展望 . 祁美艳，译 . 世界科学，1:22-24.
韩洁 . 2012. 基督教对中世纪及近代早期欧洲大学学科设置的影响 . 北京：首都师范大学 .
黄健 . 2019. 韩 MSIT 发布 2019 年工作计划 . 先进制造与新材料动态监测快报（中国科学院文献情报中心内部刊物），9:1-2.

黄鲁成，黄斌．2014. 基于模糊集的国际专利分类与产业的关联性评估．情报杂志，7:76-80.
黄青．2018. 浅谈2018年诺贝尔自然科学奖与生物学研究的关系．生物学杂志，35(6):6-8.
黄颖，高天舒，王志楠，等．2016. 基于 Web of Science 分类的跨学科测度研究．科研管理，37(3):124-132.
惠森．2014. 诺贝尔自然科学奖获奖成果中的学科交叉现象研究．郑州：郑州大学．
江洪，王微，赵凯．2014. 基于专利的领域技术知识流动网络特征分析——以 LTE-Advanced 技术为例．情报杂志，33(8):64-69.
江岩，曹阳．2019. 江苏省医药产业产学研合作创新效率研究．现代商贸工业，40(14):1-3.
教育部．1997. 授予博士、硕士学位和培养研究生的学科、专业目录（1997年颁布）. http://www.moe.gov.cn/srcsite/A22/moe_833/200512/t20051223_88437.html[2019-12-26].
教育部．2018. 学位授予和人才培养学科目录（2018年4月更新）. http://www.moe.gov.cn/s78/A22/xwb_left/moe_833/201804/t20180419_333655.html[2019-12-26].
教育部．2020. 学位授予单位（不含军队单位）自主设置二级学科和交叉学科名单．http://www.moe.gov.cn/jyb_xxgk/s5743/s5744/A22/202008/t20200827_480690.html[2020-8-26].
经济合作与发展组织．2000. 研究与发展调查手册．北京：新华出版社．
科技部．2009. 韩国制定《国家融合技术发展基本计划》. http://most.gov.cn/gnwkjdt/200902/t20090205_67079.htm[2019-8-26].
科技部．2017. 2017年国家重点研发计划年度报告．http://www.most.gov.cn/xxgk/xinxifenlei/fdzdgknr/zfwzndbb/201902/P020190201511234841717.pdf[2019-8-26].
郎杨琴，孔丽华．2010. 科学研究的第四范式：吉姆·格雷的报告“e-Science: 一种科研模式的变革”简介．科研信息化技术与应用，2:94-96.
劳永新．2004. 获诺贝尔奖的技术发明．发明与创新，12:40-41.
勒戈夫 Y. 1996. 中世纪的知识分子．张弘，译．北京：商务印书馆．
黎鸣．1981. 试论唯物辩证法的拟化形式．中国社会科学，3:3-23.
李江．2014. “跨学科性”的概念框架与测度．图书情报知识，3:87-93.
李其龙．1980. 洪堡改革高等教育的思想与实践初探．华东师范大学学报（自然科学版），4:33-38.
李庆满，林海松．2012. 产学研合作绩效评价研究——基于合作过程的模糊积分分析．科技进步与对策，29(2):122-125.
李睿．2010. 专利引文分析法与共词分析法在揭示科学 - 技术知识关联方面的差异对比．图书情报工作，54(6):91-93.
李姝影，方曙．2017. 测度技术融合与趋势的数据分析方法研究进展．数据分析与知识发现，1(7):2-12.
李晓轩，阿儒涵，肖小溪．2010. 英国科研项目全经济成本核算改革及其启示．中国科学院院刊，25(2):186-190.
李彦蓉，郭鹏．2012. 区域产学研创新系统协调度比较分析．商业经济研究，25:133-135.

李振兴 . 2016. 英国研究理事会的治理模式研究 . 全球科技经济瞭望，31(11):52-59.
联合国经济与社会理事会 . 2016. 可持续发展目标各项指标机构间专家组的报告 . https://unstats.un.org/unsd/statcom/48th-session/documents/2017-2-IAEG-SDGs-C.pdf[2020-4-12].
刘立，王耀德 . 2003. 从专利引文看公共科学对技术创新的重要作用 . 科学学研究，4(21):428-432.
刘文达，任增强，秦春生，等 . 2004. 大学学科交叉的机制、能力及调控 . 学位与研究生教育，2:8-12.
鲁白 . 2017. 从“BAM”到“BRAIN”：美国“脑计划”借鉴 . http://china.caixin.com/2017-03-20/101067931.html[2019-6-12].
马万华，匡建江 . 2018. 英国高等教育政策改革趋势 . 中国高等教育，(2):61-63.
倪思洁 . 2015. 走出青蒿素人工合成窘境 . http://news.sciencenet.cn/sbhtmlnews/2015/10/305127.shtm[2020-2-2].
裴钢，熊燕，高柳滨 . 2007. NBIC 会聚技术：中国的新机遇 . 中国医药生物技术，1:46-50.
齐曼 Y. 2008. 真科学 . 曾国屏，匡辉，张成岗，译 . 上海：上海科技教育出版社 .
日本学术振兴会 . 2019. 世界トップレベル研究拠点プログラム .https://www.jsps.go.jp/j-toplevel/data/wpi.pdf[2020-2-2].
上海科技情报研究所信息咨询与研究中心 . 2004. 21 世纪的科技复兴——NBIC 会聚技术 . 科技成果纵横，4:29-31.
上海外国语大学 . 2015. 韩国研究 IT 融合技术 . http://dfyxy.sisu.edu.cn/info/1024/1343.htm[2020-01-13].
申玉 . 2005. 从近五年诺贝尔奖获得者的学科背景看研究生创新思维的培养 . 科技导报，6:60-62.
盛夏 . 2018. 率先建设国际一流科研机构——基于法国国家科研中心治理模式特点的研究及启示 . 中国科学院院刊，33(9):962-971.
什托夫 . 1981. 科学认识的方法论问题 . 北京：知识出版社 .
司托克斯 . 1999. 基础科学与技术创新 . 周春彦，谷春立，译 . 北京：科学出版社 : 62-63.
孙坦 . 2013. 开放信息环境 : 学术图书馆信息资源建设的重定义与再造 . 中国图书馆学报，39(3):9-17.
田创，赵亚娟 . 2016. 专利与产业的映射研究进展 . 图书情报工作，60(1):135-141.
田创，赵亚娟 . 2017. 专利文献与产业类目的映射研究——以 2015 年度中科院专利与《战略性新兴产业分类》为例 . 知识管理论坛，2(1):22-31.
汪洋，陈枢舒，魏鑫，等 . 2020. 生物技术启发下的信息技术革新 . 中国科学院院刊，35(1):43-51.
王根 . 2012. 专利与行业分类对照研究——以 LED 产业为例 . 图书馆学研究，8:55-60.
王静 . 朱健康 . 2012-4-24. 期待中国植物抗逆研究实现突破 . 中国科学报，第 4 版 .
王淼，马捷，冀小强，等 . 2011. 国际专利分类与生物医药产业对照表的构建及应用 . 中国医药生物技术，6(5):392-394.
王秀丽，王利剑 . 2009. 产学研合作创新效率的 DEA 评价 . 统计与决策，3:54-56.
文晓芬 . 2011. 基于专利引文的我国基础研究与技术创新的关联分析 . 北京 : 中国科学技术信息研究所 .
吴菲菲，黄鲁成，石媛媛 . 2013. 基于文献和专利相互引用的科学与技术关系分析 . 科学学与科学技术管理，34(10):13-20.
吴镕 . 2015. 海尔迈耶之问 . 视野，9:9.
肖小溪，代涛，李晓轩 . 2016. 美国国家实验室的改革动向及启示 . 中国科学院院刊，31(3):376-382.
熊彼特 Y. 1990. 创新发展理论 . 何畏，译 . 北京：商务印书馆 .
徐芳，刘文斌，李晓轩 . 2014. 英国 REF 科研影响力评价的方法及启示 . 科学学与科学技术管理，35(7):9-15.
许海云 , 尹春晓 , 郭婷 , 等 . 2015. 学科交叉研究综述 . 图书情报工作，59(5):119-127.
姚昆仑 . 2012. 国外科技奖励的起源与发展（三）. 中国科技奖励，1:74-75.
应向伟 . 2018. 基于 DEA 模型的浙江省分地市和分行业产学研合作效率评价 . 科技通报，34(3):264-270.
于洋，张睿军，杨亚楠 . 2013. 以情报学为视角的学科交叉研究 . 情报杂志，32(2):1-5.
张超星 . 2018. 韩国发布《第五次科学技术预见 2016-2040》报告 . 科技前沿快报（中国科学院高端智库内部刊物），1:1-6.
张春美，郝凤霞，闫宏秀 . 2001. 学科交叉研究的神韵——百年诺贝尔自然科学奖探析 . 科学技术与辩证法，6:63-67.
张帆，王红梅 . 2008. 德国大学博士培养模式的主要问题及变革尝试 . 比较教育研究，11:32-36.
张琳，黄颖 . 2019. 交叉科学测度、评价与应用 . 北京：科学出版社 .
张宇麒 . 2020. 英国发布《研究与开发路线图》，以巩固其科学大国地位 . 全球技术地图 . https://mp.weixin.qq.com/s/EwIul0B_6bHNFe-G6EZbLw[2020-1-23].
张炜 . 2003. 德国柏林工业大学的跨学科学术组织 . 比较教育研究，9:59-61.
张炜，钟雨婷 . 2016. 基于跨学科学术组织变革的创业型大学——德国慕尼黑工业大学的经验与启示研究 . 外国教育，43(7):115-128.
张翼燕 . 2017. 脱欧后英国的科技与创新政策动向 . 全球科技经济瞭望，32(1):1-6.
赵国屏 . 2018. 合成生物学 : 开启生命科学“会聚”研究新时代 . 中国科学院院刊，33(11):1135-1149.
赵黎明，高杨，韩宇 . 2002. 专利引文分析在知识转移机制研究中的应用 . 科学学研究，20(3):297-300.
中国航天系统科学与工程研究院 . 2016. 丰碑 . 北京：中国宇航出版社 .
中国科学报社 . 2019. 率舞潮头　先帆竞发——中国科学院研究所分类改革纪实 . 北京：科

学出版社 .
中国科学院 . 2012. 制定“一三五”规划，明确重大产出和重要方向 . http://www.cas.cn/zt/hyzt/2012ndgzhy/2011gzhg/201201/t20120116_3428376.html[2018-1-7].
中国科学院 . 2016. 中国科学院“十三五”发展规划纲要 . http://www.bdp.cas.cn/ztzl/sswgh/201609/W020160904759389243620.pdf [2017-11-3].
中国科学院科技战略咨询研究院，中国科学院文献情报中心，科睿唯安 . 2018. 2018 研究前沿 . http://www.casisd.cn/zkcg/zxcg/201811/P020181129369058326386.pdf[2019-12-7].
周建中，代涛 . 2013. 美国研究领域国际标杆评估的方法与启示 . 科学学与科学技术管理，34(5):20-27.
周文娟 . 2010. 基于诺贝尔自然科学奖的学科交叉研究 . 南昌：南昌大学 .
朱贵平 . 1983. “科学”的定义 . 读书，12:145.
祝爱民 , 苏长利 , 于丽娟 , 等 . 2019. 产学研合作系统和谐性评价指标体系构建研究 . 沈阳工业大学学报 (社会科学版)，12(3):257-262.
AAAS. 2014. Convergence Science: A Revolution For Health Solutions. https://aaas.confex.com/aaas/2014/webprogram/Session7094.html[2020-3-4].
AIST. 2012. AIST As a Platform for Full Research. https://www.aist.go.jp/Portals/0/resource_images/aist_e/aist_today/2012_46/pdf/aist_today_2012_e46.pdf [2019-5-1].
Akbar B，Brummet J L，Flores S C，et al. 2017. Global perspectives in convergence education. Washington D C：Workshop Report.
Bainbridge W S, Roco M C. 2016a. Handbook of Science and Technology Convergence. London：Springer.
Bainbridge W S, Roco M C. 2016b. Science and technology convergence: With emphasis for nanotechnology-inspired convergence. Journal of Nanoparticle Research，18(7):1-19.
Brian B M，Katherine R E， Matthew K R，et al. 2016. Defining and assessing research quality in a transdisciplinary context. Research Evaluation，25(1):1-17.
Block F. 2015. Innovation and the Invisible Hand of Government. London：Routledge.
Boh W F, Evaristo R, Ouderkirk A.2014. Balancing breadth and depth of expertise for innovation: A 3M story. Research Policy，43(2):349-366.
Bonnaccorsi A, Piccaluga A. 1994. A theoretical framework for the evaluation of university-industry relationships. R&D Management，24(3): 229-247.
Bonvillian W B. 2015. All that DARPA can be. The American Interest, 5:53-61.
BRAIN Initiative. 2013. Neurodata Without Borders pilot programs. http://www.braininitiative.org/funding-opportunity/neurodata-without-borders-pilot-programs/[2020-4-5].
BRAIN Initiative. 2016. 3rd Annual BRAIN Initiative Investigators Meeting. https://brainupdate.nih.gov/2016/12/11/3rd-annual-brain-initiative-investigators-meeting/[2020-4-5].
BRAIN Working Group. 2014. BRAIN 2025: A Scientific Vision . https://acd.od.nih.gov/

documents/reports/06052014report-BRAIN.pdf[2020-3-9].
Breschia S , Catalini C. 2010. Tracing the links between science and technology: an exploratory analysis of scientists' and inventors' networks. Research Policy, 39(1): 14-26.
Budapest Open Access Initiative. 2012. Ten years on from the Budapest open access initiative: Setting the default to open. http://www.opensocietyfoundations.org/openaccess/boai-10-recommendations[2019-12-8].
Callon M, Courtial J J P, Turner W A,et al. 1983. From translations to problematic networks: An introduction to co-word analysis. Social Science Information, 22(2):191-123.
Canizares C R. 2011. MIT comments: Bioeconomy blueprint. https://dc.mit.edu/sites/default/files/pdf/MIT%20OSTP%20RFI%20Bioeconomy%20Blueprint.pdf[2019-3-2].
Colgoni A , Eyles C. 2018. A new approach to science education for the 21st century. EDUCAUSE Review, 45(1):10-11.
Collins F S. 2010. Opportunities for Research and NIH. Science, 327(5961): 36-37.
Comanor W S, Scherer F M. 1969. Patent statistics as a measure of technical change. The Journal of Political Economy, 77(3):392-398.
Cozzens S E, Callon M, Law J. 2007. Mapping the dynamics of science and technology: Sociology of science in the real world. Contemporary Sociology, 17(6):815.
Curran C S. 2013. The Anticipation of Converging Industries. London: Springer.
Curran C S, Leker J. 2011. Patent indicators for monitoring convergence-examples from NFF and ICT. Technological Forecasting&Social Change, 78(2):256-273.
Curran C S, Bröring S, Leker J. 2009. Anticipating converging industries using publicly available data. Technological Forecasting and Social Change, 77(3): 385-395.
Dawson R. 2013. Building success in the future of work: T-shaped, Pi-shaped, and Comb-shaped skills. https://rossdawson.com/blog/building-future-success-t-shaped-pi-shaped-and-comb-shaped-skills[2019-8-7].
Elsevier. 2015. Review of the UK's interdisciplinary research using a citation-based approach. http://webarchive.nationalarchives.gov.uk/20160702150014/http://www.hefce.ac.uk/pubs/rereports/Year/2015/interdisc/Title,104883,en.html[2020-10-12].
Etzkowitz H. 1998. The norms of entrepreneurial science: Cognitive effects of the new university–industry linkages. Research Policy, 27(8):823-833.
European Commission. 2018a. Decision of the European Parliament and of the Council decision on establishing the specific programme implementing Horizon Europe: the Framework Programme for Research and Innovation. https://eur-lex.europa.eu/resource.html?uri=cellar:7cc790e8-6a33-11e8-9483-01aa75ed71a1.0002.03/DOC_2&format=PDF [2020-12-4].
European Commission. 2018b. Open Science Policy Platform Recommendations. https://

ec.europa.eu/research/openscience/pdf/integrated_advice_opspp_recommendations.pdf[2020-12-4].

European Commission. 2018c. Turning FAIR into reality. https://ec.europa.eu/info/sites/info/files/turning_fair_into_reality_1.pdf[2020-4-1].

Extance A. 2016. How DNA could store all the world's data. Nature, 537(7618):22-24.

Flaherty C. 2015a. Grand Challenges All Around. Inside Higher ED. https://www.insidehighered.com/news/2015/10/07/big-ideas-oriented-science-exciting-will-recent-initiatives-live-hype[2020-3-4].

Flaherty C. 2015b. New report says cluster hiring can lead to increased faculty diversity. Inside Higher ED. https://s3-us-west-2.amazonaws.com/uw-s3-cdn/wp-content/uploads/sites/48/2018/07/24025245/New-report.pdf[2020-1-4].

Flaherty C. 2016. UC Riverside faculty survey suggests outrage at cluster hiring initiative. Inside Higher ED. https://www.insidehighered.com/news/2016/02/01/uc-riverside-faculty-survey-suggests-outrage-cluster-hiring-initiative[2020-1-4].

Fuchs E R H. 2009. Cloning DARPA successfully. Issues in Science and Technology, 26(1):65-70.

Galvin Task Force. 1995. Alternative Futures for the Department of Energy Laboratories. http://scipp.ucsc.edu/~haber/UC_CORP/galvin.htm[2020-4-5].

Garfield E. 1963. Citation indexes in sociological and historical research. American Documentation, 14(4): 289-291.

Gerybadze A. 2004. Knowledge management, cognitive coherence, and equivocality in distributed innovation processes in MNCs. MIR: Management International Review, 44(3): 103-128.

Gibbons M. 1997. The new production of knowledge. The dynamics of science and research in contemporary societies. Higher Education Policy, 10(1):94-97.

Global Human Resource Forum. 2016. Let's Dream, Challenge and Create. https://ghrforum.org/greeting/greeting_04.html?sMenu=m3[2018-03-02].

Government Accountability Office. 1995. Department of Energy: National Laboratories Need Clearer Missions and Better Management. https://www.gao.gov/assets/160/154864.pdf [2020-3-12].

Grundfest W S, Lai E, Peterson C M, et al. 2012. Promoting Innovation and Convergence in Military Medicine. IEEE Circuits And Systems Magazine, third quarter:14-29.

Hacklin F. 2010. Management of Convergence in Innovation: Strategies and Capabilities for Value Creation Beyond Blurring Industry. Boundaries: Physica-Verlag GmbH Heidelberg.

Hacklin F, Marxt C, Fahrni F. 2009. Coevolutionary cycles of convergence: An Extrapolation from the ICT Industry. Technological Forecast Social Change, 76(6): 723-736.

Hart D M , Singer P L. 2018. Manufacturing USA at DOE: Supporting Energy Innovation. http://

www2. itif. orng/2018-doe-musa-institutes.pdf[2020-5-13].

Herschbach D R. 2011. The STEM initiative: Constraints and challenges. Journal of STEM Teacher Education，48(1):96-122.

Hicks D. 1995. Published papers, tacit competencies and corporate management of the public/private character of knowledge. Industrial Corporate Change, 4(2):401-424.

IAI. 2016. The EU and the Global Development Framework. A Strategic Approach to the 2030 Agenda. http://www.iai.it/sites/default/files/iai1605.pdf[2020-5-1].

Ingber D. 2013. Wyss Institute: A New Model for Innovation, Collaboration and Technology Translation. Presentation to the Workshop Key Challenges in the Implementation of Convergence, National Academy of Sciences, Washington, DC.

Innovate UK. 2017. We have lots of exciting challenges for you to tackle. https://innovateuk.blog.gov.uk/2017/10/31/we-have-lots-of-exciting-challenges-for-you-to-tackle/[2020-4-12].

Institute for Systems Biology. 2017. Institute for Systems Biology Annual Report 2017. https://www.isbscience.org/annualreport/2017/ISB-2017-Booklet.pdf [2020-3-4].

Jaffe A B. 1986. Technological opportunity and spillovers of R&D: Evidence from firms' patents, profits and market value.The American Economic Review, 76(5): 984-1001.

Jensenius A R. 2012. Disciplinarities: Intra, cross, multi, inter, trans. https://www.arj.no/2012/03/12/disciplinarities-2/ [2020-4-12].

Kelly R. 2013. Inter-institutional Arrangements and Partnerships. Presentation to the Workshop Key Challenges in the Implementation of Convergence. National Academy of Sciences, Washington, DC.

Kessler M M.1963. Bibliographic coupling between scientific papers. American Documentation，14(1):10-25.

Klein J T. 2008. Evaluation of interdisciplinary and transdisciplinary research: A literature review. American Journal of Preventive Medicine, 35: 116-123.

Korea Convergence Society. 2015. About Society. https://kcs.jams.or.kr/co/com/EgovMenu.kci?s_url=/sj/config/soceHomePgConf/guide/sjGuidEssiontialView.kci?guidDivCd=01&s_Menuld=MENU-000000000011000&accnId= [2019-9-3].

Kortum S , Putnam J. 1997. Assigning patents to industries: Tests of the Yale technology concordance. Economic Systems Research，9(2) :161-176.

Krackhardt D , Stern R. 1988. Informal networks and organizational crises: An experimental simulation. Social Psychology Quarterly, 5:123-140.

Küsters U, Klages T. 2019. Fostering open science at fraunhofer. Procedia Computer Science，146:39-52.

Lehrer J. 2012. Imagine: How Creativity Works. New York: Houghton Mifflin Harcourt Publishing Company.

Leonardi. 2015. MIT news: cerebral curiosity. http://news.mit.edu/2015/student-profile-steven-keating-0401[2020-2-4].

Li J H, Huang W L. 2019. Paradigm shift of science in tackling global challenges. National Science Review, 6(6):1091-1093.

Lybbert T J , Zolas N J. 2014. Getting patents and economic data to speak to each other: An "algorithmic links with probabilities" approach for joint analyses of patenting and economic activity. Research Policy, 43(3):530-542.

McKinsey Global Institute. 2011. Big data: The next frontier for innovation, competition, and productivity. https://www.mckinsey.com/~/media/McKinsey/Business%20Functions/McKinsey%20Digital/Our%20Insights/Big%20data%20The%20next%20frontier%20for%20innovation/MGI_big_data_full_report.pdf [2020-4-12].

Meyer M. 2000. Does science push technology? Patents citing scientific literature. Research Policy，29(3) :409-434.

MIT. 2011.The Third Revolution: the Convergence of the Life Sciences, Physical Sciences and Engineering (White Paper).Washington DC: MIT office.

MIT. 2016. Convergence: The Future of Health. http://www.convergencerevolution.net/2016-report/[2020-3-14].

Mulligan A, Herbert R. 2019. Report: Research futures: drivers and scenarios for the next decade. https://www.elsevier.com/connect/elsevier-research-futures-report[2020-4-4].

Narin F，Hamilton K S , Olivastro D. 1995. Linkage between agency supported research and patented industrial technology. Research Evaluation, 53:183-187.

Narin F，Hamilton K S , Olivastro D. 1997. The increasing linkage between U.S. technology and public science. Research Policy，26(3) :317-330.

NAS. 2014. Convergence: Optimizing cross-sector and interdisciplinary partnerships. Government-University-Industry Research Roundtable，6：2-3.

National Academy of Medicine. 2017. Strategic Plan 2018–2023: Goalposts for a Healthier Future. https://nam.edu/wp-content/uploads/2017/10/National-Academy-of-Medicine-2018-2023-Strategic-Plan.pdf[2020-3-14].

National Academies of Sciences, Engineering, and Medicine. 2019. Fostering the Culture of Convergence in Research: Proceedings of a Workshop. Washington DC：The National Academies Press.

National Academies of Sciences, Engineering, and Medicine. 2020. The Endless Frontier: The Next 75 Years in Science. Washington, DC: The National Academies Press.

National Center for Education Statistics. 2010. Introduction to the Classification of Instructional Programs. https://nces.ed.gov/ipeds/cipcode/Files/Introduction_CIP2010.pdf[2020-2-13].

National Research Council. 2009. A New Biology for the 21st Century. Washington DC: The

National Academies Press.
National Research Council. 2011. Toward Precision Medicine: Building a Knowledge Network for Biomedical Research and a New Taxonomy of Disease. Washington DC: National Academies Press.
National Research Council. 2014. Convergence: facilitating transdisciplinary integration of life Sciences, Physical Sciences, Engineering, and Beyond. Washington DC： National Academies Press.
NCRC. 2017. NCRC annual report 2017. http://ar.umncrc.org/2017/wp-content/uploads/2017/09/NCRC_AnnualReport_Booklet_2017-092017-r10.pdf[2020-3-13].
NIGMS. 2013. Clarification of Rules for Program Directors/Principal Investigators on Sunsetting National Centers for Systems Biology. https://grants.nih.gov/grants/guide/notice-files/NOT-GM-13-120.html[2020-3-12].
NIH. 2014. Limited Competition: NIGMS National Centers for Systems Biology (P50). https://grants.nih.gov/grants/guide/pa-files/PAR-14-319.html#_Section_II._Award_1[2020-3-12].
Nordmann A． 2004． Converging technologies-shaping the future of european societies. http://pure.iiasa.ac.at/id/eprint/12590/1/Converging%20Technologies.pdf[2020-12-2].
NSF. 2015a. About IGERT. http://www.igert.org/public/about.html[2019-9-3].
NSF. 2015b. Creating new knowledge, innovators and technologies over 30 years. https://www.nsf.gov/eng/multimedia/NSF_ERC_30th_Anniversary.pdf[2019-9-23].
NSF. 2016a. Convergence Research at NSF. https://www.nsf.gov/od/oia/convergence/index.jsp [2019-9-23].
NSF. 2016b. Engineering Research Centers: Linking Discovery to Innovation. https://erc-assoc.org/sites/default/files/download-files/ERC%20Overview%20Fact%20Sheet_2019.doc [2019-11-20].
NSF. 2017a. Dear Colleague Letter: Growing Convergence Research at NSF. (NSF 17-065). https://www.nsf.gov/pubs/2017/nsf17065/nsf17065.pdf[2020-05-13].
NSF. 2017b. 10 Big Ideas for Future NSF Investments. https://www.nsf.gov/attachments/243276/public/NSF_Big_Ideas.pdf [2019-9-23].
NSF. 2018a. Cyber-Physical Systems (CPS) Program Solicitation(NSF 18-538). https://www.nsf.gov/pubs/2018/nsf18538/nsf18538.htm#toc[2020-05-13].
NSF. 2018b. Dear Colleague Letter: Growing Convergence Research at NSF (NSF 18-058). https://www.nsf.gov/pubs/2018/nsf18058/nsf18058.pdf[2020-05-23].
NSF. 2019. Growing Convergence Research Program Solicitation (NSF 19-551). https://www.nsf.gov/pubs/2019/nsf19551/nsf19551.pdf[2020-05-23].
NSF. 2020. Convergence Accelerator Phase I and II. Program Solicitation (NSF 20-565). https://nsf.gov/funding/pgm_summ.jsp?pims_id=505795 [2019-9-23].

NST. 2014a. Formation of Research Cooperation Ecosystem: Convergence Research. https://www.nst.re.kr/nst_en/work/02_01.jsp[2020-09-15].

NST. 2014b. Convergence Research Center. https://www.nst.re.kr/nst_en/work/02_01.jsp#link01[2020-09-15].

Nurse P. 2015. A Review of the UK Research Councils. Ensuring a successful UK research endeavor. https://assets.publishing.service.gov.uk/government/uploads/system/uploads/attachment_data/file/478125/BIS-15-625-ensuring-a-successful-UK-research-endeavour.pdf [2019-11-20].

OECD. 2011. OECD Science, Technology and Industry Scoreboard 2011. OECD Publishing. http://dx.doi.org/10.1787/sti_scoreboard-2011-en[2018-11-20].

Poo M M. 2014. Where to the mega brain projects?. National Science Review，1(1):12-14.

Porter A L, Chubin D E. 1985. An indicator of cross-disciplinary research. Scientometrics，8(3-4):161-176.

Porter A L, Cohen A S, Roessner J D, et al. 2007. Measuring researcher interdisciplinarity. Scientometrics,72(1):117-147.

Rafols I. 2014. Knowledge integration and diffusion: measures and mapping of diversity and coherence//Ding Y, Rousseau R ,Wolfram D. Measuring Scholarly Impact. New York: Springer: 169-190.

Rafols I, et al.. 2012. How journal rankings can suppress interdisciplinary research: A comparison between Innovation Studies and Business & Management. Research Policy，41(7):1262-1282.

REF. 2019 a. Guidance on submissions 2019. https://www.ref.ac.uk/publications/guidance-on-submissions-201901/[2020-9-8].

REF. 2019 b. Panel criteria and working methods. https://www.ref.ac.uk/publications/panel-criteria-and-working-methods-201902/[2020-9-8].

Roco M C, Bainbridge W S. 2002. Converging technologies for improving human performance: nanotechnology, biotechnology, information technology and cognitive science[R]. https://obamawhitehouse.archives.gov/sites/default/files/microsites/ostp/bioecon-%28%23%20023SUPP%29%20NSF-NBIC.pdf[2020-05-23].

Roco M C. 2002. Coherence and divergence of megatrends in science and engineering. Journal of Nanoparticle Research，4(1):9-19.

Roco M C, Bainbridge W S. 2013. The new world of discovery, invention, and innovation: convergence of knowledge, technology, and society. Journal of Nanoparticle Research，15(9): 1946.

Roco M C, Bainbridge W S, Tonn B, et al. 2013. Convergence of Knowledge, Technology and Society: Beyond Convergence of Nano-Bio-Info-Cognitive Technologies. London：Springer

International Publishing.

Secretary of state for business, energy and industrial strategy. 2017. Industrial strategy: building a Britain fit for the future. https://assets.publishing.service.gov.uk/government/uploads/system/uploads/attachment_data/file/730048/industrial-strategy-white-paper-web-ready-a4-version.pdf[2019-9-7].

Seelig T. 2012. InGenius: A Crash Course on Creativity. New York: Harper Collins.

Serebnick J , Quinn F. 1995. Measuring diversity of opinion in public library collections. Library Quarterly, 65(1):1-38.

Shannon B. 2014. Open access: online repository for lab notebooks. Nature, 506(7487):159.

Sharp P A. 2014. Meeting global challenges: Discovery and innovation through convergence. Science, 346(6216):1468-1471.

Sharp P A, Langer R. 2011. Promoting convergence in biomedical science. Science. 333(6042): 527.

Sharp P A, Leshner A I. 2014. Meeting global challenges. Science, 343(6171) :579.

Small H. 1973. Co-citation in the scientific literature: a new measure of the relationship between two documents. Journal of the American Society for Information Science, 24(4) : 265-269.

Stirling A. 2007. A general framework for analysing diversity in science, technology and society. Journal of The Royal Society Interface,4(15):707-719.

Szell M, Ma Y F , Sinatra R. 2018. A Nobel opportunity for interdisciplinarity. Nature, 14: 1075-1078.

Teece D. 1977. Technology transfer by multinational firms: the resource cost of transferring technological know-how. The Economic Journal, 87:242-261.

TEAM. 1995. Technologies enabling agile manufacturing macro planner requirements guide. https://digital.library.unt.edu/ark:/67531/metadc622889/m2/1/high_res_d/161469.pdf[2021-2-21].

Tolikas M, Antoniou A, Donald E I. 2017. The Wyss institute: A new model for medical technology innovation and translation across the academic-industrial interface. Bioengineering & Translational Medicine, 2: 247-257.

UK Government Office of Science. 2017. Technology and Innovation Futures. https://assets.publishing.service.gov.uk/government/uploads/system/uploads/attachment_data/file/584219/technology-innovation-futures-2017.pdf[2020-3-12].

UKRI. 2018a. Global Challenges Research Fund. http://re.ukri.org/research/global-challenges-research-fund/[2020-4-11].

UKRI. 2018b. Industrial Strategy Challenge Fund. https://www.ukri.org/innovation/industrial-strategy-challenge-fund/[2020-09-15].

UKRI. 2018c. Themes and Programmes. https://www.ukri.org/research/themes-and-programmes/

[2020-09-15].
UKRI. 2018d. EPSRC Digital Economy. https://epsrc.ukri.org/research/ourportfolio/themes/digitaleconomy/[2020-09-15].
Urban Universities for HEALTH. 2015. Faculty Cluster Hiring for Diversity and Institutional Climate. http://urbanuniversitiesforhealth.org/media/documents/Faculty_Cluster_Hiring_Report.pdf[2020-8-7].
Vonortas N S. 2000. Technology policy in the United States and the European Union: Shifting orientation towards technology users. Science Public Policy，22(2):97-108.
Walter W P. 1990. Neither market nor hierarchy: network forms of organization. Research In Organizational Behavior, 12:295-336.
World Economic Forum. 2012. Preparing for Precision Medicine. https://www.weforum.org/reports/preparing-precision-medicine[2018-03-02].
Yoffie D B. 1996. Competing in the Age of Digital Convergence. California Management Review，38(4):31-53.

附表　国际上推动融合科学的政策工具集

政策工具		具体措施	相关主体
1. 设立专门的融合科学项目资助类型	项目主题遴选	1）项目主管负责制：资助和管理部门享有较大的决策权，在适当征询同行专家意见的基础上，主要以研究主题是否有助于解决重大经济社会问题来进行决策。 2）“自上而下”：组织政府跨部门提出需求。 ● 共性需求：牵头部门组织政府各行业部门，共同研讨提出共性关键问题，作为项目主要征集目标； ● 个性需求：政府各行业部门提出特定的需求，通过牵头部门转化为研究项目的目标，设立各部门联络人。 3）“自下而上”：开放透明的项目主题遴选机制。 ● 设立专家委员会，重视专业性智库机构的作用，提前公布关于优先资助项目主题遴选的讨论意向； ● 全网直播选题研讨会，设立公开网站征询意见； ● 允许科学家提交邮件或书面意见全程参与； ● 形成目标明确的可行性资助计划，并向全社会公布； ● 定期举办开放会议，共同讨论未来发展方向和合作事宜。	政府资助机构
	项目管理	1）在传统资助格局中专门设立用于支持融合科学研究的项目类型。 2）公有的和私有的资助部门共同成立资助联盟，统一协调分工，形成覆盖整个创新价值链的资助链。 3）联盟设立咨询委员会。 4）项目发起机构承担主要资助任务，牵头成立咨询委员会，其余资助机构在项目发起机构设立联络人，申请者可直接联系相关联络人，以准确了解和把握技术需求。	政府资助机构、非营利机构、企业
	项目评审	1）跨学科成立融合科学评审小组，发布项目招标信息。 2）申请者通过电子邮件方式提交意向书，内容包括研究构想、取得颠覆性进展的研究策略，以及适合申请融合科学项目的理由。 3）向通过评审的意向书的负责团队发出提交正式申请书的邀请。 4）相关团队在60天内提交正式申请书，并在申请书中标注“融合”字样。 5）汇总正式申请书并提交至融合科学评审小组，对正式申请书进行集中会议评审，必要情况下辅以通信评议。	政府资助机构

续表

政策工具		具体措施	相关主体
1. 设立专门的融合科学项目资助类型	项目评审	6）评审标准。 ● 是否必须采用融合科学范式来解决特定的科学问题或社会挑战； ● 申请者是否具有开展跨学科合作的经历和技术准备； ● 项目所基于的知识基础和拟采用的方法及工具是否体现多种学科交叉融合； ● 项目是否吸收和培养青年一代的融合科学学者。 7）通过评审获得资助的融合科学项目由相关学部和融合科学小组共同资助，资助比例可协商。 （如 NSF2019 年后统一接收融合科学项目申请，不再需要先提交意向书，直接受理正式的项目申请书）	政府资助机构
2. 建立融合科学中心（法人或非法人中心）	遴选与管理	1）政府提供限期资助（如 5 年或 10 年），资助期满后部分中心转为非营利机构自负盈亏。 2）跨部门、跨学科组成专门的中心资助和管理委员会，负责与融合科学中心签订合同、制定战略规划、召开中心启动会、召开中心负责人年度会议、组织开展中心年度现场评议等。 3）遴选程序：预申请书评议、正式申请书评议、现场考察、蓝带专家组评议、委员会内部评议等。 4）遴选标准：科学质量、更广泛的影响、科研和教育的融合、人员多样性、以中心形式进行资助（而非项目资助）带来的增值、领导和管理制度、多学科之间的融合性等。 5）日常联络及管理：每一个中心的资助管理主要由与其研究主题最为接近的学部 / 办公室来具体负责，相关学部 / 办公室委任一位拥有固定职位的工作人员来专门负责管理各自学部 / 办公室的中心。 6）成立后的评估机制。 ● 阶段性检查：运行评估（0.5 年），进展情况评估（1.5 年），中心目标的完成情况以及取得的科研成果评估（3 年），阶段性研究进展评估（4.5 年）； ● 终期评估：运行期结束时，中心目标完成情况及科研成果评估。	政府资助机构
	内部治理结构	1）中心主任负责制：制定管理计划，领导管理团队（包含牵头单位人员和其他参与单位人员）。 2）企业化运行结构和行政管理：董事会 + 运行委员会 + 技术专家组（具有丰富的技术商业化经验的企业界专家）+ 科学咨询委员会（成员包含中心主要的用户，如学术界、产业界、地方机构、国家实验室等，其中一位成员来自中心遴选阶段的评估专家组）。	科研机构、大学

续表

政策工具		具体措施	相关主体
2. 建立融合科学中心（法人或非法人中心）	业务组织和管理	1）业务管理。 ● 紧密结合需求，企业人员入驻，设立推动成果产业化的中介组织； ● 通过开放的国际比赛选择融合科学的研究主题； ● 全链条式技术发展模式，如技术创新漏斗； ● 利用自有资金支持创新性强、风险大、不易获得外部资助的创新想法。 2）融合科学项目的组织。 ● 种子基金：为后期申请联邦项目或产业界项目进行前期预研，要求双 PI 共同申请，其中一位来自科学研究领域，另一位来自工程研究领域，且双方没有合作经历； ● “闪电约会”式资助：围绕特定重大问题举行公开交流会，任何学科背景的科研人员都可参与；交流过程中自然形成不同话题小组，各小组深入探讨后在当天形成一份由不同学科人员共同参与的课题申请书；该课题申请书在第二天将获得资助； ● 银行卡基金：为每个科研人员发放一张存有 2 万美元的银行卡，只要找到另外两位来自其他院系的合作者，就能由这 3 人共同提取 6 万美元（3 张银行卡）开展一个合作研究课题，不需要经过专家评议就可以。	科研机构、大学
	融合文化的塑造	1）开放实验室，或经特殊设计的公共区域，供不同学科人员交流的空间等。 2）数据开放和共享措施。 3）大型仪器设备的开放共享。 4）涉猎不同学科的公开研讨会。	科研机构、大学
3. 推行新型人事管理	瞄准问题解决的聘用方式	1）集群式聘用。 ● 聘用一个由多学科成员组成的集群来开展重大问题的研究，集群成员的人事关系划归到各学科（各院系），薪酬由集群式聘用计划专项资金和成员所属的各院系共同支付； ● 以集群的方式开展研究工作，每个集群中设立一位联络人，协调集群内部以及集群与外部之间的交流和合作。 2）双聘式聘用。 ● 在两个机构当中同时聘用，其中一个机构为传统的大学或科研机构，通常采用按学科划分的长聘（tenure track）制度，而另一个机构为瞄准特定问题而设立的融合科学机构；	科研机构、大学

续表

政策工具		具体措施	相关主体
3. 推行新型人事管理	瞄准问题解决的聘用方式	● 两个机构共同支付双聘人员的薪酬。 3）企业式聘用。 ● 以解决重大问题为导向，招聘来自跨学科跨部门的研究人员，签订聘用合同； ● 协议工资，聘期内提供稳定的科研经费支持。	科研机构、大学
	考核晋升	1）改革晋升考核专家组的成员构成。 设立专门的领域专家委员会，由多学科成员组成；根据被考核对象的具体研究工作，在常规的晋升考核专家组中增设若干位了解被考核人工作的专家；通过函评吸纳了解被考核人研究工作或与其开展过合作的资深研究人员的意见；被考核人可从院系的常规专家委员会或多学科人员组成的专家委员会中任选其一。 2）改革晋升考核指标。 在传统的论文和专利指标中重视合作论文及合作专利；扩展产出来源，不再局限于若干个主导学科的产出；增加目标导向的评价指标（知识产权、企业合作、技术许可等）；根据个体在解决问题中的贡献大小进行考核。	科研机构、大学
4. 改革评价和奖励机制	以重大问题为导向的评价制度	1）评价解决问题的有效性：以重大问题为线索来界定科研产出和成效，进而分析一国或一机构的科研布局是否有效支撑重大问题的解决。 2）评价多种学科之间的融合性：通过产出及成效数据中表现出来的学科关联性，分析各相关学科的发展效果以及在解决问题过程中各学科之间是否协同、相互支撑。 3）评价创新价值链上的融合性：通过测度基础研究、技术开发、产品开发、市场推广等创新价值链上不同子系统的产出和成效及相互关联性，来分析创新价值链上不同创新活动之间的融合性。 4）评价各种权益主体之间的融合性：通过鉴别问题解决过程或技术发展过程中发挥重要作用的权益主体，分析各主体相互协作的效果，进而对各权益主体之间的融合性进行评价。	政府科技管理部门、科研机构、大学
	以重大问题为导向的奖励制度	1）设立融合科学奖项。 ● 专门设立重大奖项，用于奖励以融合科学方式解决了重大问题的杰出研究人员； ● 举办融合创意比赛，选出以融合科学方式瞄准重大问题解决的优胜方案。 2）改革现有的奖项：打破学科分割，设立跨学科奖项。	政府科技管理部门

续表

政策工具		具体措施	相关主体
5. 培养融合科学人才	设立专项教育基金	1）国家层面专设融合科学教育专项基金，资助 STEM 教育改革。 2）在已有的人才培养项目中，优先资助对融合科学人才培养的项目申请。 3）在各类重大科研项目中，增加对融合科学人才的培养目标。	政府教育管理部门、政府科技管理部门
	课程改革	1）本科生 STEM 教育改革。 不按学科划分院系，要求学生前两年学习通识课程；后两年则在本科教学老师和研究生教学老师的共同指导下，围绕特定研究主题深入学习相关科学和工程课程。 2）研究生 STEM 教育改革。 ● 设立融合科学的特色教育项目，参加多学科课程短期训练营后开始博士学位课程； ● 设立知识产权保护和创业相关的培训课程，鼓励学生和博士后人员开展成果孵化； ● 鼓励研究生选修不同专业课程，在多样化的学术期刊上发表成果（而非限定在原有学科的期刊）。 3）加强大学与企业的交流。 ● 鼓励教师与产业界建立更多联络，设立大学 - 企业双边合作项目； ● 鼓励不同院系教师相互交流，设立科学招待会、青年学者研讨会等，鼓励学生参加。	大学、科研机构、企业